锅炉压力容器基础知识研究

郑颖峰　李加超　李贝贝　著

吉林科学技术出版社

图书在版编目（CIP）数据

锅炉压力容器基础知识研究 / 郑颖峰, 李加超, 李贝贝著. -- 长春 : 吉林科学技术出版社, 2022.9
ISBN 978-7-5578-9739-0

Ⅰ. ①锅… Ⅱ. ①郑… ②李… ③李… Ⅲ. ①锅炉－压力容器－研究 Ⅳ. ①TK226

中国版本图书馆 CIP 数据核字(2022)第 178080 号

锅炉压力容器基础知识研究

著　郑颖峰　李加超　李贝贝
出版人　宛　霞
责任编辑　孟祥北
封面设计　树人教育
制　版　北京荣玉印刷有限公司
幅面尺寸　185mm×260mm
字　数　320 千字
印　张　13.75
印　数　1-1500 册
版　次　2022年9月第1版
印　次　2023年3月第1次印刷

出　版　吉林科学技术出版社
发　行　吉林科学技术出版社
地　址　长春市福祉大路5788号
邮　编　130118
发行部电话/传真　0431-81629529 81629530 81629531
81629532 81629533 81629534
储运部电话　0431-86059116
编辑部电话　0431-81629518
印　刷　三河市嵩川印刷有限公司

书　号　ISBN 978-7-5578-9739-0
定　价　95.00元

前　言

PREFACE

随着社会市场经济和科学技术的逐渐发展和完善，锅炉压力容器在得到了广泛的应用，与人们的正常生活具有密切的联系。在工业领域中大部分工业都需要应用到锅炉，其覆盖面之广几乎占据了整个工业行业的百分之七十以上。在我国经济建设发展能力逐渐提升背景下，针对于经济建设发展中的锅炉压力容器应用研究也越来越多，借助锅炉压力容器的应用，能够将整体的技术应用能力发挥出来，对于保障技术应用的科学化发展能力提升，具有重要性保障意义。

锅炉、压力容器是承压类特种设备，在现代化生产中起着举足轻重的作用，其质量稍有问题就会有安全隐患，给国家和人民生命财产带来潜在的威胁。压力容器是工业生产和人们生活中必不可少的设备。作为承压类特种设备，由于压力、温度和复杂介质等原因，压力容器容易发生事故，且事故的后果往往非常严重。面对压力容器安全的严峻形势，我国越来越重视对这类特种设备的安全监察和管理，相继制定和修订了一系列有关压力容器的规程、规范和标准，对压力容器设计、制造、使用、维修、检验等各个方面进行了规范管理。

本书共包括十章。第一章介绍了锅炉压力容器的分类与结构，从多种角度对锅炉和压力容器进行了分类，对受压元件及压力容器、锅壳锅炉、小型水管锅炉、水火管锅炉的结构进行了分析。第二章介绍了锅炉压力容器的制造工艺，工艺包括冷作加工工艺、热处理工艺、典型部件工艺、锅炉产品检验。第三章介绍了锅炉压力容器的焊接，从熔焊方法、焊接与设备及焊接机器人介绍了焊接。第四章介绍了锅炉压力容器应力分析，先对无矩理论与薄膜应力、承内压圆平板的应力、圆筒壳的边界效应、厚壁圆筒在内压作用下的应力及热应力等几种应力进行详细介绍，再对应力进行分类。第五章介绍了锅炉压力容器强度设计。第六章介绍了锅炉压力容器制造质量控制。第七章和第八章从安全角度出发，介绍了锅炉压力容器安全装置和安全管理。第九章介绍了锅炉压力容器检验，包括锅炉压力容器常见的缺陷及常用的检验方法。第十章介绍了锅炉压力容器断裂与预防。

前言

PREFACE

目 录

第一章　锅炉压力容器的分类与结构

第一节　锅炉压力容器分类

一、锅炉分类

（一）锅炉规格

锅炉规格表示锅炉生产蒸汽或加热水的能力及水平。蒸汽锅炉的规格以单位时间内产生蒸汽的数量及蒸汽参数表示，热水锅炉的规格以单位时间内水的吸热量及热水参数表示。

蒸汽锅炉每小时所产生蒸汽的数量，称为锅炉的蒸发量，也称锅炉的容量或出力，常以符号D表示，单位是t/h（吨/时）。通常所说的蒸发量是指锅炉的“额定蒸发量”，即锅炉在规定的蒸汽参数和给水温度下，连续运行时所必须保证的最大蒸发量，锅炉铭牌上的蒸发量就是额定蒸发量。

热水锅炉的容量是单位时间内水在锅炉里的吸热量，单位为MW（兆瓦）。其额定值称额定热功率。

在比较热水锅炉与蒸汽锅炉时，通常认为0.7MW的容量相当于1t/h蒸发量。

锅炉容量的大小与锅炉受热面的多少密切相关。受热面是锅炉中隔开火焰（包括烟气）与水汽介质，并将热量由前者传给后者的金属壁面。受热面大多是管子及薄壁筒壳，不但受热，还承受水汽介质的压力。

蒸汽锅炉的蒸汽参数以锅炉主汽阀出口处蒸汽的压力（表压）和温度表示。压力的符号为p，单位为MPa（兆帕）；温度的符号为t，单位为℃（摄氏度）。热水锅炉的介质参数以额定出水压力及额定进口/出口水温表示，符号与单位同上。

我国锅炉参数容量系列已纳入国家标准。工业蒸汽锅炉参数容量系列见表1-1。

表 1-1 工业蒸汽锅炉参数容量系列

额定蒸发量/t•（h^{-1}）	额定出口蒸汽压力（表压）/MPa										
	0.4	0.7	1.0	1.25			1.6		2.5		
	额定出口蒸汽温度/℃										
	饱和	饱和	饱和	饱和	250	350	饱和	350	饱和	350	400
0.1	△										
0.2	△										
0.5	△	△									
1	△	△	△								
2		△	△	△			△				
4		△	△	△			△		△		
6		△	△	△	△	△	△	△	△		
8		△	△	△	△	△	△	△	△		
10			△	△	△	△	△	△	△	△	△
15				△	△	△	△	△	△	△	△
20				△		△	△	△	△	△	△
35				△			△	△	△	△	△
65										△	△

（二）锅炉的分类

可以从不同角度出发对锅炉进行分类。

1.按用途不同，可以分为电站锅炉、工业锅炉、机车船舶锅炉、生活锅炉等。

2.按容量的大小，可以分为大型锅炉、中型锅炉和小型锅炉。习惯上，把蒸发量大于100t/h的锅炉称作大型锅炉；把蒸发量为20～100t/h的锅炉称为中型锅炉；把蒸发量小于20t/h的锅炉称为小型锅炉。

3.按蒸汽压力的大小，可以分为低压锅炉（p≤2.5MPa）、中压锅炉（2.5MPa<p≤5.9MPa）、高压锅炉（p=9.8MPa）、超高压锅炉（p=13.7MPa）、亚临界锅炉（p=16.7MPa）和超临界锅炉（p>22MPa，即高于临界压力）。

4.按燃料和能源种类不同，可以分为燃煤锅炉、燃油锅炉、燃气锅炉、原子能锅炉、废热（余热）锅炉等。

5.按锅炉结构形式不同，可以分为锅壳锅炉（火管锅炉）、水管锅炉和水火管锅炉。

6.按燃料在锅炉中的燃烧方式不同，可以分为层燃炉、沸腾炉、室燃炉。

7.按工质在蒸发系统的流动方式不同，可以分为自然循环锅炉、强制循环锅炉、直流锅炉等。

电站锅炉一般是压力较高（中压以上）、容量较大（中型以上）、采用室燃方式的水管锅炉，又可以分为许多种。

工业锅炉一般压力较低（p≤2.5MPa），容量较小（D≤65t/h），大都采用层燃，结构形式和燃烧设备种类繁多，主要用于工业生产用汽及采暖供热之中。工业锅炉的分类见表1-2。

表1-2 工业锅炉类型

分类方法	锅炉类型	
按锅炉结构形式	锅壳	立式横水管、立式弯水管、立式直水管、立式横火管、卧式内燃回火管等
	水管	单锅筒纵置式、单锅筒横置式、双锅筒纵置式、双锅筒横置式、纵横锅筒式、强制循环式等
	水火管	卧式快装
按燃烧设备	固定炉排、活动手摇炉排、链条炉排、抛煤机、振动炉排、下饲式炉排、往复推饲炉排、沸腾炉、室燃炉等	
按燃料种类	无烟煤、贫煤、烟煤、劣质烟煤、褐煤、油、气、甘蔗渣、稻壳、煤矸石、特种燃料、余热（废热）等	
按出厂形式	快装、组装、散装	
按供热工质	蒸汽、热水及其他工质	

二、压力容器分类

压力容器包括所有承受气液介质压力的密闭容器。目前我国纳入安全监察范围的压力容器则是同时具备下列三个条件的容器：

第一，最高工作压力$p_w \geq 0.1MPa$（表压，不含液柱静压力）；

第二，内直径（非圆形截面指断面最大尺寸）$D_i \geq 15m$，且容积$V \geq 0.025m^3$；

第三，介质为气体，液化气体或最高工作温度高于或等于标准沸点（标准大气压对应的饱和温度）的液体。

压力容器的形式很多，根据不同的要求，分类方法有很多种。按容器的壁厚分为薄壁容器和厚壁容器；按承压方式分为内压容器和外压容器；按工作壁温分为高温容器，常温容器和低温容器；按壳体的几何形状分为球形容器、圆筒形容器、圆锥形容器和轮胎形容器等；按制造方法分为焊接容器、锻造容器、铸造容器和铆接容器；按制造材料分为钢制容器、铸铁容器、有色金属容器和非金属容器。

从安全管理和技术监督的角度，一般把压力容器分为两大类，即固定式容器和移动式容器。

（一）固定式容器

固定式容器有固定的安装和使用地点，工艺条件和使用操作人员也比较固定。固定式容器还可以按其工作压力和用途进行分类。

1.按压力分类。压力是压力容器最主要的一个工作参数。从安全角度讲，压力越高，发生爆炸事故的危害越大。为了便于对压力容器进行分级管理和技术监督，我国（压力容器安全技术监察规程）将压力容器分为四个压力级别，即：

低压容器 $0.1MPa \leqslant p < 1.6MPa$

中压容器 $1.6MPa \leqslant p < 10MPa$

高压容器 $10MPa \leqslant p < 100MPa$

超高压容器 $p \geqslant 100MPa$

其中，p为压力容器的设计压力。

2.按用途分类。根据容器在生产工艺过程中所起的作用，可以归纳为四大类，即反应容器、贮存容器、换热容器和分离容器。

（1）反应容器：主要作用是为工作介质提供一个进行化学反应的密闭空间。如反应器、聚合釜、合成塔等。许多反应容器内工作介质发生化学反应的过程，往往又是放热或吸热过程，为了保持一定的反应温度，常装设一些加热或冷却、搅拌等附属装置。

（2）贮存容器：主要用来贮备工作介质，以保持介质压力的稳定，保证生产的持续进行。介质在容器内一般不发生化学变化或物理变化。常用的压缩气体或液化气体贮罐、压力缓冲器等都属于这类容器。贮存容器的结构比较简单，一般仅由壳体、接管及外部一些必要的附件构成。大型的容器多采用球形，小型的容器则常为卧式圆筒形。

（3）换热容器：主要作用是使工作介质在容器内进行热交换，以达到生产工艺过程中所需要的将介质加热或冷却的目的。如消毒器、水洗塔、冷却塔、板式换热器、夹套容器等。

（4）分离容器：主要作用是让介质通入容器，利用降低流速、改变流动方向或用其他物料吸收等方式来分离气体中的混合物，从而净化气体或提取、回收杂质中的有用物料。在分离容器中，主要介质不发生化学反应。如分离器、吸收塔、洗涤器、过滤器等。

在实际生产过程中，有些容器往往具有多种用途，应按工艺过程中的主要作用来划分其种类。

（二）移动式容器

移动式容器是一种贮运容器，它的主要用途是装运永久气体、液化气体和溶解气体。这类容器没有固定的使用地点，一般也没有专职的操作人员，使用环境经常变迁，管理比较复杂，也比较容易发生事故。移动式容器按其容积大小和结构形状分为气瓶、气桶和槽车三种。

（三）压力容器的安全综合分类

为了在设计制造中对安全要求不同的压力容器有区别地进行技术管理和监督检查，我国《压力容器安全技术监察规程》根据容器压力的高低、介质的危害程度以及在使用中的重要性，将压力容器分为以下三类：

1.三类容器。符合下列情况之一者为三类容器：

（1）高压容器；

（2）中压容器（毒性程度为极度和高度危害介质）；

（3）中压贮存容器（易燃或毒性程度为中度危害介质，且设计压力与容积之积 pV≥10MPa·m³）；

（4）中压反应容器（易燃或毒性程度为中度危害介质，且 pV≥0.5MPa·m³）；

（5）低压容器（毒性程度为极度和高度危害介质，且 pV≥0.2MPa·m³）；

（6）高压、中压管壳式余热锅炉；

（7）中压搪玻璃压力容器；

（8）使用强度级别较高（抗拉强度规定值下限≥540MPa）的材料制造的压力容器；

（9）移动式压力容器，包括铁路罐车（介质为液化气体、低温液体）、罐式汽车（液化气体、低温液体或永久气体运输车）和罐式集装箱（介质为液化气体、低温液体）等；

（10）球形贮罐（容积 V≥50m³）；

（11）低温液体贮存容器（V≥5m³）。

2.二类容器。符合下列情况之一且不在第1款之内者为二类容器：

（1）中压容器；

（2）低压容器（毒性程度为极度和高度危害介质）；

（3）低压反应容器和低压贮存容器（易燃介质或毒性程度为中度危害介质）；

（4）低压管壳式余热锅炉；

（5）低压搪玻璃压力容器。

3.一类容器。低压容器且不在第1、第2款之内者。

压力容器中化学介质毒性程度和易燃介质的划分可参照有关规定，或依据下述原则：

最高容许浓度<0.1mg/m³，为极度危害（Ⅰ级）；

最高容许浓度 0.1～<1.0mg/m³，为高度危害（Ⅱ级）；

最高容许浓度 1.0～<10mg/m³，为中度危害（Ⅲ级）；

最高容许浓度≥10mg/m³，为轻度危害毒性介质（Ⅳ级）。

而介质与空气的混合物爆炸下限<10%或爆炸上限与下限之差>20%者为易燃介质。

第二节　受压元件及压力容器结构

锅炉压力容器中按几何形状划分的基本承压单元称为受压元件。一个封闭的承压结构往往包括多个受压元件。例如，一个圆筒形容器，可以分为圆筒体和封头两大受压元件，圆筒上的接管、人孔及人孔盖则又是另外的受压元件。

压力容器的结构一般比较简单，其主要部件是一个能承受压力的壳体及其他必要的连接件和密封件。压力容器的本体结构形式较多，最常用的是球形和圆筒形壳体。

锅炉的结构形式很多，其系统比较复杂，但主要承压部件如锅筒、集箱、受热面管子、锅壳及炉胆等，大都是直径不同的圆筒形壳体。

综上所述，锅炉和压力容器的主要受压元件就是球壳、圆筒壳和与其相配的各种形式的封头。

一、球壳

球形容器的本体是一个球壳，一般都是焊接结构。球形容器的直径一般都比较大，难以整体或半整体压制成形，所以它大多是由许多块按一定的尺寸预先压制成形的球面板组焊而成。这些球面板的形状不完全相同，但板厚一般都相同。只有一些特大型、用以贮存液化气体的球形贮罐，球体下部的壳板才比上部的壳板要稍微厚一些。

从壳体受力的情况来看，最适宜的形状是球形。因为在内压力作用下，球形壳体的应力是圆筒形壳体的1/2，如果容器的直径、制造材料和工作压力相同，则球形容器所需要的壁厚也仅为圆筒形的1/2。从壳体的表面积来看，球形壳体的表面积要比容积相同的圆筒形壳体小10%～30%（视圆筒形壳体高度与直径之比而定）。表面积小，所使用的板材也少，再加上需要的壁厚较薄，因而制造同样容积的容器，球形容器要比圆筒形容器节省板材约30%～40%。但是球形容器制造比较困难，工时成本较高，而且作为反应或传热、传质用容器，既不便于在内部安装工艺附件装置，也不便于内部相互作用的介质的流动，因此球形容器仅用作贮存容器。

球壳表面积小，除节省钢材外，当需要与周围环境隔热时，还可以节省隔热材料或减少热的散失。所以球形容器最适宜作液化体贮罐。目前大型液化气体贮罐多采用球形。此外，有些用蒸汽直接加热的容器，为了减少热损失，有时也采用球体，如造纸工业中用于蒸煮纸浆的蒸球等。

半球壳或球缺可用作圆筒琴的封头。

二、圆筒壳

圆筒形容器是使用得最为普遍的一种压力容器。圆筒形容器比球形容器易于制造，便于在内部装设工艺附件及内部工作介质的流动，因此它广泛用作反应、换热和分离容器。圆筒形容器由一个圆筒体和两端的封头（端盖）组成。

（一）薄壁圆筒壳

中、低压容器的筒体为薄壁（其外径与内径之比不大于1.2）圆筒壳。薄壁圆筒壳除了直径较小者可以采用无缝钢管外，一般都是焊接结构，即用钢板卷成圆筒后焊接而成。直径小的圆筒体只有一条纵焊缝；直径大的可以有两条甚至多条纵焊缝。同样，长度小的圆筒体只有两条环焊缝，长度大的则有多条。圆筒体有一个连续的轴对称曲面，承压后应力分布比较均匀。由于圆筒体的周向（环向）应力是轴向应力的两倍，所以制造圆筒时一般都使纵焊缝减至最少。

容器的筒体直径以公称直径D_g表示。用无缝钢管制作的圆筒体，其公称直径是指它的外径；对于焊接的圆筒体，公称直径是指它的内径。我国圆筒形薄壁容器的公称直径已形成标准系列。

夹套容器的筒体由两个大小不同的内外圆筒组成，外圆筒与一般承受内压的容器一样，内圆筒则是一个承受外压的壳体。在压力容器的压力界限范围内，虽然没有单纯承受外压的压力容器，但有承受外压的部件，如受外压的筒体、封头等。

（二）厚壁圆筒壳

高压容器一般都不是贮存容器，除少数是球体外，绝大部分是圆筒形容器。因为工作压力高，所以壳壁较厚，同样是由圆筒体和封头构成。厚壁圆筒的结构可分为单层筒体、多层板筒体和绕带式筒体等三种形状。

1.单层筒体。单层厚壁筒体主要有三种结构形式，即整体锻造式、锻焊式和厚板焊接式。

（1）整体锻造式厚壁筒体是全锻制结构，没有焊缝。它是用大型钢锭在中间冲孔后套入一根芯轴，在水压机上锻压成形，再经切削加工制成的。这种结构，金属消耗量特别大，其制造还需要一整套大型设备，所以目前已很少采用。

（2）锻焊式厚壁筒体是在整体锻造式的基础上发展起来的。它由多个锻制的筒节组装焊接而成，只有环焊缝而没有纵焊缝。它常用于直径较大的高压容器（直径可达5～6m）。

（3）厚板焊接式厚壁筒体是用大型卷板机将厚钢板热卷成圆筒，或用大型水压机将厚钢板压制成圆筒瓣，然后用电渣焊焊接纵缝制成圆筒节，再由若干段筒节焊制而成。这种结构的金属耗量小，生产效率较高。

对于单层厚壁筒体来说，由于壳壁是单层的，当筒体金属存在裂纹等缺陷且缺陷附近的局部应力达到一定程度时，裂纹将沿着壳壁扩展，最后导致整个壳体的破坏。同样的材料，厚板不如薄板的抗脆性好，综合性能也差一些。当壳体承受内压时，壳壁上所产生的应力沿壁厚方向的分布是不均匀的，壁厚越厚，内外壁上的应力差别也越大。单层筒体无法改变这种应力分布不均匀的状况。

2.多层板筒体。多层板筒体的壳壁由数层或数十层紧密结合的金属板构成。由于是多层结构，可以通过制造工艺在各层板间产生预应力，使壳壁上的应力沿壁厚分布比较均匀，壳体材料可以得到较充分的利用。如果容器的介质具有腐蚀性，可采用耐腐蚀的合金钢做内筒，而用碳钢或其他低合金钢做层板，以节约贵重金属。当壳壁材料中存在裂纹等严重缺陷时，缺陷一般不易扩散到其他各层，同时各层均是薄板，具有较好的抗脆断性能。多层板筒体按其制造工艺的不同可以分为多层包扎焊接式、多层绕板式、多层卷焊式和多层热套式等形式。

多层包扎焊接式筒体是由若干段筒节和端部法兰组焊而成。筒节由一个卷焊成的内筒（一般厚15～25mm）再在外面包扎焊上多层薄钢板（厚约6～12mm）构成。每层层板一般先卷压成两块半圆形，然后一层一层包扎进行纵缝焊接，层板间的纵缝相互错开，使其分布在圆筒的各个方位。

多层绕板式厚壁筒体也是由若干段筒节组焊而成。筒节由内筒、绕板层和外筒三部分组成。内筒是用稍厚的钢板卷焊而成的；绕板层是用3～5mm厚的带状钢板在内筒外面连续卷绕的多层非同心圆螺旋状层板。在绕板的始端和末端都焊上一段较长的楔形板，使其厚度逐渐变化。绕板时用压力辊对内筒及绕板层施加压力，使层板紧贴在内筒上。外筒是两块半圆柱壳体，用机械方法紧包在绕板层外面，然后焊接纵缝。由于带状钢板宽度有限，这种筒节长度一般不超过2.2m，所以筒体环焊缝较多。绕板式厚壁筒体的优点是纵缝较少，生产效率高。

多层热套式厚壁筒体是由几个用中等厚度（一般为20～50mm）的钢板卷焊成的圆筒体，经加热套合制成筒节，再由若干段筒节和端部法兰（也可采用多层热套结构）组焊而成。由于筒节中的每一层圆筒与其外面一层之间都是过盈配合，因而在层间产生预应力，可以改善筒体在承受内压时应力分布不均匀的状况，近年已大量应用于高压容器的筒体上。我国自行设计制造的年产15万t和30万t合成氨厂的合成塔，就采用这种多层热套式厚壁筒体结构。这种结构制造工艺简单，制造周期较短，制造成本也较低。但由于使用中厚钢板，其抗裂性能要比薄板稍差一些。

3.绕带筒体。绕带筒体的壳体是由一个用钢板卷焊成的内筒和在其外面缠绕的多层钢带构成。它具有与多层板筒体相同的一些优点，而且可以直接缠绕成较长的整个筒体，不需要由多段筒节组焊，因而可以避免多层板筒体所具有的深而窄的环焊缝。但其制造工艺较复杂，生产效率低，制造周期长，因而采用较少。

三、封头

在中、低压压力容器中，与筒体焊接连接而不可拆的端部结构称为封头，与筒体以法兰等连接的可拆端部结构称为端盖。通常所说的封头则包含了封头和端盖两种连接形式在内。压力容器的封头或端盖，按其形状可以分为三类，即凸形封头、锥形封头和平板封头。其中：平板封头在压力容器中除用做人孔及手孔的盖板以外，其他很少采用；凸形封头是压力容器中广泛采用的封头结构形式；锥形封头则只用于某些特殊用途的容器。

（一）凸形封头

凸形封头有半球形封头、碟形封头、椭球形封头和无折边球形封头等四种，其形状如图1-1所示。

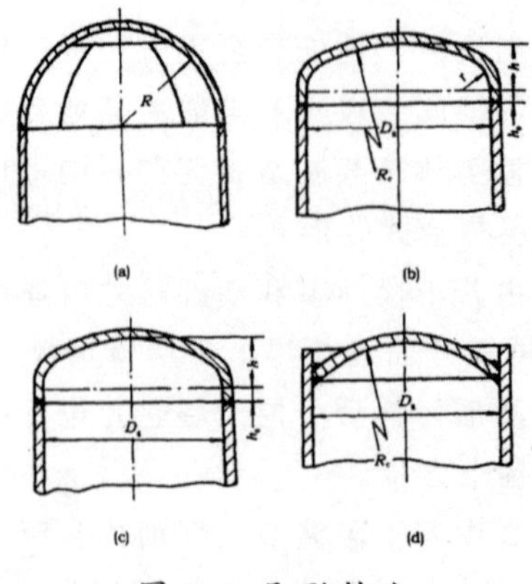

图1-1 凸形封头

（a）半球形封头；（b）碟形封头；（c）椭球形封头；（d）无折边球形封头

半球形封头是一个空心半球体，由于它的深度大，整体压制成形较为困难，所以直径较大的半球形封头一般都是由几块大小相同的梯形球面板和顶部中心的一块圆形球面板（球冠）组焊而成，如图1-1（a）所示。中心圆形球面板的作用是把梯形球面板之间的焊缝隔开一定距离。半球形封头加工制造比较困难，只有压力较高、直径较大或有其他特殊需要的贮罐才采用半球形封头。

碟形封头又称带折边的球形封头［见图1-1（b）］，由几何形状不同的三个部分组成：中央是半径为R_c的球面，与筒体连接部分是高度为h_0的圆筒体（直边），球面体与圆筒体由曲率半径为r的过渡圆弧（折边）所连接。碟形封头在旧式容器中采用较多，现已被椭球形封头所取代。

椭球形封头是中低压容器中使用得最为普遍的封头结构形式，它一般由半椭球体和圆筒体两部分组成，见图1-1（c）。半椭球体的纵剖面中线是半个椭圆，它的曲率半径是连续变化的。椭球形封头的深度取决于椭圆长短轴之比（封头直径D_g与封头深度的两倍2h之比）。椭圆长短轴之比越大，封头深度越小。标准椭球封头的长短轴之比（D_g/2h）为2，即封头深度（不包括直边部分）为其直径的1/4。

无折边球形封头是一块深度很小的球面壳体（球缺），如图1-1（d）所示。这种封头结构简单，制造容易，成本也较低。但是由于它与筒体连接处结构不连续，存在很高的局部应力，一般只用于直径较小、压力很低的低压容器上。

（二）锥形封头

锥形封头有两种结构形式。一种是无折边的锥形封头，如图1-2所示。由于锥体与圆筒体直接连接，结构形状突然不连续，在连接处附近产生较大的局部应力，因此只有一些直径较小、压力较低的容器有时采用半锥角$\alpha<30°$的无折边锥形封头，且多采用局部加强结构。局部加强结构形式较多，可以在封头与筒体连接处附近焊加强圈，也可以在筒体与封头的连接处局部加大壁厚。另一种为带折边的锥形封头，由圆锥体、过渡圆弧和圆筒体三部分组成（见图1-3）。标准带折边锥形封头的半锥角α有30°和45°两种，过渡圆弧曲率半径r与直径D_g之比值规定为0.15。

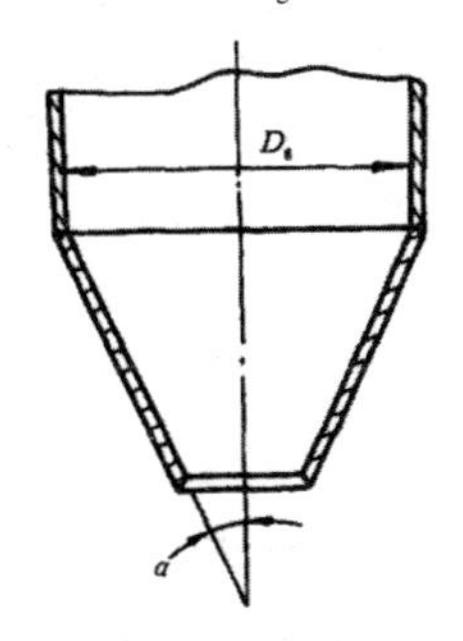

图1-2 无折边锥形封头

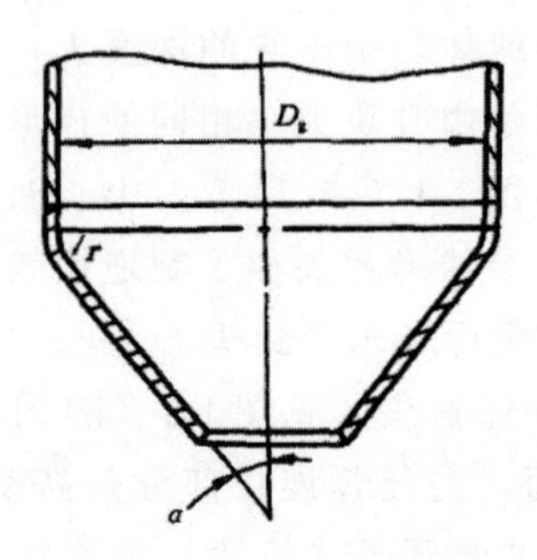

图 1-3 带折边锥形封头

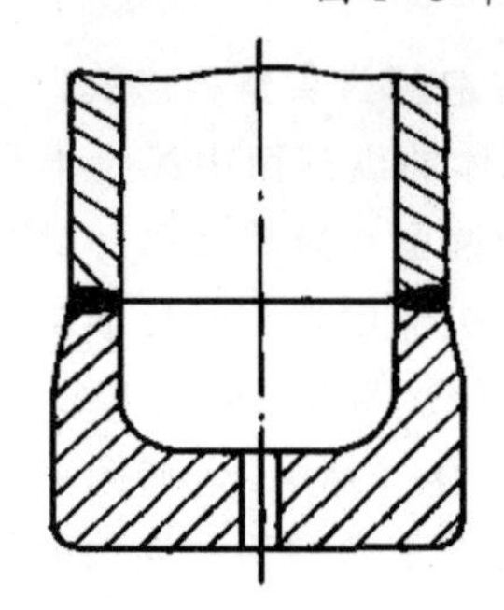

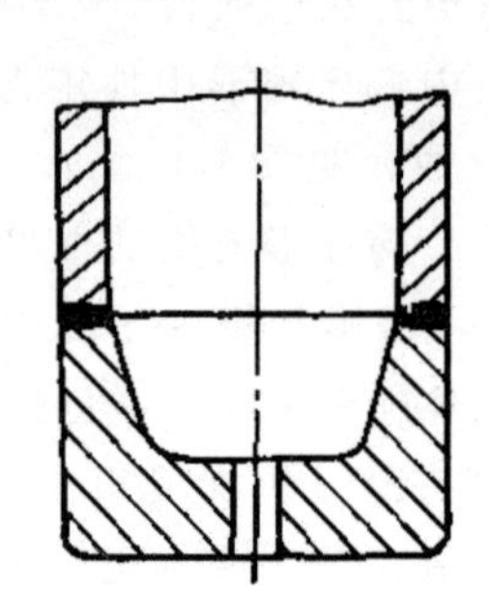

图 1-4 高压容器的平形封头

（三）平封头

平板结构简单，制造方便，但受力状况最差。中低压容器用平板作人孔和手孔盖板；高压容器，除整体锻造式直接在筒体端部锻造出凸形封头以及采用冲压成形的半球形封头外，多采用平封头和平端盖（见图 1-4）。

第三节　锅壳锅炉结构

锅壳锅炉的基本结构是双层夹套结构，其本体是双层夹套容器。其外筒叫锅壳，内筒叫炉胆（火筒），内、外筒之间的环形空间装水；而内筒内部是燃烧室。当水汽介质有压力时，锅壳承受内压，而炉胆承受外压。

锅壳锅炉有立式和卧式两种。

一、立式锅壳锅炉

立式锅壳锅炉的圆筒形锅壳和其内的炉胆是立置的。这种锅炉结构紧凑，整装出厂，运输安装方便，占地面积小，便于使用管理。其蒸发量一般在 1t/h 以下，蒸汽压力一般在 1.25MPa 以下。燃烧室容积小，周围被水浸泡，水冷程度大，排烟温度高，热效率低，约为 60%～70%。

为了改善燃烧，提高效率，减少对环境的污染，近年来燃煤炉普遍采用了双层炉排燃烧装置，或采用燃油燃气炉。

立式锅壳锅炉下部锅壳与炉胆相连接的部位，即盛水夹套的底部，叫下脚圈。该部位受力情况比较复杂，容易沉积水渣，严重时会影响炉胆下部的正常传热；外部接近地面，易受腐蚀。因而下脚圈是立式锅壳锅炉结构的一个薄弱环节。下脚圈的结构主要有U形和S形两种。

目前常见的立式锅壳锅炉是立式直水管锅炉和立式弯水管锅炉。

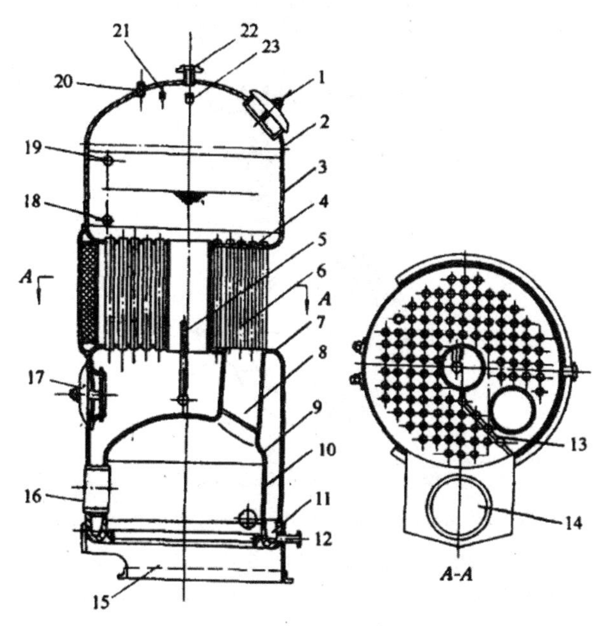

图1-5 立式直水管锅炉

1-人孔；2-封头；3-上锅壳；4-上管板；5-上水管；6-直水管；7-下锅壳；8-喉管；9-炉胆顶；10-炉胆；11-U形下脚圈；12-排污管；13-烟气隔板；14-烟囱；15-底座；16-炉门；17-人孔；18-水位表通水口；19-水位表通汽口；20-安全阀接口；21-压力表接口；22-主汽阀座；23-副汽阀座

（一）立式直水管锅炉

立式直水管锅炉由锅壳、炉胆、上下管板、直水管等主要部件组成，如图1-5所示。锅壳分上下两部分，中间以直水管相连通。上锅壳顶上有凸形封头，下锅壳下部以U形下脚圈和炉胆连在一起。

炉胆是一个短圆筒壳，顶部为凸形炉胆顶。

上下锅壳的相对端部是两块平管板，直水管连接于平管板上。直水管中心部位是一根直径粗大的下降管，它与周围的直水管构成循环回路，即工质在粗大中心管内下降流动，在周围直水管内上升流动。

烟气由炉胆经喉管进入直水管区。直水管区设有折烟墙，烟气只能绕中部下降管沿圆周方向横向冲刷直水管，最后经烟囱排出。

这种锅炉水循环安全可靠，热效率较高，清垢方便；但在直水管区容易积灰，而且直水管刚性较大，胀缩受限制，易造成胀口渗漏。

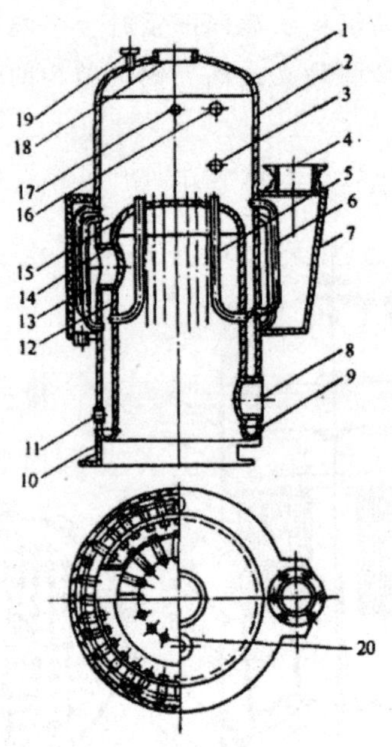

图 1-6 立式弯水管锅炉

1-封头；2-锅壳；3-水位表水连管接头；4-烟囱；5-水冷壁管；6-弯水管；7-烟箱；8-炉门；9-下脚支承圈；10-底座；11-手孔；12-炉胆；13-烟道；14-喉管；15-炉胆顶；16-水位表汽连管接头；17-压力表接口；18-人孔；19-安全阀接口；20-主汽阀接口

（二）立式弯水管锅炉

立式弯水管锅炉的结构如图1-6所示。它由锅壳、炉胆、弯水管等主要部件组成。

锅壳为圆筒壳，顶部焊接有凸形封头，下部通过U形下脚圈与炉胆相连。

炉胆是一个较小的圆筒壳，顶部焊接有凸形炉胆顶。

弯水管分两组，分别沿圆周布置在炉胆内部及锅壳外部。炉胆内部的弯水管，上部连接在炉胆顶上，下部连接在炉胆上；锅壳外面的弯水管，上、下两端都连接在锅壳上，周围被环形烟道所包围。

炉排在炉胆下部，高温烟气传热给炉胆壁及内部弯水管后，经喉管进入锅壳之外的环形烟道，分两路各经半圆路径，横向冲刷外部弯水管，然后汇合流入烟囱。

这种锅炉具有结构简单紧凑、易于制造、受热面多、传热情况较好、水循环可靠、整个锅炉的弹性较好、热应力较小等优点。但炉胆内弯水管的布置缩小了燃烧室容积，增加了水冷程度，使燃烧条件恶化，所以这种锅炉只能烧优质燃料。炉胆内弯水管的水平段易于沉渣结垢，在水质差时，可能造成弯水管堵塞损坏的事故。

二、卧式锅壳锅炉

卧式锅壳锅炉，其锅壳是卧置的，具有结构紧凑、操作方便、水位气压较稳定、对水质要求较低等优点，其出力比立式锅壳锅炉大，蒸发量一般不超过4t/h，蒸汽压力不超过1.25MPa。

卧式内燃回火管锅炉是目前常见的一种结构形式。这种锅炉主要由锅壳、炉胆、前后管板、烟火管等主要部件组成。炉胆有两种：一种和锅壳等长，炉胆后部没有烟管；另一种长度短于锅壳，炉胆后部有短烟管。两种炉胆的两个侧面，都设有与锅壳等长的烟管组。前后管板连接在锅壳两端。图1-7所示为炉胆与锅壳等长度的卧式内燃回火管锅炉。

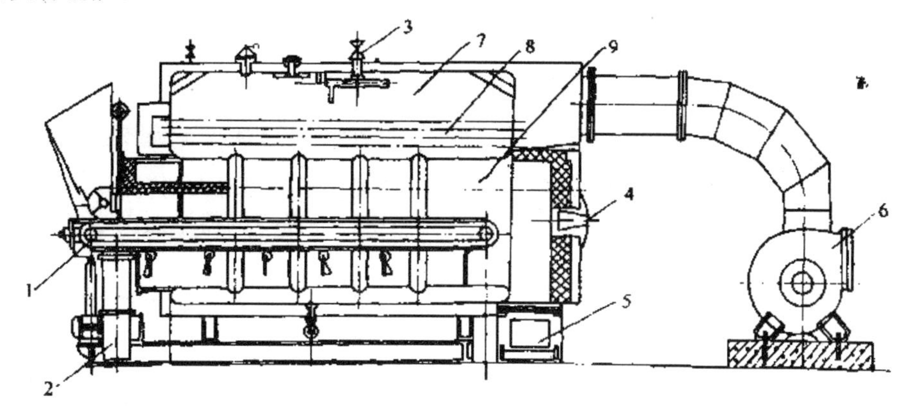

图1-7 卧式内燃链条炉排锅炉

1-链条炉排；2-送风机；3-主汽阀；4-检查门；5-出渣小车；

6-引风机；7-锅壳；8-烟管；9-炉胆

炉胆带有膨胀补偿结构；两管板与锅壳之间，都连有加强拉撑，拉撑装于管板上部无管区。

炉排平置于炉胆前部，目前普遍采用链条炉排。烟气行程为三回程，即由炉胆（及短烟管）至后烟箱，折入两侧烟管返回到前部烟箱，再入两组上部烟管至锅壳后部排入烟囱。

这种锅炉结构紧凑，整体出厂，运输安装方便；热效率比老式火筒锅炉要高；钢材消耗量大大下降。其缺点是结构刚性较大，锅壳、炉胆和烟管之间因热膨胀不同而产生热应力，有时造成烟管端部胀口泄漏；烟管外结水垢时不易清除；烟管及烟箱中易积灰。目前小型燃油、燃气锅炉常常采用此种形式。

三、锅壳锅炉的结构特点

与其他种类的锅炉相比，锅壳锅炉在结构上具有以下特点：

第一，“锅”和“炉”都包在一个壳体——锅壳中。

第二，炉膛矮小，水冷程度大（整个金属炉膛浸泡在水中），燃烧条件差，必须烧优质燃料。

第三，受热面少，蒸发量低，常装水管或烟火管以增加受热面。

第四，壳体直径较大，开孔多，形状不规则，内部受热部分与不受热部分连接在一起，温度不一致，热胀冷缩程度不同，对安全工作不利。

第五，系统比较简单，一般没有砌砖炉墙及尾部受热面，便于运输安装、运行管理及检查维修。对水质要求也比较低。

第四节　小型水管锅炉结构

一、水管锅炉的结构特点及主要部件

（一）水管锅炉的结构特点

水管锅炉的结构具有以下一些特点：

第一，炉膛置于筒体之外，“炉”不受“锅”的限制，体积可大可小，可以满足燃烧及增加蒸发量的要求。

第二，以容纳水汽的管子置于炉膛、烟道中作受热面，锅筒一般不直接受热，传热性能及安全性能都显著改善。

第三，水的预热、汽化及蒸汽过热在不同的受热面中完成，这些受热面分别叫作省煤器、水冷壁与对流管束、过热器。

第四，水汽系统、燃烧系统及辅助系统比较复杂，但单个承压部件的结构比较简单。

第五，由于水的预热、汽化及蒸汽过热都是在管内完成的，管子结垢难于清除，因而对水质要求较高，对运行、操作、管理水平也要求较高。

（二）水管锅炉的主要部件

水管锅炉的结构形式和系统布置多种多样，但各种水管锅炉所包含的主要部件大体相同，即水汽系统主要包括锅筒、集箱、水冷壁、对流管束、省煤器、过热器等部件；燃烧系统主要包括燃烧装置、炉膛和烟道、空气预热器等部分。此外，容量稍大一些的水管锅炉，在炉膛和烟道旁边设有钢制构架，用于支承和吊挂水汽系统各部件及燃烧设备，布置楼梯平台。

这里只介绍水汽系统的主要部件及空气预热器。

1.锅筒。它是水管锅炉的心脏，是锅炉中最重要的一个部件。目前的水管锅炉多是双锅筒或单锅筒的。双锅筒锅炉的锅筒分上、下两个，上锅筒也叫汽包或汽鼓，里边容纳汽水混合物；下锅筒也叫水包，里面全部容纳水。单锅筒锅炉的锅筒一般布置在锅炉上部，相当于双锅筒锅炉的汽包。锅筒及其内部设备一般不直接受热。

（1）锅筒（上锅筒）的功用。水管锅炉的受热面都是水管，水管中容纳的水汽量有限。锅筒则是水汽系统中容积最大的部件，它可以容纳一定的水量，使锅炉维持一定的水位，减少锅炉水位和汽压的波动。锅筒上连接着很多作为蒸发受热面的管子，构成循环回路，水在这些管子中一边循环流动，一边受热汽化，锅筒则是循环流动的起始点和结束点。由蒸发受热面流回锅筒的汽水混合物，在锅筒中进行汽水分离，蒸汽进入导汽管流至过热器或用汽设备，水则继续进入蒸发受热面系统进行循环流动，所以锅筒有进行汽水分离的功能，是水和蒸汽的明确分界点。

（2）锅筒的结构。现代水管锅炉的锅筒一般是卷焊结构，由钢板卷制焊接的圆筒体，两端焊上冲压成型的凸形封头。锅筒直径小的有数百毫米，大的可达2m左右；

锅筒长度短者几米、十几米，长者可达30m。筒体上有很多开孔以连接各种管子。锅筒内部装有配水装置、汽水分离装置、加药装置和排污装置等。锅炉的主要安全附件——安全阀、压力表、水位表等，也都装在锅筒外面。

2.水冷壁。在水管锅炉的炉膛内，贴墙布置的立置单排并列管，叫水冷壁。水冷壁布置在炉膛四周，把火焰与炉墙分开。由于水冷壁管子内的水汽不断流动，吸收火焰的大量辐射热，从而冷却了炉墙，使炉墙的温度不致太高。现代水管锅炉的水冷壁，冷却炉墙的作用是次要的，作为蒸发受热面使水吸收辐射热而汽化的作用是主要的，因而也叫辐射蒸发受热面。水冷壁的形状因炉膛形状而异，假设把炉膛四周的炉墙拆除，则水冷壁就是由钢管组成的包围火焰的笼子。水冷壁管子上端有的直接连接到锅筒上，有的通过集箱连接到锅筒上；水冷壁管子下端连接到下集箱上。下集箱与锅筒间连接有下降管以构成循环回路，使水在水冷壁系统内不断循环流动，即水由上部锅筒经下降管下降流动，到下集箱后分别进入各水冷壁管上升流动，在上升流动中吸热而产生蒸汽，并回流到上部锅筒。

根据相邻的单排并列水冷壁管间的关系，可把水冷壁分成光管水冷壁与鳍片管水冷壁（膜式壁）两种。光管水冷壁相邻的管子间有一定间隙，互不接触，部分火焰可以通过管间间隙，辐射到炉墙上；鳍片管水冷壁相邻的管间用鳍片连接在一起，使水冷壁管形成一个连续的金属壁面，完全隔绝了火焰与炉墙的接触，提高了炉膛的密封性能。小型锅炉的鳍片是在相邻两根水冷壁管间焊上一块扁钢条形成的。

3.对流管束。它是布置在炉膛出口之外对流烟道中的管群。从炉膛流出的高温烟气经过烟道时，在管束外横向冲刷管束，主要以对流换热的方式将热量传给管束，使管束内的水不断汽化，因而对流管束是对流蒸发受热面。

与单排贴墙布置的水冷壁不同，对流管束是以密集管束的形式布置在烟道空间里，管束两端分别焊接或胀接到上下锅筒上，水在管束内受热不同的管子中循环流动。

对流管束是低压水管锅炉的主要受热面之一。随着蒸汽压力的提高，水汽化时吸收的汽化潜热减少，生产同样蒸汽需要的蒸发受热面减少，则可以少要或不要对流管束，仅用水冷壁即可满足生产蒸汽的需要，因而中压以上锅炉没有对流管束。

4.省煤器。它是利用尾部烟道中烟气的余热来预热锅炉给水的装置。

进入锅炉尾部烟道的烟气，温度常高达500～600℃，将其白白排入大气是很大的浪费。尾部烟道布置省煤器，可使给水经过省煤器吸收一部分烟气余热，从而降低排烟温度，提高锅炉效率。通常加装省煤器可提高效率5%～10%。

常用的省煤器有铸铁式省煤器和钢管式省煤器两种。

（1）铸铁式省煤器。它由带肋片的铸铁直管连接弯头组成。肋片有圆形和方形两种，起强化传热的作用。用铸铁材料做成的省煤器可耐腐蚀、耐磨损，而腐蚀、磨损是低压水管锅炉省煤器经常遇到的问题。但铸铁性脆，不能承受较大的振动或冲击，而省煤器中的水如果吸热过多，产生蒸汽，出现汽、水两相状态，就极有可能产生水击，使省煤器强烈振动并导致损坏。因而对铸铁省煤器来说，使水在其中受热升温是可以的，但不能升温到饱和温度，必须与饱和温度有一个温差（低于饱和温度40℃），明确地与饱和状态分开，以免在省煤器中产生水击，因而铸铁式省煤器也叫可分式省煤器。

（2）钢管式省煤器。它由许多蛇形钢管组成。钢管省煤器能承受高压和水击，但耐腐蚀性能较差。

省煤器的进口端和出口端都连接到集箱上。

5.过热器。工业用小型水管锅炉中，只有一部分设置过热器，即当生产工艺要求使用过热蒸汽时，应采用带过热器的水管锅炉。

过热器的作用是将导出汽包的饱和蒸汽继续加热，使之具有一定的过热度，即超过饱和温度一定值，以满足生产工艺的需要。

小型水管锅炉的过热器一般布置在炉膛出口的高温烟道内，其两端分别连接在过热器进口及出口集箱上。进口集箱以管道与锅炉锅筒相连，出口集箱以管道与锅炉分汽缸或主汽阀相连。

过热器的结构与钢管省煤器相似，由蛇形管束组成。根据蛇形管束的布置方式，可把过热器分为垂直式（立式）和水平式（卧式）两种。

过热器与其他受热面显著不同之处是它内部流通和加热的全部是蒸汽，而不是水或汽水混合物。由于蒸汽的温度较高且对流换热能力较低，因而过热器钢材的工作温度较高，必要时须采用合金钢制造。

6.集箱。集箱也叫联箱，它是连接受热面管子的箱体，由无缝钢管加工而成，两端一般焊接平封头（端盖），箱体上开很多管孔，用以焊接或胀接管子。除对流管束直接连接到锅筒上外，其他受热面一般由集箱连接。省煤器管及过热器管的两端都连接到集箱上；水冷壁的下端连接到集箱上，上端可以直接接到上锅筒上，也可以连接到集箱上，再由集箱引出少数管子（汽水引出管）接到上锅筒上。

集箱用来分配和汇集管内工质，可以减少锅筒壁的开孔数量。集箱上除开有较多的受热面管孔外，还开有手孔及疏水、排污管孔。

7.空气预热器。它是烟气与空气之间进行热交换的装置，属于燃烧系统。空气预热器布置在尾部烟道，利用烟气的余热加热空气，然后将被加热的空气送入炉膛。空气预热器的作用是降低排烟温度，减少排烟热损失；热空气送入炉膛可保证燃料及时着火，稳定和完善燃烧，提高锅炉的热效率。经验表明，供入锅炉炉膛的空气预热升温100℃，大约可节约燃料5%。

目前常见的空气预热器有管式和回转式两种。小型水管锅炉的空气预热器都是管式空气预热器，即由许多直的有缝钢管连接到管板上，组成管箱，再由若干管箱组成空气预热器。烟气从管内自上而下流过，空气则由管外横向掠过管束，二者通过管壁进行换热。

二、常见小型水管锅炉

（一）双纵锅筒“D”形锅炉（SZL型）

“D”形布置是常见的一种小型水管锅炉布置方式，它的基本特点是双锅筒轴线平行且位于同一竖直平面内，双锅筒轴线与炉膛轴线平行，因而称为纵向布置方式或筒称纵置式。锅炉的一侧为炉膛及水冷壁；另一侧为烟道及对流管束等受热面，整个锅炉从炉前看呈“D”形。

燃煤“D”形锅炉的燃烧设备可为链条炉排、振动炉排或往复推动炉排等。燃油锅炉也常用“D”形布置。

双纵锅筒“D”形布置水管锅炉的主要部件有上下锅筒、对流管束、水冷壁系统（水冷壁、下降管、集箱）、省煤器等，有的锅炉也有过热器。

一般上、下锅筒直径、长度相同，有的上锅筒直径稍大于下锅筒直径。二锅筒之间连接对流管束。

对流管束由弯制成型的无缝钢管组成，顺列布置于对流烟道中，对流烟道沿纵向由耐火墙分为两半区，烟气沿对流烟道呈U形流动。

炉膛四周都布置有水冷壁，各侧水冷壁分别配有下降管及下集箱，构成封闭的水循环系统。

省煤器布置在尾部烟道中。

这种锅炉结构紧凑，整体结构弹性好，水循环可靠；采用机械化炉排，配以适当的炉拱，不但减轻了劳动强度，还可以改善燃烧，提高效率。但是，这种锅炉对水质要求较高，有时燃烧调整较困难，易产生出力不足，结渣等问题。

这种锅炉的蒸发量一般在2～10t/h之间，近年也有更大蒸发量的“D”形锅炉出现。

（二）双纵锅筒弯水管锅炉（SZP或SZL型）

双纵锅筒弯水管锅炉主要由上下锅筒、对流管束、水冷壁系统、省煤器、过热器等部件组成，有的还配有空气预热器。

上、下锅筒沿炉膛纵向布置，且锅筒的纵轴线与炉膛的纵轴线在同一竖直平面内。下锅筒布置在炉膛后部，上锅筒比下锅筒长一倍左右，其后端与下锅筒对齐，前端伸至炉膛上方。

对流管束布置在两锅筒之间的对流烟道中，中间设有折烟墙，使烟气呈S形流动。

炉膛两侧墙及后墙布置有水冷壁。

过热器布置在对流烟道前部，第二对流烟道的入口。

省煤器布置在尾部烟道中。

整个水汽系统工质的流程是：给水经省煤器预热后进入上锅筒，然后分别沿水冷壁系统及对流管束进行水循环，所产生的蒸汽在上锅筒内经汽水分离后导入过热器，最后汇集于集汽集箱，由主蒸汽管引出。

燃烧系统采用链条炉排、抛煤机翻转炉排或抛煤机倒转链条炉排。炉膛后墙与第一折烟墙之间的空间是一个燃尽室，高温烟气中未燃尽的固态及气态可燃物在此处进一步燃烧后，再进入对流烟道及尾部烟道。

这种锅炉结构紧凑，整体弹性好，清垢修理方便，加煤实现了机械化，减轻了劳动强度；锅内设备较齐全，对改善蒸汽品质、减少腐蚀结垢有一定作用；但采用抛煤机时，其烟气中飞灰量大，含碳量高，既降低效率，又污染环境。另外，这种锅炉对煤质和煤的粒度都有较高要求，水质要求也很严格。由于上锅筒前部受烟气加热，当水质不良时，因水垢沉积会导致过热鼓包，因而也有将上锅筒前部截短，使上锅筒稍长于下锅筒，用上集箱代替上锅筒前部连接水冷壁的结构形式。

这种锅炉的蒸发量有6.5t/h及10t/h两种。

（三）双横锅筒弯水管链条炉排锅炉（SHL型）

这是一种历史比较悠久、应用十分广泛的锅炉，其容量较大，最小的4t/h，最大可达35t/h。双横锅筒弯水管链条炉排锅炉主要由上锅筒、下锅筒、对流管束、水冷壁系统、省煤器、空气预热器等部件组成，有的还有过热器。

上、下锅筒横置于炉膛后部，两锅筒间连接对流管束。炉膛四周都布置有水冷壁；若有过热器，则布置在炉膛出口对流管束前部。省煤器及空气预热器布置在尾部烟道。

对流管束中设有折烟墙，烟气离开炉膛之后，多次遇折烟墙转向，充分冲刷过热器和对流管束，最后进入尾部烟道。

这种锅炉采用链条炉排，减轻了司炉的劳动强度。炉膛较开阔，并有前、后和二次风的配置，燃烧情况较好，热效率较高；但整体结构不够紧凑，金属消耗量较大。

第五节　水火管锅炉结构及锅炉型号

一、卧式水火管锅炉结构

卧式水火管锅炉通常也叫卧式快装锅炉，所谓快装锅炉是指锅炉的本体、燃烧设备、炉墙、构架等在锅炉厂制造后全部组装在一起，整体运往使用现场，只需接通辅机电源、烟囱管道和水汽管道，锅炉即可投入运行。快装锅炉不仅限于卧式水火管锅炉，各种结构的锅炉，包括锅壳锅炉和水管锅炉，都可以采用快装的形式，而卧式水火管锅炉也并非全部是快装形式的。

卧式水火管锅炉出现于20世纪60年代后期，是在卧式外燃烟管锅炉的基础上，在锅壳两侧及后部加装水冷壁，组成外部炉膛，形成水火管组合的结构形式。其主要部件为：锅壳、烟管、两侧水冷壁系统（水冷壁管、下降管、集箱）、后排水冷壁系统及燃烧装置。

炉排形式有固定炉排、链条炉排及往复炉排等种类。烟气通常有三个回程：在锅壳下部炉膛中向后流动，离开炉膛后由锅壳后部一侧进入第一对流烟管区；向前流动至锅壳前部烟箱，转折180°进入第二对流烟管区；向后流动至锅壳后部，排入烟囱。

卧式水火管锅炉结构简单紧凑，制造及运输安装方便；使用时生火启动快，便于调整负荷，热效率较一般锅壳锅炉为高。其缺点是：由于快装的要求，炉膛高度低，相对水冷程度较大，燃料着火困难，燃烧不稳定，难于燃用贫煤及劣质烟煤，锅炉也难于达到额定出力及热效率；由于筒体和直烟管刚性强，后管板左右两侧的烟气温差大，锅壳内存在死水区等原因，后管板拉撑件的焊口常被拉断，管接头出现裂纹和渗漏；锅壳下部直接受火焰辐射，又易沉积泥垢，在水质不好、运行操作不当时，锅壳下部常常出现过热鼓包现象；锅炉的蒸汽空间较小，高负荷时蒸汽带水严重等。

目前，卧式水火管锅炉是我国使用最普遍、数量最多的一种工业锅炉，其品种和规格比较齐全，蒸发量为0.2～4t/h，蒸汽压力为0.4～1.25MPa。为消除其上述缺点，完善其性能，近年出现了一些卧式水火管锅炉的变型设计产品，但尚在继续改进完善之中。

二、工业锅炉型号表示方法

工业锅炉的产品型号，按照标准规定的方法编制。产品型号由三部分组成，中间用短线相连，其形式如下：

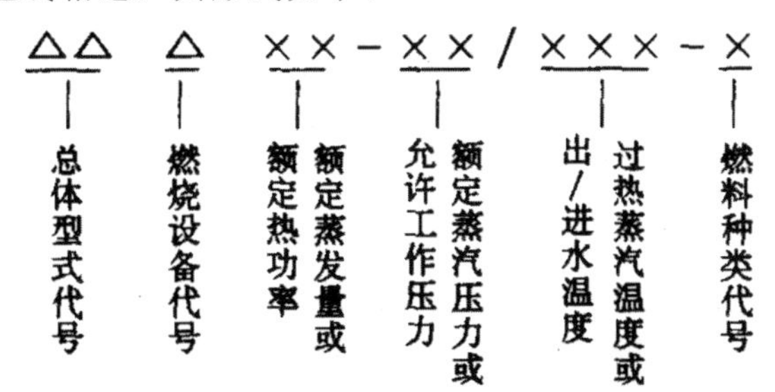

型号第一部分表示锅炉型式、燃烧设备、额定蒸发量或额定热功率，共分三段。前两个“△”是两个汉语拼音字母，表示锅炉总体型式，各字母所表示的具体意义见表1-3及表1-4；后一个“△”是一个汉语拼音字母，表示不同的燃烧设备，具体含义见表1-5；最后的两个“×”是两个阿拉伯数字，表示锅炉的额定蒸发量（t/h）或额定热功率（MW）。

表1-3 锅壳锅炉总体型式代号

锅炉总体型式	代号
立式水管	LS（立水）
立式火管	LH（立火）
卧式外燃	WW（卧外）
卧式内燃	WN（卧内）

注：卧式水火管快装锅炉总体型式代号为DZ。

表1-4 水管锅炉总体型式代号

锅炉总体型式	代号
单锅筒立式	DL（单立）
单锅筒纵置式	DZ（单纵）
单锅筒横置式	DH（单横）
双锅筒纵置式	SZ（双纵）
双锅筒横置式	SH（双横）
纵横锅筒式	ZH（纵横）
强制循环式	QX（强循）

表 1-5 锅炉燃烧设备代号

燃烧设备	代号	燃烧设备	代号
固定炉排	G（固）	抛煤机	P（抛）
固定双层炉排	C（层）	振动炉排	Z（振）
活动手摇炉排	H（活）	下饲炉排	A（下）
链条炉排	L（链）	沸腾炉	F（沸）
往复炉排	W（往）	室燃炉	S（室）

型号的第二部分表示介质参数，共分两段，中间以斜线相隔。第一段的两个“×”是用阿拉伯数字表示额定蒸汽压力或允许工作压力（MPa）；第二段的三个“×”是用阿拉伯数字表示过热蒸汽温度或热水锅炉出水温度/进水温度（℃）。蒸汽温度为饱和温度时，型号的第二部分无斜线和第二段，因为饱和温度取决于压力，型号中的介质压力即间接表示了饱和温度。

型号的第三部分表示燃料种类。以汉语拼音字母代表燃料种类，同时以罗马数字代表燃料品种分类与其并列（见表 1-6）。如同时使用儿种燃料，主要燃料放在前面。

表 1-6 燃料种类代号

燃料种类	代号	燃料种类	代号
I类劣质煤	LI	木柴	M
II类劣质煤	LII	稻糠	D
I类无烟煤	WI	甘蔗渣	G
II类无烟煤	WII	柴油	YC
III类无烟煤	WIII	重油	YZ
I类烟煤	AI	天然气	QT
II类烟煤	AII	焦炉煤气	QJ
III类烟煤	AIII	液化石油气	QY
褐煤	H	油母页岩	YM
贫煤	P	其他燃料	T
型煤	X		

为便于理解和掌握，对上述型号表示方法举例说明如下：

WNG1-0.7-AIII

表示卧式内燃固定炉排锅壳式锅炉，额定蒸发量为1t/h，蒸汽压力为0.7MPa，蒸汽温度为饱和温度，燃料为III类烟煤。

DZL4-1.25-WII

表示单锅筒纵置式或卧式水火管快装锅炉（铭牌中用中文说明），采用链条炉排，额定蒸发量4t/h，蒸汽压力为1.25MPa，蒸汽温度为饱和温度，燃料为II类无烟煤。

QXW2.8-1.25/95/70-AII

表示强制循环往复炉排热水锅炉，额定热功率2.8MW，允许工作压力1.25MPa，出水温度为95℃，进水温度为70℃，燃料为II类烟煤。

不难看出，锅炉型号给出了锅炉的概貌，在了解锅炉的基本概念和知识的基础上，熟练掌握锅炉型号的表示方法是十分有益的。

第二章 锅炉压力容器的制造工艺

锅炉、压力容器的制造工艺主要有冷作加工、机加工、铸锻加工、热处理和焊接等，其中冷作加工、热处理、焊接是锅炉、压力容器制造行业特有的加工手段，下面对此作一简要介绍。

第一节 冷作加工工艺

冷作加工是锅炉、压力容器制造中使用最多、应用范围最广的工艺方法。它包括以下工序：放样与划线、切割、冲裁、边缘加工、折边与型钢弯曲、压制、卷板、胀接、碳弧气刨、矫正和弯管等。

一、放样与划线

放样与划线是用几何计算或几何作图的方法，将图样的零件按1：1比例在原材料上划出零件的轮廓线。划线前，需根据工艺要求确定尺寸大小，有时应加放加工余量、焊接收缩量等，对于受内压件（如锅筒筒体、压力容器筒体、封头用板、集箱及管子等）及主要受力件（如大板梁的腹板、翼板）的原材料，在入厂验收合格后方可划线、下料。在产品制造过程中，为了防止材料混淆及错用，材料及零件应作材料标记，标记可用钢印、色标等方法。一旦加工时需要去除标记，应先移植再进行下料或加工。

放样划线的主要工具是划针、钢卷尺、钢皮尺、角尺、圆规、洋冲、粉线和手锤等。

二、切割

锅炉、压力容器制造中的切割方法可分成3类：机械切割、火焰切割和等离子切割。

（一）机械切割

利用机械设备对被切割材料施加剪切力或切削力，使之分离，这种方法称作机械切割。常见的机械切割设备有：剪床（龙门剪切机、斜剪机、联合冲剪机、双盘剪切机和型钢剪切机等）、锯床（弓锯床、圆盘锯、卧式带锯等）和专用设备（冲床、砂轮切割机、专用切管机等）。现对最常用的机械切割设备作一简介。

1.龙门剪切机：用于中、薄钢板的机械切割。龙门剪切机可对宽度为200～2500mm、厚度不大于25mm的钢板进行直线剪切。它采用液压压紧、机械传动的液压-机械联合传动形式。一般情况下，划线后对线进行剪切，当零件数量较多时，也可用挡板进行剪切。因压紧块之间距离较大，如果不用相应的工艺措施或工装，无法剪切小尺寸零件。

2.斜剪机：斜剪机通过偏心滑块机构将旋转运动变为直线运动。由于斜剪机刀具较短（300～600mm），只能每次将20～30mm长度的工件放进刀口进行逐段剪切，因此适用于小尺寸零件的剪切。斜剪机除了可以剪切直线外，还可以进行外圆弧或外圆的剪切。

3.联合冲剪机：是由专门的冲孔机构、钢板剪切机构、型钢剪切机构以及相应的配套机构（传动、夹紧、平衡等机构）组成。适用于各种钢板、型钢的机械切割，还可以在钢板上冲孔。

4.弓锯床：依靠直锯条的往复运动来锯切材料，其基本原理与手工锯切原理相同。锯条向前运动时，对被切割材料进行锯割，锯条向后运动时，不进行材料锯割，仅起到排屑作用。常用于截面直径不大于220mm的圆钢、型钢及管子的锯切。

5.圆盘锯：圆锯片做旋转运动，圆锯片上的刀刃随着圆锯片的横向运动锯割被切材料。圆锯片可做成镶嵌式，刀头由高速钢制成。圆盘锯锯切效率高，可切割截面直径由圆锯片直径决定，通常大于弓锯床。

6.卧式带锯：狭长的环形锯带高速旋转，对材料进行锯割下料。为了防止锯带的损坏，一般只适用于实心规则材料的下料。

（二）火焰切割

火焰切割的原理为：利用可燃气体与氧气混合燃烧产生的火焰（预热火焰）将金属材料的待切割部位加热到燃烧温度，然后喷射高速氧流（切割氧），使切割部位金属发生剧烈燃烧，形成液态金属氧化物；同时，依靠高速切割氧的冲刷作用吹除金属氧化物，形成割缝。火焰切割可切割中、低碳钢及低合金钢材料。根据可燃气体成分不同火焰切割可分为氧一乙炔气割和天然气、液化石油气切割。乙炔气体尽管有发热量大，火焰温度高等优点，但其安全性差、成本高，而且乙炔制造过程中需要大量电能并会污染环境，所以已经逐渐被天然气、液化石油气切割所替代。火焰切割的方式有手工切割（用气割枪手工按放样线进行切割）、半自动气割（气割小车在导轨或地规上作规则运动进行机械切割）、仿形气割（割嘴随仿形模板运动在仿形气割机上进行切割）和龙门气割（在龙门气割机上依靠程序指令使多个气割割嘴进行多头气割，具有很高的精度和很大的适应性）4种。

（三）等离子切割

通过割矩将电弧“压缩”成等离子弧，利用高温、高速的等离子弧（温度2400～

5000K，能量密度$10\times10^4\sim10\times10^5W/cm^2$）将被切割金属局部熔化并随即吹除，形成狭窄切口而完成切割。因为等离子弧温度高，可以熔化各种金属和非金属，所以等离子切割可以切割火焰切割所无法切割的不锈钢、铜、铝及其合金，还可切割混凝土、陶瓷等非金属材料。等离子切割可采用不同的离子气体，如氢气、氮气和空气。

三、冲裁

冲裁是利用冲床和冲模使材料分离的一种冲压工序，主要用于大批量、形状不是十分复杂的中小尺寸零件加工。冲裁工艺主要有落料和冲孔。落料加工时，被包容件是工件，包容件是废料或余料，例如管子水压试验用的封板；冲孔加工时，包容件是工件，被包容件是废料或余料，例如消声器孔板上的数以千计的密集小孔，一般用冲孔模成排加工。

四、边缘加工

锅炉、压力容器制造中常需对工件进行边缘加工（包括坡口），使边缘得到必需的形状、尺寸和光洁度，以适应焊接与装配的需要。

边缘加工的方法有：火焰（等离子）切割、机械切割和手工批磨加工。火焰（等离子）切割通常为手工切割；批磨是气动批枪与砂轮机（电动或气动）相结合的边缘加工方式。但锅炉、容器制造中最常用的边缘加工方式为机械切削。

对于平钢板边缘采用刨边机、铣边机进行加工；圆筒、封头、大直径管道可用端面车床、立式车床和镗床等进行加工。

五、折边与型钢弯曲

（一）折边产品中的钢结构件（如锅筒内部装置、烟风道、管箱等）

往往需要将钢板折成不同的角度再进行组装与焊接。与直接采用平钢板焊接结构相比，折边方法既能减少焊接工作量，又能防止平钢板焊接结构带来的变形与不平，因此锅炉、压力容器制造中经常采用折边工艺。折边一般由安装在专用设备——折弯压力机上的通用模具来完成。折边时除了应考虑适当的伸长量外，工件上还应划出清晰的压制位置线，才能压制出正确的角度。折边工作有时也可在水压机或油压机上用专用模具加工。

（二）型钢弯曲是将工字钢、槽钢、角钢、扁钢或圆钢弯曲成所需的形状

型钢弯曲分成冷弯和热弯两种。冷弯一般在机械设备上弯曲，如型钢弯曲机、法兰弯曲机等；热弯一般采用手工弯曲，弯曲时在有孔平台上放样并配以简单弯模、卷扬机等，采用边煨烤边弯的方法加工。

六、压制

压制是利用水压机或油压机，通过模具制造出符合要求的特殊零件。在锅炉、压力容器制造中有很多压制零件，如封头、管夹、人孔压马、加强圈、防磨盖板、烟风

道中的天方地圆接管等，还有一些压制的工序，如卷板两端的预弯、膜式壁校正、钢结构的校正等。下面介绍锅炉、压力容器封头的压制工艺。

封头有平封头、蝶形封头、椭圆封头和球形封头4种，压制有冷压和热压两种方法。低碳钢薄板、不锈钢钢板通常为冷压成型；中、厚碳钢钢板、铝及铝合金板应采用热压成型。封头热压应严格控制加热温度、升温速度、加热时间和终压温度等参数。碳钢封头加热温度应为950～1050℃，钢板在700～1000℃时脱碳现象最为严重。加热时间愈长，氧化现象也愈严重，因此应尽量缩短钢板加热时间（在不产生过大热应力情况下），并且在钢板表面进行喷丸及涂高温涂料工艺，以防止压制时产生裂纹。压制时还应根据材质控制终压温度，碳钢为700℃，低合金钢为800～850℃。

当封头所用的钢板有拼接焊缝时，压制前应将焊缝两端（大于300mm范围）的焊缝余高磨平。

封头除压制成型外，尚有爆炸成型和旋压成型两种工艺方法。爆炸成型是利用炸药爆炸时产生的高温、高压气体冲击波施加于毛坯钢板上，使钢板塑性变形，从而获得所要求的几何形状和尺寸。爆炸成型所用的模具很简单，只是一个圆环。爆炸成型用的炸药为硝胺和三硝基甲苯。旋压成型是在专用旋压机上进行冷旋压或热旋压加工，它不需要专用模具，在旋压时，封头的中心部位依靠局部压制成型，封头其他部分依靠辊轮辗压成型。

七、卷板

在锅炉、压力容器中，圆柱形筒节是最常见的基本形状。它不仅用于受压的锅筒本体、除氧器和压力容器筒体上，也用于烟囱、分离器等非受压部件，通常用板材卷制而成。常见的卷板设备是3辊卷板机，它由2个下辊、1个上辊组成。在用3辊卷板机卷板时，应先对钢板两端进行预弯，预弯长度应超过2个下辊距离的一半，或将两端直段切除。为了减少两端直段长度，还研制并发展了多种卷板机，如4辊卷板机、不对称型3辊卷板机等等。

卷板有两种方式，即冷态卷板（亦称冷卷）和热态卷板（亦称热卷），选择采用冷卷还是热卷，除了考虑卷板机能力外，主要应考虑的是外圆周伸长量。冷卷时最终外圆周伸长量，碳钢不应大于5%，低合金钢不应大于3%，否则应采用热卷或进行中间热处理消除应力。冷卷时，钢板减薄量及中性层伸长量均很小；而热卷时，钢板减薄量及中性层伸长量比冷卷要大得多，通常只能通过工艺试验来确定。热卷不仅操作较为困难，而且卷制时氧化皮容易被压入钢板形成凹坑。为了防止氧化皮的危害，钢板在加热前应经喷丸处理并涂上高温涂料。立式卷板机（辊轮垂直布置）的氧化皮不会被卷入辊轮与钢板之间，可以避免氧化皮造成的缺陷。

八、胀接

胀接是依靠管子被扩张产生塑性变形（管孔产生弹性变形），在管孔壁与管子外壁间存在残余应力产生紧固力，从而获得足够的连接强度和密封性的一种连接方法。因为胀接具有操作简便、不需添加材料、管子更换方便等特点，所以被广泛用于换热器和中低压锅炉的制造中。

中低压锅炉的胀接管子直径较大，通常采用手工胀接，为了获得良好的胀接质量，管板硬度应比管子胀接部位硬度高20～30HB，当管子硬度超过170HB时，应进行管端退火处理，并在退火处理后将管端打磨光滑。管子与管板的胀管率应控制在1.0%～2.1%之间。当需要提高管子与管板的连接强度时，可在管板的管孔壁面上开1～2条环形槽；当需要提高管子与管板的密封性时，可提高管孔的光洁度。

在换热器（如高压加热器）中，管子与管板常采用的是胀接结构。

胀接的主要目的是消除管子与管孔之间的间隙，管子与管孔之间的连接强度及密封性依靠焊接来保证。通常采用的胀接方法为机械胀管，近年来又开发了液体胀管、橡胶胀管和爆炸胀管等方法。

九、碳弧气刨

碳弧气刨是利用碳板电弧的高温，把金属局部加热到熔化状态，同时利用高速的压缩空气气流把熔化金属吹掉，从而实现对金属进行刨削加工的工艺方法。碳弧气刨主要用于挑焊根、清除焊缝缺陷，偶尔也用于高合金钢、铝、铜及其合金的切割。碳弧气刨是锅炉、压力容器制造业中的一种特殊加工手段。在工艺上应该特别注意：碳弧气刨后约有0.54～0.72mm的硬化层，必须在焊接前将其除去。

十、矫正

钢材存放不当或产品因焊接应力均会产生变形，包括不平、弯曲、扭曲或波浪形。矫正就是使钢材在外力作用下产生塑性变形，进而使钢材中局部收缩的纤维拉长，而局部伸长的纤维缩短，从而获得正确的形状。

钢材矫正有3种方法：手工矫正、机械矫正和火焰矫正。按钢板矫正时的状态分还可以分成冷矫和热矫。

（一）手工矫正

手工矫正时一般将工件放在平台上用大锤锤击进行矫正，常用于薄板件和中小型型钢的矫正。因为矫正所需时间长，对工人体能及技能要求高，故只适用于小批量或个别零件的矫正。

（二）机械矫正

机械矫正就是用专用或通用设备，对变形材料或构件施加机械矫正力，使其形位公差符合标准要求。

1.钢板矫正机：薄钢板通过多个辊轮，使钢板上下反复弯曲，从而达到矫平的目的。

2.型钢矫正机：用与型钢相匹配的多组辊轮使型钢反复弯曲变形，达到矫直的目的。

3.管子矫直机：管子通过多个弧面辊轮，达到矫正的目的。

4.水（油）压机：用通用设备及专用模具来矫正钢材和零部件。

（三）火焰矫正

构件经过焊接会产生各种复合变形，手工矫正和机械矫正两种方法往往很难获得理想的结果，因此常采用火焰矫正。火焰矫正是通过局部加热，使纤维伸长与周围冷金属纤维相互作用，冷却后即可将构件矫成正、直状态的工艺方法。火焰矫正的加热方法有点状加热法、线状加热法和三角形加热法，可采用氧-乙炔焰、氧-天然气、液化石油气焰加热。

十一、弯管

现代锅炉的受热面大都由各种形状的管子组成，此外，锅炉上还有许多其他管件，如下降管、汽水连接管、排污管、取样管和给水管等，各种集箱也由大口径管道制造。在管子与管件的加工中，大量的是管子的弯曲加工，所以管子弯曲技术是锅炉制造中发展最快的技术之一。管子弯曲方法大体有6种。

（一）手工弯管

在管子内部填沙石（或不装填沙石）后，加热弯曲部位，用手工或卷扬机在铸铁有孔平台上按靠模弯曲的工艺方法叫手工弯管。装沙石的目的是防止弯头处变形或皱折，此外，沙石还有蓄热作用。沙粒应选用干净河沙或石英砂并经烘干处理，对于大口径管子可加少量石子。加热温度按材质确定：碳钢管950℃，合金钢管950～1050℃。

（二）中频加热弯管

依靠中频电流（2500Hz）对管子局部区段进行感应加热，使其温度上升到900℃以上，再利用机械传动使管子产生弯曲变形，同时感应圈内的冷却水向前喷射，冷却已弯曲段的管子，这样加热、弯曲、冷却连续进行，就完成了整个弯头的弯制工作。中频加热弯管不需要专用模具，特别适合于小批量、大口径、非标准弯曲半径的弯头加工。中频加热弯管机有拉弯式与推弯式两种。

（三）火焰加热弯管

氧-乙炔焰通过特制的火焰圈对管子进行局部加热，达到热弯各种管径的目的。与中频加热弯管加热方式不同，火焰加热弯管以火焰圈代替感应圈。火焰加热弯管设备简单、投资少、成本低，但生产效率较低。

（四）机械冷态弯管

机械冷态弯管是最常用的小口径管的弯管方法，根据改善截面变形所采取的措施，可分为有芯弯管、一般无芯弯管和反变形法弯管。

1.有芯弯管：在管内插入一根芯棒，使芯棒撑在管内，以阻止管道弯曲变形处（管子与模盘处于切线位置）变扁。有芯弯管的优点是能够减小管子椭圆度，缺点为易使管壁拉毛、外侧减薄量不能减小、弯管功率较大。芯棒形状与直径、芯棒伸出长度都会影响弯管质量。常用的芯棒形状为圆柱形芯棒，此外还有尖头式、单向关节式、勺式、万向关节式和软轴式芯棒。

2.一般无芯弯管：当弯曲半径为管子外径的3.5～4倍时，可用一般弯管模具进行弯管，不用芯棒就能保证弯管质量。弯管模、夹块、滑槽（或滑轮）的曲线均做成半圆形。

3.反变形法无芯弯管：当弯曲半径大于管道外径的1.5倍，又小于一般无芯弯管的范围（管道外径的3.5～4倍）时，可用反变形法无芯弯管工艺。其机理是：在管子发生弯曲变形处，预先使管子外侧受到反向变形而向外凸出，以抵消管子弯曲变形时产生的椭圆度。这样弯曲后管子的横截面就可以恢复到圆形截面。反变形法无芯弯管的关键是反变形滚轮或滑槽的设计，反变形量由大小不同的半径组成的圆滑曲线来控制。从理论上讲只要反变形滚轮或滑槽的尺寸适当，弯管部分的椭圆度可降至零。但反变形量的大小与管材、相对弯曲半径和相对壁厚等有关，因此，实际上椭圆度不可能降至零。

（五）小半径弯管

所谓小半径弯管是指弯管半径小于或等于管子外径的1.5倍的弯管。由于弯管半径减小使弯头外侧管壁严重拉薄，截面椭圆度增大，弯头内侧易起皱而无法达到预期的质量要求，因而采用特殊的工艺方法进行加工，包括：加顶镦力机械冷弯、逐步成型法、型模压制法、型模挤弯法、芯棒挤弯法等等。

（六）特殊管件加工

1.圆形或腰圆形盘管：锅炉减温器中常用的圆形或腰圆形盘管，一般可在弯管机或车床上进行弯卷。弯卷方法有滚弯和卷弯两种。滚弯法通常在弯管机上完成，而卷弯法通常在车床上完成。

2.膜式壁弯管：先将管道与扁钢在膜式壁焊机上焊成排管，然后在卧式或立式成排弯管机上或在液压设备（水压机）和卷板机上压弯或卷弯成型。在成排弯管机上弯制需要特殊模具。模具可以是圆柱式的（没有半圆槽）或有半圆槽的多只弯管模叠加而成，成排弯管的弯曲半径一般应大于或等于管道外径的5～6倍。

第二节 热处理工艺

钢的热处理就是通过钢在固态下加热、保温和冷却的操作来改变其内部组织，从而获得所需性能的一种工艺方法，热处理操作过程包括3个阶段：

第一阶段为加热，使钢材获得冷却前所需的组织；

第二阶段为保温，使工件内外温度一致，成分、组织均匀；

第三阶段为冷却，使组织发生预期的变化，获得理想的组织和性能。

一、热处理的4种基本方法

（一）整体处理由退火、正火、淬火和回火组成

退火又有5种方式，即完全退火、扩散退火、等温退火、球化退火和消除应力退火（亦称低温退火，实际生产中尚有局部消除应力热处理）。

（二）表面热处理

主要指淬火工艺，其方式一般为火焰淬火和感应淬火两种。

（三）化学热处理有3种主要形式

分别为渗碳、渗氮和渗合金或碳氮共渗。

（四）其他热处理

包括真空热处理、可控气氛热处理和形变热处理等。

在锅炉、压力容器制造中，最为常见的热处理为：消除应力退火、正火及调质（淬火或正火加上回火）热处理。

二、消除应力退火

消除应力退火有消除焊接件的内应力，稳定构件尺寸、改善焊缝及热影响区塑性和韧性，提高抗腐蚀性，提高蠕变、疲劳能力以及析出有害气体的作用。消除应力退火的加热温度随钢种不同而不同：一般碳钢为600～650℃，低合金钢为650～720℃。调质钢加热温度应在回火温度以下，保温时间为每1英寸（1英寸=25.4mm）厚度1小时，最少保温时间为0.5小时。退火时还应对加热速度、冷却速度、出入炉温度加以限制，以防止产生缺陷或降低母材和焊缝性能。退火处理时应尽可能将整个焊接件放进退火炉进行热处理，这样工件温度均匀，升温、降温易控制，能有效消除内应力。但是当受到退火炉大小限制等原因时，也可采取局部热处理，通常有电感应局部加热和红外线加热两种方法。因为红外线加热法生产效率高、操作自动化程度高、设备简单、控制温度也较正确，得到了越来越广泛的应用。

三、正火

将钢材加热到AC_3以上30～50℃，保温一段时间后，在空气中冷却，以保证获得细小的索氏体组织。保温时间根据钢材厚度确定，一般为1min/mm。对于采用电渣焊焊接的筒节，由于焊缝金属的结晶组织是粗大的柱状晶粒，为了改善焊缝金属的晶粒组织和机械性能，焊后必须经正火处理。正火后通常在静止空气中冷却，但对于厚板筒节，必要时应采用强制通风的冷却方式。

四、高强度低合金钢筒体的调质热处理

调质热处理是提高高强度低合金钢筒体的综合机械性能的重要手段。调质热处理的目的是使材料在热处理后具有细小均匀的晶粒组织，而且碳化物较均匀地分布在基体上。对于中等壁厚的筒体可采用正火加回火的热处理方式；对于厚壁筒体应采用淬火加回火的热处理方式。就筒体淬火来说有两种方法，一种为浸入式，即将加热后的筒体浸入足够大的水冷却槽进行冷却。由于淬火时筒体的温度很高，整体加热变形大且不易控制，因此常常采用第二种方法，即喷淋淬火，将水以一定速度和压力喷射到已加热的筒体上进行淬火，其效果较好。

锅炉和压力容器制造中还有其他零件，如轴、法兰、紧固件等都需要热处理。因

为均为比较常规的热处理方法，在此就不再作介绍。

第三节 典型部件工艺流程

一、封头制造工艺流程

封头材料质量证明书复验（含超声波探伤）→下料（标记移植）→外圆车斜面→喷丸、涂高温涂料→加热→压制→热处理（按材质定）→切割余量（保留机加工余量）→粗车端面及加强圈孔→装焊加强圈→消氢处理→车坡口及加强圈等→封头成品。

二、筒体制造工艺流程

筒体材料质量证明书复验（含超声波探伤）→下料（标记移植）→加工纵缝坡口→喷丸、涂高温涂料→加热→卷制→装焊接试板（有时单独焊接）→埋弧焊→热矫圆（正火温度）→探伤→焊缝返修→消氢处理→加工环缝坡口→筒体成品。

三、大小接管取料工艺流程

材料质量证明书复验（含超声波探伤）→下料（标记移植）→机加工→探伤→大小接管成品。

四、组装工艺流程

封头成品、筒体成品合成分段装配→内环缝焊接→外挑焊缝→外环缝焊接→消氢处理→探伤→焊缝返修→划线→钻孔→切割大接管孔→与大小接管组装→手工焊→消氢处理→大接管焊缝探伤→装焊小接管→退火→复探→水压试验→复探→装配内件→油漆→包装。

五、大板梁制造工艺流程

大板梁制造工艺流程如图2-1所示。

六、膜式水冷壁制造工艺流程

膜式水冷壁制造工艺流程如图2-2所示。

第四节 锅炉产品检验

一、原材料质量检验

按《锅炉用材料入厂验收规则》（JB/T 3375—2002）及其他有关的技术条件规定，

原材料必须有质量证明书，制造企业还需按规定对受压件原材料进行复验。复验项目包括化学成分、机械性能、金相组织和无损探伤。

焊接材料复验采用焊接试板，对焊接试板进行检查来验证焊接材料的合格性。

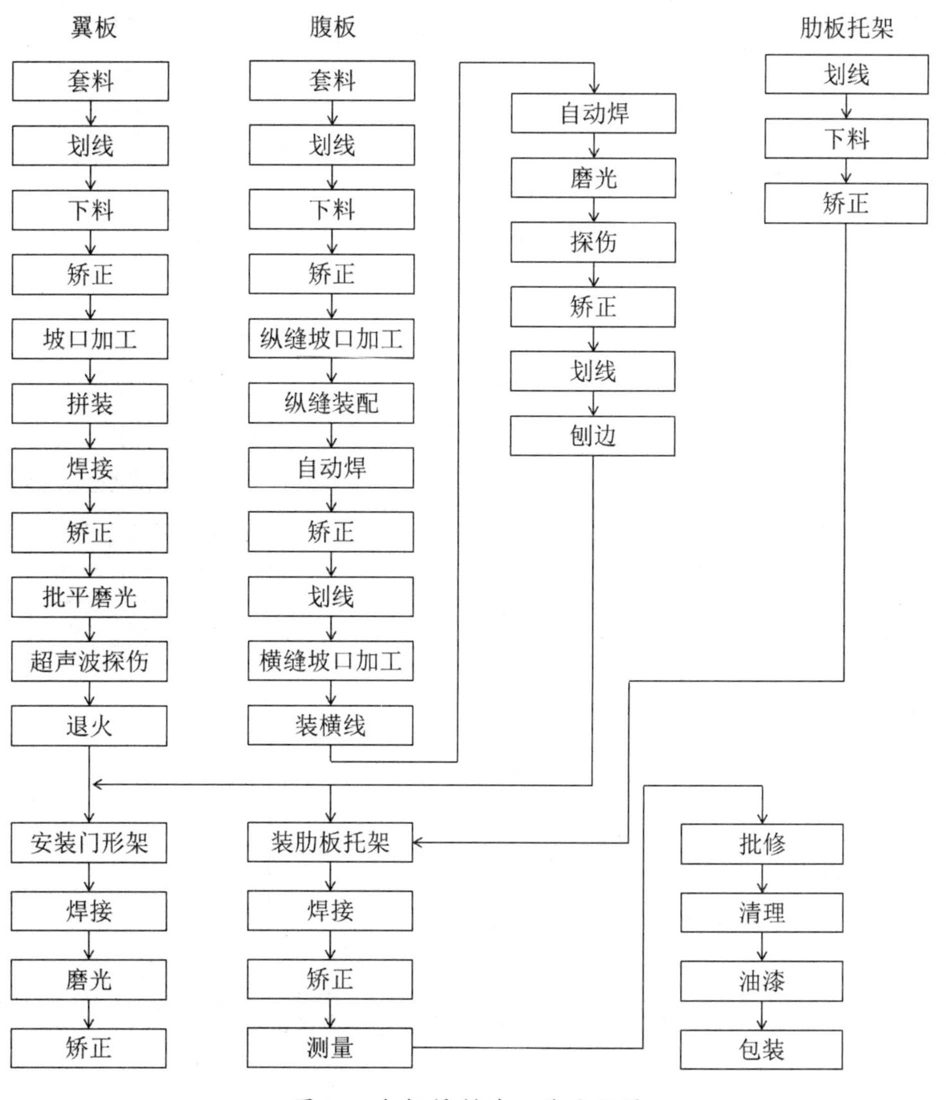

图 2-1 大板梁制造工艺流程图

二、几何尺寸检验

（一）样板、样棒检查

用薄钢板做成与工件相同的形状，对工件进行检查的方法叫样板检查，例如封头的检查、焊接坡口的检查、弯管角度检查等。检查中分别使用封头样板、焊缝坡口样板和弯管活动量角器等工具。对于数量很多的管孔，如高压加热器管板上有几千只孔，一般用样棒来检查，样棒一端为止规，另一端为通规。

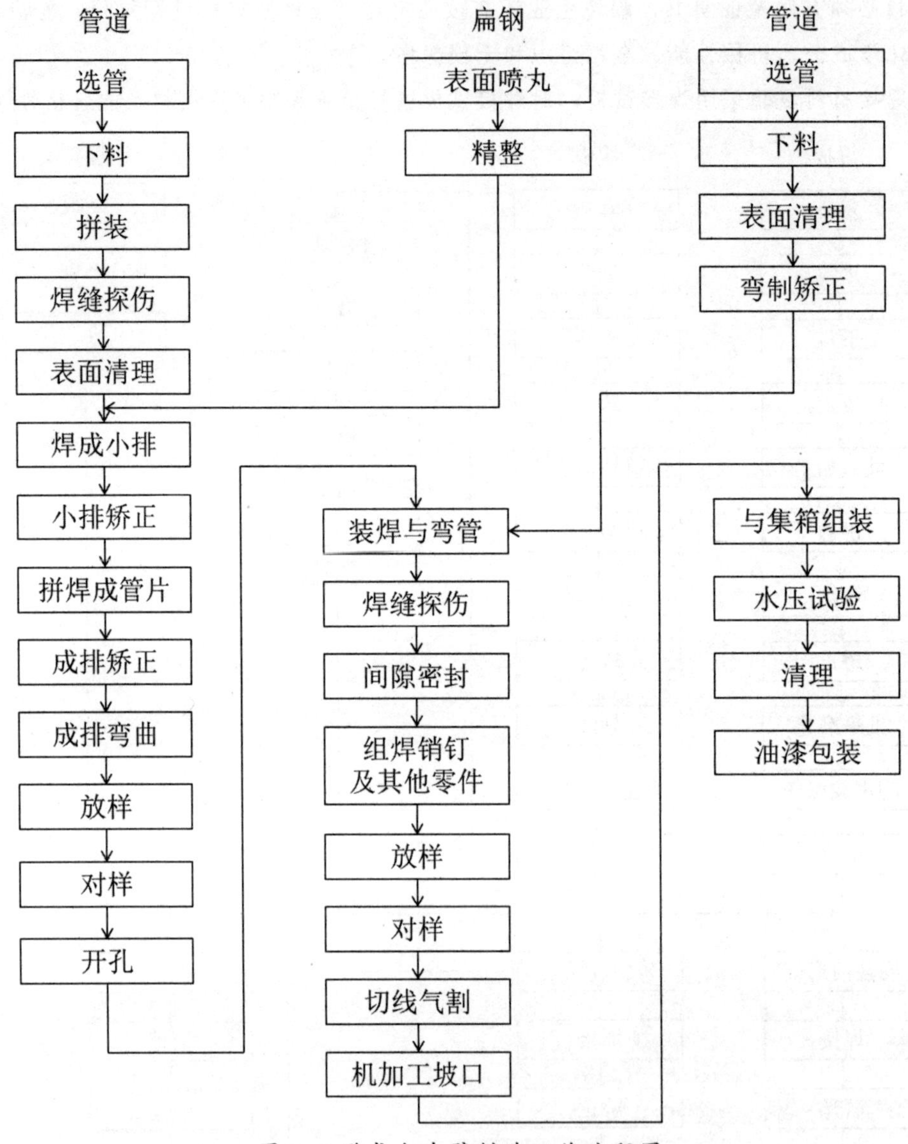

图 2-2 膜式水冷壁制造工艺流程图

（二）放样检查

放样检查就是在划线平台上按1∶1尺寸划出实样，并在其极限位置焊上定位块来检查工件平面尺寸。一般用于蛇形管与钢架结合部位的检查。用这种方法检查数量较多的零件具有快速、准确的优点。

（三）一般测量法检查

利用钢皮尺、卷尺和角尺等普通测量工具，对工件的尺寸及装配精度进行检查。测量方法简便，适用于各种锅炉零部件。锅炉产品除了常规的长、宽、高尺寸外，还有如下一些特殊尺寸要求：端面倾斜度、直径偏差、筒体不圆度、不直度和扭曲度等。

三、无损探伤

无损探伤是在不损坏被检测物体的情况下，检验物体内在或表面质量的一种物理方法。无损探伤除了能检验材料的质量外，更多地能检查焊缝中的缺陷。焊缝中的缺陷常见的有夹渣、气孔、未熔合、未焊透和裂纹等。无损探伤常用的有目视检查、射线探伤、超声波探伤、磁粉探伤和着色探伤。

（一）目视检查

目视检查又称外观检查，即用肉眼或借助于放大镜进行外观检查，除检查零部件的标记（钢印）、焊缝外表质量外，亦可发现裂纹、满溢、弧坑、烧穿、未焊透、咬边等缺陷，还可以检查焊接飞溅、熔渣有否除净以及焊接高度、焊缝形状是否符合要求等。

（二）射线探伤

用射线（X射线、γ射线、高能射线等）通过构件时，射线的衰减程度随不同穿透物质而不同，并能使胶片发生感光作用，从而发现构件内部缺陷。射线探伤适用于检查焊缝气孔、夹渣等面性缺陷。

（三）超声波探伤

超声波（频率大于20kHz）在异质界面上要产生反射与折射，这些反射波被探头接收后，由机械振动转变为交变电压，经放大后即可判断其缺陷位置与大小。超声波探伤也是一种内部缺陷常用的探伤方法。

（四）磁粉探伤

在外加磁场的使用下，铁磁性材料会被磁化，如在材料表面或近表面处有缺陷，材料表面空间就产生漏磁场而吸附磁粉，使缺陷显示出来。该探伤方法为表面探伤方法之一，只能用于镍、钴及其合金、碳素钢及某些合金钢等铁磁性材料的表面探伤，不能用于奥氏体不锈钢等材料的表面探伤。

（五）液体渗透探伤

液体渗透探伤是利用某些具有较强渗透性的液体，依靠毛细作用渗入工件表面微小裂纹中，然后清除工件表面的剩余液体，并用吸附剂将渗入缺陷的液体吸出，从而显示出缺陷位置、形状和大小。该探伤方法适用于表面开口缺陷的检查。根据渗透剂不同，液体渗透探伤可分为着色探伤和荧光探伤。

四、压力试验

（一）水压试验

将注满水的容器，以一定的试验压力（≥1.25倍计算压力）对焊缝的致密性进行检查，也可用以检验压力容器的强度。水压试验应在周围气温高于5℃时进行。水压试验用水温度，一般碳钢材料不应低于5℃；低合金高强钢或合金钢应高于所用钢种的脆性转变温度。水压试验时符合以下条件就认为合格：

1.在受压工件的金属壁和焊缝无泄漏或水珠；

2.胀口处在降至工作压力后不滴水珠；

3.水压试验后，没有残余变形。

（二）气压试验

以空气作为介质的压力试验，与水压试验一样属于强度试验，主要用于不能采用水作为压力试验介质的特殊容器。气压试验的环境温度应按钢种决定，碳钢和低合金钢应不低于15℃。气压试验应有专门场地及有效的安全措施，升压与降压均应缓慢。

五、致密性试验

盛装易燃、易爆、有毒或强挥发性介质的容器应做致密性试验，以防止介质泄漏。

（一）气密性试验

对已做过水压试验的容器再做1.05倍设计压力的气密性试验（空气加压），以检查焊缝、接口等处的严密性。

（二）煤油渗漏试验

在容器的一个表面上涂以渗透性强、黏度和表面张力小的煤油，另一个表面上用白垩粉检查有无油渍，从而确认焊缝上有无穿透性的微小缝隙。

（三）氨渗漏试验

焊缝（压力容器内部）用氨气作渗透剂，压力容器外壁用5%硝酸亚汞或酚酞水溶液浸渍过的纸条检查，看纸条上是否出现红色或蓝黑色斑点。

第三章　锅炉压力容器的焊接

核电设备、电站锅炉和压力容器是焊接工艺应用最广，焊接机械化和自动化程度最高，焊接新方法、新设备和新工艺应用、推广最快，对焊接质量要求最高的领域。焊接作为一项主导工艺，在锅炉和压力容器制造中占有决定性的地位，一个锅炉和压力容器制造企业所使用制造工艺的先进程度主要以焊接工艺的先进性来衡量，国内外各大锅炉及压力容器制造企业均以提高焊接工艺水平作为技术改造的主攻方向。

第一节　熔焊方法

锅炉和压力容器制造中，常用的焊接方法有手工电弧焊、手工钨极氩弧焊、埋弧焊、熔化极气体保护焊和电渣焊。

一、手工电弧焊

手工电弧焊的原理为用手工操纵焊条进行焊接，即利用焊条与焊件间的电弧热将焊条和焊件熔化，从而形成接头。焊接过程中，焊条药皮熔化分解生成气体和熔渣，在气、渣的联合保护下，有效地排除了周围空气的不利影响，通过高温下熔化金属与熔渣间的冶金反应，经过还原与净化，可得到优质焊缝。

手工电弧焊的特点：

（1）设备简单，维护方便；

（2）操作灵活方便，适用于室内外各种位置的焊接；

（3）应用范围广，可焊接低碳钢、低合金高强钢、高合金钢及有色金属等；

（4）对焊工的技术要求高，劳动强度大；

（5）生产效率低。

手工电弧焊的焊接工艺参数主要为：焊条直径、焊接电流、电弧电压、焊接速度、焊接层数、电源种类和极性。焊接电流的选择主要取决于焊条的类型、焊件材质、焊条直径、焊件厚度、接头形式、焊接位置以及焊接层次。在使用一般碳钢焊条时，焊接电流大小与焊条直径的关系为：

$I=(35\sim55)\ d$

式中：I——焊接电流，A；

d——焊条直径，mm。

电源的种类和极性主要取决于焊条的类型，手工电弧电源分为交流电源（交流弧焊变压器）和直流电源（直流弧焊发电机和弧焊整流器）。直流电源的电弧燃烧稳定，焊接接头的质量容易保证；交流电源的电弧燃烧没有直流电源稳定，接头质量也较难保证。对锅炉、压力容器的受压元件进行焊接，一般都采用碱性低氢型焊条，均采用直流弧焊机，可以减少飞溅现象和产生气孔的倾向，使电弧燃烧稳定，并能获得性能优良的焊缝。

二、埋弧焊

埋弧焊是高效机械化焊接方法之一，是电弧在焊剂层下燃烧的一种电弧焊方法。在焊剂层下，电弧在焊丝末端与焊件之间燃烧，使焊剂熔化、蒸发，形成气体，在电弧周围形成一个封闭空腔，电弧在这个空腔中稳定燃烧；焊丝不断送入，以熔滴状进入熔池，与熔化的母材金属混合，并受到熔化焊剂的还原、净化及合金化作用。在焊接过程中，电弧向前移动，熔池冷却后形成焊缝，密度较小的熔渣浮在熔池的表面，有效地保护熔池金属，冷却后形成渣壳。

埋弧焊的特点：

（1）生产效率高；

（2）焊缝质量好，外表成形美观；

（3）节省焊接材料和电能；

（4）改善了工人劳动条件；

（5）坡口加工精度要求高；

（6）应用范围比较窄，限于平焊位置及形状简单的长焊缝。

在锅炉及压力容器的制造中，埋弧焊得到最广泛的应用，通常用于焊接板对接纵缝和壳体的纵、环焊缝及堆焊。埋弧焊的工艺参数主要为焊接电流、电弧电压、焊接速度、焊丝直径、焊丝伸出长度、焊丝与焊件表面的相对位置、电源种类及极性、焊剂种类和焊件的坡口形式。焊接电流主要影响焊缝的熔深和计算厚度，而电弧电压主要影响焊缝的熔宽。为了获得满意的焊缝成形，焊接电流、电弧电压及焊接速度应相互匹配。埋弧焊的焊接接头的质量在很大程度上取决于焊前准备。焊前准备工作包括焊接坡口的加待焊部位及焊丝表面的清理、焊件的装配及焊剂的烘干等。

三、手工钨极氩弧焊

手工钨极氩弧焊（TIG）是用高熔点钨棒作电极，氩气作保护气体和电弧介质，通过钨极与工件间的电弧热熔化母材和焊丝的一种焊接方法。

手工钨极氩弧焊特点：

（1）氩气保护效果最佳；

（2）电弧热量集中，温度高（弧柱中心温度可达10000K以上，而手工电弧焊弧柱温度为6000～8000K左右）；

(3) 焊缝热影响区窄，焊件变形小；

(4) 氩气保护无熔渣，提高了工作效率，且焊缝成形美观、质量好；

(5) 明弧操作、熔池可见性好，便于观察和操作；

(6) 适合各种位置的焊接；

(7) 除黑色金属外，可用于焊接不锈钢和铝、铜等有色金属及其合金；

(8) 成本高；

(9) 氩气电离热高、引弧困难，故需采用高频引弧。

手工钨极氩弧焊工艺参数主要为：钨极成分、直径及端部形状，氩气纯度与流量，喷嘴形状与孔径，焊接电流，电弧电压，焊接速度，接头形式等。

四、熔化极惰性气体保护焊

熔化极惰性气体保护焊是采用与焊件成分相似或相同的焊丝作电极，以氩气作保护介质的一种焊接方法，又称为MIG焊。若将氩气保护改为富氩混合气（氩含量为80%～95%，二氧化碳含量为5%～20%），则称为MAG焊。熔化极惰性气体保护焊原理为：焊丝通过送丝轮送进，导电嘴导电，在母材与焊丝之间产生电弧，使焊丝和母材熔化，并用惰性气体保护电弧和熔融金属来进行焊接。半自动熔化极惰性气体保护焊的送丝速度是自动控制的，而焊接速度、电弧长度则由焊工手工控制。

熔化极惰性气体保护焊特点为：

(1) 生产效率高；

(2) 飞溅少；

(3) 焊接变形小；

(4) 合金元素烧损小；

(5) 焊缝质量高；

(6) 弧光较强烈、烟气大，需加强防护；

(7) 可焊各种金属。

熔化极惰性气体保护焊工艺参数主要有：熔滴过渡方式、焊丝成分及直径、喷嘴倾角、左焊法、右焊法，焊丝干伸长、焊接电流、电弧电压、焊接速度、保护气纯度及流量等。

五、电渣焊

电渣焊是利用电流通过液体熔渣时产生的电阻热来进行焊接的方法，根据使用的电极形状，可分为丝极电渣焊、板极电'渣焊和熔嘴电渣焊。电渣焊电源的一个极接在焊丝的导电嘴上，另一极接在工件上，焊丝由送丝轮送进，通过导电嘴进入渣池。焊丝在其自身的电阻热和渣池热的作用下被加热熔化，形成熔滴后穿过渣池进入熔池；由于熔渣涡流，迅速把渣池中心处的热量不断地带到渣池四周，从而使工件边缘熔化，这部分熔化金属也进入金属熔池，金属熔池底部的液态金属就随后冷却结晶，形成了焊缝。在电渣焊时，保持合适的渣池深度是获得良好焊缝的重要条件之一。电渣焊要在垂直位置或接近垂直的位置进行，并在焊缝的两侧加铜滑块以防止熔渣流失。

在丝极电渣焊时，水冷铜滑块随机头一起上移。

电渣焊的特点：

（1）生产效率高，大厚度工件可一次焊成；

（2）焊丝和电能消耗低；

（3）不易产生气孔和夹渣；

（4）焊接易淬火的钢种时，产生淬火裂纹倾向小；

（5）电渣的线能量大，焊接低碳钢时焊缝和近缝区产生粗大的魏氏组织。

为了改善焊接接头的机械性能，焊后必须进行热处理。电渣焊的工艺参数主要为送丝速度、渣池深度、焊丝的伸出长度、焊接电压、焊丝的横向摆动速度、焊丝根数、焊接间隙、焊接电流和焊接速度等。

第二节　焊接与设备

一、锅筒、压力容器的焊接与设备

高压锅筒和厚壁压力容器是电站锅炉和压力容器最主要的部件之一。220t/h、410t/h以上电站锅炉的锅筒纵缝采用电渣焊或埋弧焊焊接。电渣焊具有生产效率高的优点，但因电渣焊焊缝具有粗大的柱状晶粒，焊后必须进行正火处理、细化晶粒，以获得具有良好综合力学性能的焊缝。锅筒和压力容器环缝大多采用单丝埋弧焊；与封头连接的环缝有时采用内部手工电弧焊，外部埋弧焊的焊接工艺；高压加热器管板与壳体的环缝采用手工氩弧焊打底，手工电弧焊过渡，再用埋弧焊焊接的工艺。纵、环缝焊接的先进工艺为窄间隙埋弧自动焊。

锅筒上大接管的马鞍形管孔基本采用专用的马鞍形切割机切割，割出的管孔形状准确。大接管焊接采用手工电焊或马鞍形接管埋弧自动焊机焊接。

锅筒上要求全焊透的管接头角焊缝（如Φ108mm×10mm、Φ33mm×10mm等），一般采用手工氩弧焊打底，手工电弧焊盖面；当全部用手工电弧焊焊接时，可用蜗形钻除掉工艺衬圈或根部来融合。

焊接工艺装备应配有：大吨位的翻转胎、内环缝焊接伸缩架、外环缝焊接伸缩架、焊接变位器、外纵缝焊接升降架和远红外加热装置等。

二、高压加热器的焊接与设备

高压加热器制造中最关键的是小直径U形管与大厚度的管板之间的焊接。这种接头不仅数量多，而且质量要求高，并且无法立式装焊，必须在横焊位完成焊接工作。焊接工艺直接影响到高压加热器的运行效率和使用寿命。管道管板的连接接头采用先焊后胀的工艺。为保证焊接质量，应采用管道管板自动氩弧焊机来焊接。该焊机具有21世纪初国际先进水平，操作程序全部由电脑控制，可以输入各种规范的工艺参数。精度高、性能稳定可靠、重复性好，具有弧长控制（AVC）电弧电压自动控制功能，抗干扰性强。TP60型管道管板自动氩弧焊机的特点：

（1）生产效率高，通用性好，可焊管径范围为6～60mm；

（2）可自熔或加填充丝焊接；

（3）可焊接各种形式的管道管板接头，包括平齐端接、伸出角接、内缩角接和内孔对接；

（4）弧长控制功能可选；

（5）焊矩可连续旋转（水管、气管、电缆不旋转）；

（6）高精度定位；

（7）焊头水冷，可连续工作。

管板与水室封头的终止环缝采用手工氩弧焊打底，手工电弧焊过渡，其余埋弧自动焊的工艺。水室封头的大接管角焊缝采用手工电弧焊工艺，壳体的纵环缝采用埋弧焊工艺。

三、锅炉集箱的焊接与设备

锅炉集箱是电站锅炉重要的高温、高压部件之一，其本体多用大直径厚壁无缝钢管。中高压锅炉集箱端盖与集箱筒体的环缝采用手工氩弧焊打底，手工电弧焊过渡，其余埋弧焊工艺。而低压锅炉集箱采用旋压式收口的端部形式。

国内外大型电站锅炉的许多集箱本体采用钢板压制成形并以纵缝组焊成筒体的制造工艺。这种制造方式与向钢厂购买大直径无缝钢管再制造相比，可节约成本20%～30%。

集箱管接头的焊接任务极其繁重，因为这些接管大多是密排布置，接管间距较小，难以实现自动化操作。长期以来，集箱管接头的焊接基本采用手工氩弧焊或内孔氩弧焊打底、手工电弧焊盖面的工艺，效率太低。所以，国内锅炉、压力容器制造企业采用MAG焊（实芯焊丝或药芯焊丝）焊接管接头角焊缝，效率可提高0.5～1倍，节约焊接材料20%～30%。

为实现集箱管接头焊接的全机械化和全自动化，国内外已采用焊接机械手或焊接机器人。武汉锅炉厂已从德国引进集箱接管埋弧焊机器人，上海锅炉厂有限公司已用进口二氧化碳气体保护焊机器人来焊接集箱接管角焊缝。

四、蛇形管部件焊接与设备

锅炉蛇形管部件包括省煤器、过热器和再热器。这些部件的制造工艺大体相同，即先将直管采用各种焊接方法接至相当长度，然后再弯成管屏。对不适宜在蛇形管流水线上弯制的管件，则采用先弯后焊的工艺，用全位置手工氩弧焊接方法。

目前，直管接长在蛇形管流水线上采用的焊接方法有管道环缝自动脉冲氩弧焊、TIG焊和MAG焊。

RRS76型管道环缝自动氩弧焊机主要技术参数如下：焊接管径26.9～76.1mm，管壁厚度≤6.5mm（采用I形坡口），焊丝直径0.6～1.0mm，送丝速度50～100mm/min，焊接速度（夹头回转速度）0.2～3.7r/min，焊接电流调节范围10～350A，压缩空气压力0.6MPa。

在固定管全位置焊接中，目前有的企业采用手工氩弧焊和手工电弧焊。

五、膜式壁管屏焊接与设备

全焊结构膜式水冷壁是大容量、高效率锅炉中不可缺少的重要部件。在20世纪80年代中期以前，采用乳制的鳍片管束焊制膜式壁，由于轧制鳍片管的价格不断上涨，除特殊结构需要外，现在国内大中型锅炉制造企业都采用光管加焊扁钢制造膜式壁，这样使焊接工作量大大增加。

膜式壁制造常用两种焊接设备进行：

（一）脉冲混合气体保护焊（MAG）机

该焊机在焊接工件的上、下部均布置电极，通常有12个电极，可一次进行3管4扁钢的焊接；也有20个电极，可一次进行5管6扁钢的焊接。其技术参数为：管道外径25～76mm，管道壁厚3.5～9mm，扁钢宽度12.7～100mm，扁钢厚度4～8mm，常用焊速0.6m/min，使用85%Ar+15%CO_2作为保护气体。

（二）埋弧膜式壁焊机

其技术参数为：管道外径25～89mm，管道壁厚4～14mm，扁钢宽度9～110mm，扁钢厚度4～14mm，常用焊速1.2m/min。

用上述两种焊接设备焊成的管屏宽度≤1600mm，再由2～3个管屏拼装成膜式壁管片。管屏之间的焊接可采用管屏拼排焊机、手工电弧焊或手工MAG焊焊接。管片与集箱管接头的组装采用手工氩弧焊打底、手工电弧焊盖面的工艺。

有时候由于锅炉设计需要，在膜式水冷壁上需焊接一些销钉，用以固定覆盖在水冷壁上的耐火材料层，1台锅炉往往有数万只销钉要焊接。一般采用螺栓机进行销钉焊接，焊接前要在销钉上套上1只瓷圈。其作用是当销钉和管道紧密连在一起时，瓷圈将熔化的金属围成均匀的一圈，防止液态金属流失，形成一个外观均匀的焊接接头。销钉焊接过程为：引弧→焊接电弧熔化管道母材外表和销钉前端部→挤压。

当锅炉过热器中某部位的管道和膜式水冷壁某部分管屏有耐磨的特别要求时，工艺上采取对管道和管屏进行热喷涂处理，以提高它们的耐磨性和抗腐蚀性，要求喷焊层硬度HRC>55。采用较多的是镍氧喷涂合金粉，其合金成分如下：铬14%～18%、硼3%～4.5%、硅3.5%～5.5%、铁<17%、碳0.6%～1.0%，其余为镍，粒度150目。有时也采用氧-乙炔火焰喷焊法，喷焊程序为：喷砂表面处理→手工砂皮表面再处理→预热（250～300℃）→喷涂→重熔→空冷→自检。喷焊层外观质量要求：表面平滑，覆盖全面、均匀，无裂纹、脱层以及其他可见的明显缺陷。喷焊层金相微观质量要求：喷焊层与基体熔合情况良好，无过热现象，孔隙率低。

六、钢结构焊接与设备

钢结构件的梁、柱等部件所采用的焊接方法为单丝埋弧自动焊和手工电弧焊。柱的形式大都为2根槽钢拼装，两边再覆盖两条钢板，槽钢中间加一些加强隔板。因此，截面4角有4条长角焊缝都采用单丝埋弧焊焊接；其余支撑架等构件的角焊缝皆用手工电弧焊焊接。

目前，锅炉钢结构中越来越多采用焊接的H形钢。国内大部分锅炉制造企业的钢结构生产车间都有双丝埋弧自动焊机，可同时施焊2条角焊缝。由于对称施焊，钢架的变形比较小，所以校正工作量小，生产效率高。大板梁的焊缝需经超声波探伤检查，以确认焊缝质量。

七、螺旋鳍片管焊接与设备

螺旋鳍片管作为新一代的传热元件，广泛用于大型燃气一蒸汽联合循环的余热锅炉和大型电站锅炉。螺旋鳍片管有如下优点：

（一）换热效率高

与光管相比，传热效率至少可以提高5～10倍，特别适宜作为回收≤500℃低温余热资源的换热器；

（二）使用寿命长

比套片式、冷绕式鳍片的抗腐蚀能力提高1倍以上；

（三）机械强度高

鳍片抗拉强度达200MPa以上。

螺旋鳍片管的焊接普遍采用先进的高频（电阻）挤压焊接方法，可加工绕制外径为25～36mm、具有不同鳍片规格和参数的左旋或右旋螺旋鳍片管。鳍片间距可达到39～395片/m，鳍片厚度为0.8～2.5mm，最大鳍片高度为12.5～25.4mm，绕制长度为25000mm。

鳍片采用冷轧卷制钢板开坯而成，根据鳍片的高度和卷制钢板的幅度分几次开坯，来达到鳍片的焊制前尺寸。利用高频电流的集肤效应来加热管道外表和鳍片靠近管道的一小部分，并在加热的同时进行挤压，将鳍片绕焊在管道外表面上。管道旋转、高频机头轴向移动，达到焊制螺旋鳍片的目的。

第三节 焊接机器人

自从工业机器人问世以来，焊接机器人的数量占整个工业机器人总量的50%左右。焊接作为工业“拉链”的特殊工艺，是工业生产中非常重要的加工手段，因此焊接质量的好坏对产品质量起到了决定性的作用。同时由于焊接烟尘、弧光、金属飞溅的存在，焊接的工作环境又非常恶劣，促使以焊接机器人为核心的焊接自动化技术有了明显的提高和发展。

焊接机器人使焊接自动化得到飞速发展，它开拓了一种柔性的自动化生产方式。刚性自动化设备都是专用的，只适用于中、大批量产品的自动化生产。在中、小批量产品的焊接生产中，手工焊仍是主要的焊接方式，而焊接机器人则使小批量产品的自动化焊接生产成为可能。由于机器人具有示教再现功能，因此完成一项焊接任务只需做一次示教，随后即可精确地再现示教的每一步操作。如果机器人去做另一项工作，无需改变任何硬件，只要对它再做一次示教即可。因此，在锅炉、压力容器制造企业中，无论是标准件的生产还是小批量部件的焊接加工，焊接机器人都可以自动完成焊接。

一、焊接机器人的发展及应用

焊接机器人发展到现在，大致可分为3代。

第一代为示教再现工作方式的焊接机器人。由于它具有操作简便、不需要环境模型、示教时可修正机械结构带来的误差等特点，在焊接生产中得到大量使用。

第二代为传感器信息的离线编程焊接机器人。20世纪80年代我国就开始了智能机器人的研究开发，包括水下无缆机器人、高功能装配机器人（DD驱动）和各类特种机器人，进行了智能机器人体系结构、机构控制、人工智能机器视觉、高性能传感器及新材料的应用研究，并已取得一批成果。我国第二代机器人有的已投入在线使用。

第三代为装有多种传感器、接收作业指令后能根据客观环境自行编程的高度适应性智能机器人，但由于人工智能技术的发展相对滞后，这一代机器人正处于试验研究阶段。

目前，国内外已有大量的焊接机器人系统应用于各类自动化生产线上。据不完全统计，我国已有1000台以上的焊接机器人，主要工作在汽车、摩托车、工程机械等制造业中，其中约55%为弧焊机器人，约45%为点焊机器人，已建成的机器人焊接柔性生产线5条，机器人焊接工作站300多个。锅炉、压力容器制造行业中普遍采用的焊接机器人为弧焊机器人。

二、焊接机器人的主要优点

（一）降低了焊工的劳动强度，改善了工人的劳动条件

采用机器人焊接后，工人只需装卸工件，远离了焊接弧光、烟雾和金属飞溅；对于点焊来说，工人不再搬运笨重的手工焊钳，得以从高强度的体力劳动中解脱出来。

（二）焊接质量稳定，具有均一性

焊接的电流、电压、焊接速度及焊接干伸出长度等对焊接结果起决定作用，采用机器人焊接时，对于每条焊缝的焊接参数都是恒定的，焊缝质量受人为因素的影响较小，降低了对工人操作技术的要求。

（三）提高劳动生产率

机器人不知疲劳，可24小时连续生产，对于高速、高效的焊接工件，使用机器人焊接，工作效率显著提高。

（四）产品周期明确，容易控制产品产量

机器人的生产节拍是固定的，因此生产计划可安排得非常明确。

（五）便于缩短产品更新换代的周期，降低设备投资

容易实现小批量产品的焊接自动化。机器人与焊接专用机的最大区别就是，它可以通过修改程序以适应不同工件的生产。

三、焊接机器人的基本知识

（一）焊接机器人分类

焊接机器人是一种典型的机电一体化设备，可以按用途、结构、受控运动方式和驱动方式等进行分类。

1.按用途来分

（1）弧焊机器人。由于弧焊工艺早已在诸多行业得到普及，弧焊机器人在通用机械、金属结构等行业得到广泛应用，也是锅炉、压力容器制造行业首选的焊接机器人。在弧焊作业中，焊枪跟踪工件的焊道运动，并不断填充金属而形成焊缝。因为运动过程中速度的稳定性和轨迹精度是两项重要指标，一般情况下，其焊接速度约为5～50mm/s，轨迹精度约为0.2～0.5mm，所以很适合锅炉、压力容器的焊接工艺要求。

（2）点焊机器人。点焊机器人广泛应用在汽车制造业中，在装配汽车车体时，大约有60%的焊点是由机器人完成的。

2.按结构坐标系特点来分

（1）直角坐标系焊接机器人。这种形式的机器人的优点是运动学模型简单。其特点：可靠性、速度和精度都较高；多自由度，每个运动自由度之间的空间夹角为直角；可重复编程，因操作工具的不同功能也不同。由控制系统、驱动系统、机械系统和操作工具等组成。可用于恶劣的环境，能长期工作，便于操作、维修。缺点是机构较庞大，工作空间小，操作灵活性较差。

（2）圆柱坐标系焊接机器人。这类机器人由两个直线坐标轴和一个回转轴组成，其基座水平转台上装有立柱，水平臂可沿立柱做上下运动，并可在水平方向伸缩。这种结构的优点是末端操作器可获得较高的速度，缺点是末端操作器外伸离开立柱轴心越远，其线位移分辨率精度越低。

（3）球坐标系焊接机器人。这种焊接机器人由一个直线坐标轴和两个回转轴组成，在采用同一分辨率的码盘检测角位移时，伸缩关节的线位移分辨率恒定，但转动关节反映在末端操作器上的线位移分辨率则是个变量，因而增加了控制系统的复杂性。

（4）全关节型焊接机器人。全关节型焊接机器人的结构类似人的腰部和手部，其位置和姿态全部由旋转运动实现。优点是机构紧凑，灵活性好，占地面积小，工作空间大，可获得较高的末端操作器线速度；缺点是运动学模型复杂，高精度控制难度大。目前，焊接机器人大多采用全关节型的结构形式。

（二）焊接机器人系统组成

机器人要完成焊接作业，必须依赖于控制系统与辅助设备的支持和配合。完整的焊接机器人系统一般由以下几个部分组成：机器人操作器、变位机、机器人控制器、焊接系统（专用焊接电源、焊枪或焊钳等）、焊接传感器、中央控制计算机和相应的安全设备等。

1.机器人操作器是焊接机器人系统的执行机构，由驱动器、传动机构、机器人臂、关节以及内部传感器（编码盘）等组成，其任务是精确地保证末端操作器所要求的位置、姿态和实现其运动。

2.变位机是机器人焊接生产线及焊接柔性加工单元的重要组成部分，其作用是将被焊工件旋转（平移）到最佳的焊接位置。在焊接作业前和焊接过程中，变位机通过夹具来装卡和定位被焊工件，对工件的不同要求决定了变位机的负载能力及其运动方式。通常采用两台变位机切换工作，当一台变位机在进行焊接作业时，另一台变位机则完成工件的装夹和卸载。

3.机器人控制器是整个机器人系统的神经中枢，由计算机硬件、软件和一些专用电路构成。软件包括控制器系统、机器人专用语言、机器人运动学及动力学、机器人控制、机器人自诊断及自保护等分系统软件。

4.焊接系统是焊接机器人完成作业的核心设备，主要由焊钳（点焊机器人）、焊枪（弧焊机器人）、焊接控制器及水、电、气等辅助部分组成。焊接控制器根据预定的焊接监控程序，完成焊接参数输入、焊接程序控制及焊接系统故障自诊断。

5.传感器的任务是对被焊接工件的定位、跟踪以及对焊缝熔透度等信号的获取并反馈给控制器，是获取被焊接工件定位、焊缝熔透度等是否偏离技术指标的“眼、鼻、耳”。

6.中央控制计算机主要用在同一层次或不同层次的计算机通信网络，同时与传感系统相配合，实现焊接路径和参数的离线编程、焊接专家系统的应用及生产数据的管理。

7.安全设备是焊接机器人系统安全运行的重要保障，主要包括驱动系统过热断电保护、动作超限位断电保护、超速断电保护、工作空间干涉断电保护及急停电保护等，并为防止机器人伤人或损坏周边设备等起保护作用。在机器人的工作部位还装有各类触觉或接近传感器，可以使机器人在过于接近工件或发生碰撞时停止工作。

第四章　锅炉压力容器应力分析

第一节　无矩理论与薄膜应力

一、无矩理论

锅炉压力容器的主要承压结构是壳体，而壳体是两个近距同形曲面围成的结构。两曲面的垂直距离叫壳体的厚度，平分壳体厚度的曲面叫壳体的中面。壳体的几何形状可由中面形状及壳体厚度确定。

中面为回转曲面的壳体叫回转壳体。圆筒壳、圆锥壳、球壳、椭球壳等都是回转壳体。当回转壳体的外径与内径之比 $K \leqslant 1.2$ 时，称为薄壁回转壳体，简称回转薄壳；当 $K>1.2$ 时，称为厚壁回转壳体。当然，这种区分是相对的，薄壳与厚壳并没有严格的界限。

锅炉压力容器中的回转壳体，其几何形状及压力载荷均是轴对称的，相应压力载荷下的应力应变也是轴对称分布的。对于回转薄壳，认为其承压后的变形与气球充气时的情况相似，其内力与应力是张力，沿壳体厚度均匀分布，呈双向应力状态，壳壁中没有弯矩及弯曲应力。这种分析与处理回转薄壳的理论叫无矩理论或薄膜理论。

无矩理论是一种近似分析及简化计算理论，在锅炉及一般压力容器应力分析和强度计算中得到广泛应用，具有足够的精确度。严格来说，任何回转壳体都具有一定壁厚，承压后其应力沿壁厚并不均匀分布，壳体中因曲率变化也有一定的弯矩及弯曲应力，当壳体较厚且需精确分析时，应采用厚壁理论及有矩理论处理。

二、薄膜方程

按无矩理论对回转薄壳进行应力分析时，由于应力沿壁厚均布，常将壳体应力简化到中面上分析。如图4-1所示，壳体中面由平面曲线AB绕同一平面内回转轴OA旋转一周而成。通过回转轴的平面与回转面的交线叫经线；作圆锥面与壳体中面正交，所得交线叫纬线。经线方向存在经向应力，以 σ_{φ} 表示；纬线方向存在环向应力或周向应力，以 σ_{θ} 表示。

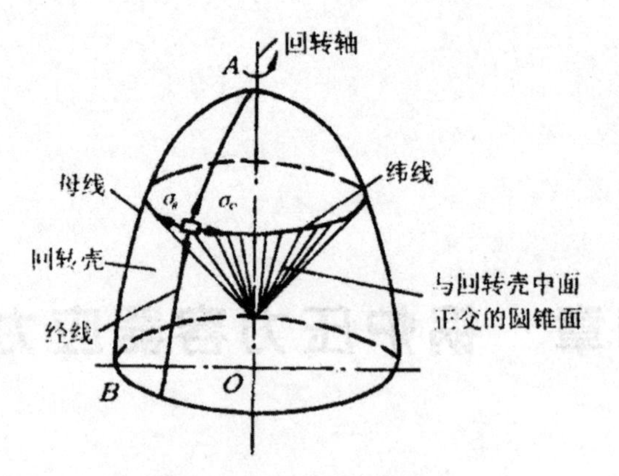

图 4-1 回转壳体的中面

经向应力可用下述正交截面法求得。

如图 4-2 所示，用一与回转壳体表面正交（垂直）的圆锥面将壳体分成两部分，考虑其中一部分在 Y 方向的受力平衡，则有：

$p\pi r^2 - \sigma_\varphi 2\pi r\delta\sin\varphi = 0$

式中：p——内压力；

r——垂直于壳体轴线的圆截面的平均半径；

σ_φ——经向应力；

σ_θ——壳体在被圆锥面截开部分的厚度；

φ——圆锥面的半顶角。

从而有：

$$\sigma_\varphi = \frac{pr}{2\delta\sin\varphi} = \frac{p\rho_\theta}{2\delta} \tag{4-1}$$

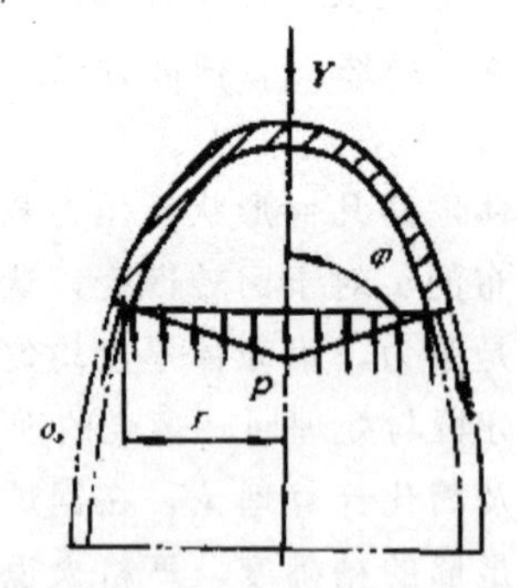

图 4-2 回转壳体的经向应力

式（4-1）中的 ρ_θ 是圆锥面母线的长度，即回转壳体曲面在纬线上的主曲率半径，或纬线的曲率半径。

回转壳体中的环向应力，作用在壳体的经向截面内。但在经向截面的不同纬线上，环向应力并不相同，因而无法用经向截面法求解环向应力，而只能用微元法，通过分析微元体的受力平衡求解。

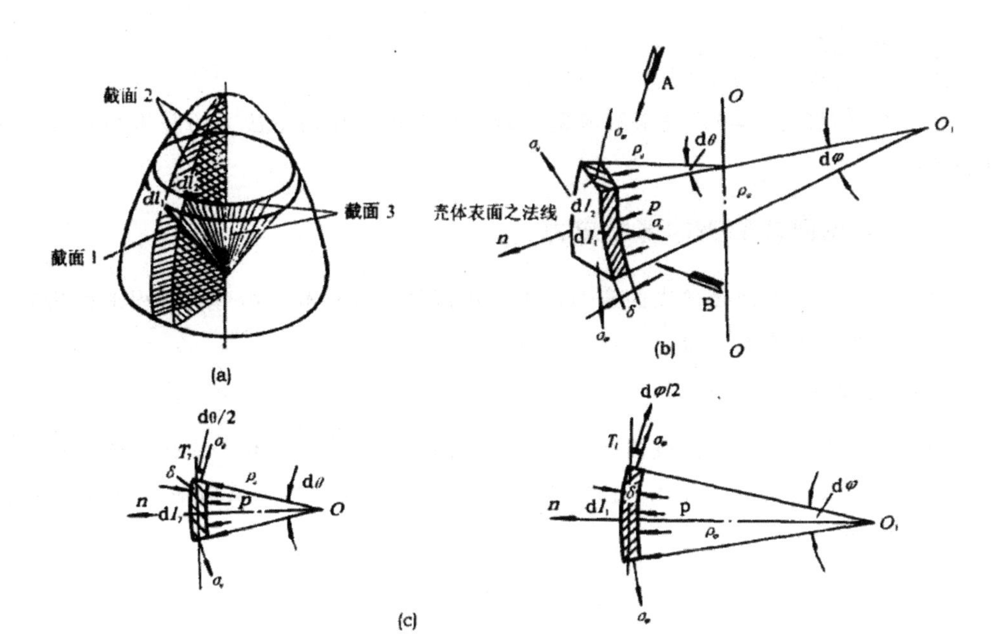

图 4-3 回转壳体环向应力分析

（a）微元体的截取；（b）微元体的应力；（c）微元体法线方法的受力平衡

如图 4-3 所示，用两个相近的经向平面及两个相近的与经线正交的圆锥面在回转壳体上截取微元体。

设：σ_φ为微元体上的经向应力，作用在上下两个周（纬）向圆锥截面上；

σ_θ为微元体上的环向应力，作用在相邻两个经向截面上；

δ为壳体厚度；

dl_1为微元体沿经线的长度；

dl_2为微元体沿环向的长度；

ρ_θ为微元体纬线曲率半径；

ρ_φ为微元体经线曲率半径；

$d\theta$为两经向截面的夹角；

$d\varphi$为两圆锥截面的夹角。

考虑微元体曲面法线方向的受力平衡，可有：

$$p\mathrm{d}l_1\mathrm{d}l_2 - 2\sigma_\varphi\delta\mathrm{d}l_2\sin\left(\frac{1}{2}\mathrm{d}\varphi\right) - 2\sigma_\theta\delta\mathrm{d}l_1\sin\left(\frac{1}{2}\mathrm{d}\theta\right) = 0$$

因 $d\varphi$ 及 $d\theta$ 都很小，所以有：

$$\sin\left(\frac{1}{2}\mathrm{d}\varphi\right) \approx \frac{1}{2}\mathrm{d}\varphi$$

$$\sin\left(\frac{1}{2}\mathrm{d}\theta\right) \approx \frac{1}{2}\mathrm{d}\theta$$

即 $$p\mathrm{d}l_1\mathrm{d}l_2 - \sigma_\varphi\delta\mathrm{d}l_2\mathrm{d}\varphi - \sigma_\theta\delta\mathrm{d}l_1\mathrm{d}\theta = 0$$

整理得：

$$\frac{\sigma_\varphi}{\rho_\varphi}+\frac{\sigma_\theta}{\rho_\theta}=\frac{p}{\delta} \tag{4-2}$$

式（4-1）和式（4-2）是求解薄壁回转壳体在内压作用下应力的基本公式，简称薄膜方程。

三、常见回转薄壳的薄膜应力

锅炉和压力容器回转薄壳的应力，都可用薄膜方程求解。由薄膜方程求得的应力叫薄壳的薄膜应力或膜应力。

（一）圆筒壳

圆筒壳的中面是一条直线围绕与之相平行的另一条直线旋转一周形成的。对圆筒壳来说，其纬线曲率半径 ρ_θ=R（圆筒平均半径）；经线是直线，其曲率半径为无穷大。由式（4-2）可得：

$$\frac{\sigma_\varphi}{\infty}+\frac{\sigma_\theta}{R}=\frac{p}{\delta}$$

$$\frac{\sigma_\theta}{R}=\frac{p}{\delta}$$

$$\sigma_\theta=\frac{pR}{\delta} \tag{4-3}$$

由式（4-1）可得：

$$\sigma_\varphi=\frac{p\rho_\theta}{2\delta}=\frac{pR}{2\delta} \tag{4-4}$$

比较式（4-3）和式（4-4）可知，在薄壁圆筒壳体中，其环向应力与经向应力（轴向应力）和内压、圆筒半径成正比，和壁厚成反比；且环向应力在数值上是经向应力的两倍。

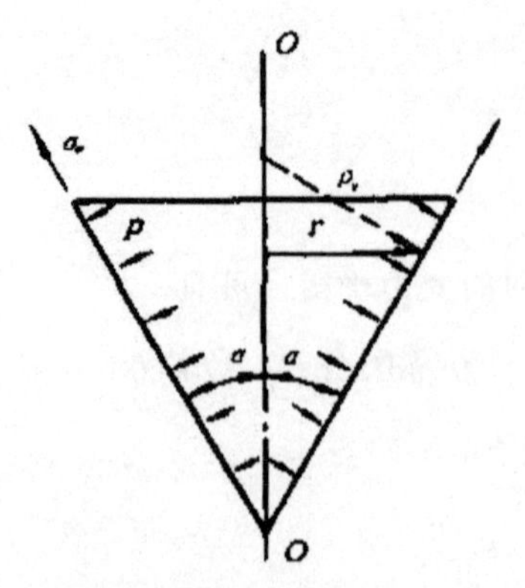

图 4-4 圆锥形壳体的应力

（二）圆锥壳

与圆筒壳相似，其经线是直线，曲率半径为无穷大，纬线是经线截锥的母线，纬线曲率半径是截锥母线长度，随圆锥经线到旋转轴的距离 r 而变化（见图 4-4），即 $\rho_\varphi=\infty$、$\rho_\theta=r/\cos\alpha$，α 为圆锥壳的半顶角，因而有：

$$\sigma_\theta = \frac{p\rho_\theta}{\delta} = \frac{pr}{\delta\cos\alpha} \tag{4-5}$$

$$\sigma_\varphi = \frac{p\rho_\theta}{2\delta} = \frac{pr}{2\delta\cos\alpha} \tag{4-6}$$

不难看出，圆锥壳上不同点的应力是不同的，从锥顶到锥底，应力随r的增大而增大。锥底的环向应力是圆锥壳上的最大应力；在圆锥壳确定的一点，其环向应力是经向应力的2倍；圆锥壳的半顶角对其应力有显著影响，半顶角越大，圆锥壳体中的应力越大。

（三）球壳

除球形容器外，某些锅炉锅筒及压力容器的封头是由半个球壳构成的，半球壳与完整的球壳在内压作用下的应力状态基本是相同的。

对球壳来说，其曲面各个方向的曲率半径都是相同的，即为球壳的平均半径R。因而有：

$$\sigma_\varphi = \frac{pR}{2\delta} \tag{4-7}$$

$$\frac{\sigma_\varphi}{R} + \frac{\sigma_\theta}{R} = \frac{p}{\delta}$$

即

$$\sigma_\theta = \sigma_\varphi = \frac{pR}{2\delta} \tag{4-8}$$

由式（4-8）可看出球壳内的经向应力与环向应力是相等的，如果球壳与圆筒壳直径及壁厚相同，且承受同样的内压，则球壳中的经向应力和环向应力都等于圆筒壳中的经向应力。

（四）椭球壳

椭球壳是锅炉压力容器中使用得最为普遍的封头结构形式。

椭球壳的中面是由椭圆围绕其短轴旋转一周而成的曲面，即椭球壳曲面的母线是椭圆。设该椭圆的长轴为2a，短轴为2b，并取如图4-5所示的坐标，则椭圆方程为：

$$\frac{x^2}{a^2} + \frac{y^2}{b^2} = 1$$

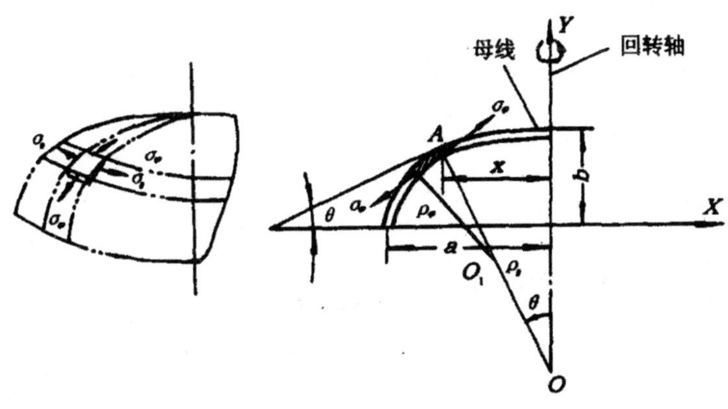

图4-5 椭球壳

要利用薄膜方程确定椭球壳内的应力，关键是正确地确定经线曲率半径ρ_φ和纬线曲率半径ρ_θ。

椭球壳的经线是椭圆，经线曲率半径即椭圆的曲率半径；椭球壳的纬线是垂直于壁厚的圆锥面与椭球壳中性面的交线，纬线的曲率半径则是圆锥面的母线。

由高等数学可知，如果曲线的方程为y=f（x），则曲线上某点M（x，y）的曲率半径为：

$$\rho=\left|\frac{\left[1+(y')^2\right]^{3/2}}{y''}\right|$$

由椭圆方程得：

$$y'=-\frac{b^2x}{a^2y}=-\frac{bx}{a\sqrt{(a^2-x^2)}}$$

$$y''=-\frac{b^4}{a^2y^3}=-\frac{ab}{\sqrt{(a^2-x^2)^3}}$$

从而得出椭圆上某点的曲率半径为：

$$\rho=\frac{1}{a^4b}\left[a^4-x^2(a^2-b^2)\right]^{3/2}$$

即椭球壳经线上某点的曲率半径为

$$\rho_\varphi=\rho=\frac{1}{a^4b}\left[a^4-x^2(a^2-b^2)\right]^{3/2}$$

由图4-5可知，椭球壳纬线上某点的曲率半径（圆锥面的母线），可由下式求得：

$$\rho_\theta=\sqrt{x^2+l^2}=\sqrt{x^2+\left(\frac{x}{\tan\theta}\right)^2}$$

式中，θ为圆锥面的半顶角，它在数值上等于椭圆在同一点的切线与X轴的夹角。因而有：

$$\tan\theta=\frac{\mathrm{d}x}{\mathrm{d}y}=y'$$

所以

$$\rho_\theta=\sqrt{x^2+\left(\frac{x}{y'}\right)^2}=\frac{1}{b}\left[a^4-x^2(a^2-b^2)\right]^{3/2}$$

将ρ_φ、ρ_θ之值代入薄膜方程，即可求得椭球壳上任一点的应力：

$$\sigma_\varphi=\frac{p\rho_\theta}{2\delta}=\frac{p}{2\delta}\cdot\frac{1}{b}\left[a^4-x^2(a^2-b^2)\right]^{1/2} \tag{4-9}$$

$$\sigma_\theta=\frac{p\rho_\theta}{2\delta}\left(2-\frac{\rho_\theta}{\rho_\varphi}\right)$$

$$=\frac{p}{2\delta}\cdot\frac{1}{b}\left[a^4-x^2(a^2-b^2)\right]^{1/2}\left[2-\frac{a^4}{a^4-x^2(a^2-b^2)}\right] \tag{4-10}$$

$$=\sigma_\varphi\left[2-\frac{a^4}{a^4-x^2(a^2-b^2)}\right]$$

ρ_φ及ρ_θ的分布如下：

在椭球壳极点或顶点，有|x|=0，则：

$$\rho_\theta = \frac{a^2}{b}$$

$$\sigma_\varphi = \sigma_{\varphi\max} = \frac{pa}{2\delta}\left(\frac{a}{b}\right)$$

在捕球壳赤道部位，有|x|=a，则：

$$\rho_\theta = a$$

$$\sigma_\varphi = \sigma_{\varphi\min} = \frac{pa}{2\delta}$$

σ_φ的分布情况如图4-6所示。

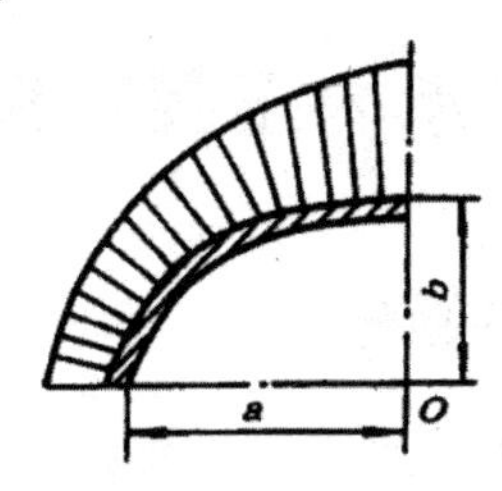

图4-6 椭球壳经向应力σ_φ的分布

而当|x|=0时，

$$\rho_\theta = \rho_\varphi = \frac{a^2}{b}$$

$$\sigma_\theta = \frac{pa}{2\delta}\left(\frac{a}{b}\right) = \sigma_\varphi$$

即在椭球壳的极点上，其环向应力与经向应力相等；其大小取决于椭球长短轴的比值。椭球长短轴的比值越大，极点处的应力数值也越大。

当|x|=a时，$\sigma_\theta = \frac{pa}{2\delta}\left[2-\left(\frac{a}{b}\right)^2\right]$，此时$\sigma_\theta$的大小和正负取决于椭球长短轴的比值：

如果$\left[2-\left(\frac{a}{b}\right)^2\right]>0$，即$\left(\frac{a}{b}\right)<\sqrt{2}$，$\sigma_\theta$为正值；

如果$\left[2-\left(\frac{a}{b}\right)^2\right]=0$，即$\left(\frac{a}{b}\right)=\sqrt{2}$，$\sigma_\theta$为0；

如果$\left[2-\left(\frac{a}{b}\right)^2\right]<0$，即$\left(\frac{a}{b}\right)>\sqrt{2}$，$\sigma_\theta$为负值。

当$\left(\frac{a}{b}\right)>\sqrt{2}$时，在椭球壳的长轴端线上（赤道线上），环向应力出现负值，或者说这时赤道线上的环向应力为压缩应力。

锅炉压力容器上所用的椭球封头一般是标准椭球封头，即$\frac{a}{b}=2$的椭球封头。对于标准椭球封头，极点部位有：

$$\sigma_\theta = \sigma_\varphi = \frac{pa}{\delta} \tag{4-11}$$

赤道部位有：

$$\sigma_\theta=\frac{pa}{\delta}\ [2-(\frac{a}{b})^2]=-\frac{pa}{\delta} \tag{4-12}$$

$$\sigma_\varphi=\frac{pa}{2\delta} \tag{4-13}$$

用标准椭球封头与半径等于其长半轴a的圆筒壳比较，如果二者有相同的壁厚并承受同样内压，则封头赤道上的环向应力与圆筒壳上的环向应力大小相等，方向相反；封头赤道上的经向应力与圆筒壳上的经向应力大小相等，方向相同；封头极点处应力（环向及经向）的大小及方向都与圆筒壳上的环向应力相同。因而标准椭球封头可以与同厚度的圆筒壳衔接匹配，所得到的容器受力比较均匀。

第二节　承内压圆平板的应力

一、圆平板在内压作用下的弯曲

由材料力学可知，当梁承受横向载荷产生弯曲变形时，梁中某截面上的内力、应力、应变及挠度之间存在着下列关系：

$$\sigma_x=\frac{My}{I}$$

$$M=\int_{-\frac{h}{2}}^{\frac{h}{2}}\sigma_x y\mathrm{d}A$$

$$K=\frac{1}{\rho}=-\frac{d^2\omega}{dx^2}=\frac{M}{EI}$$

$$\varepsilon_x=\frac{y}{\rho}=\frac{My}{EI}$$

式中：σ_x——梁中某截面上距中性轴为y处的法向应力；

M——该截面内的弯矩；

I——截面对中性轴Z的惯性矩；

dA——截面上应力为σ_x处的微元面积；

K——梁轴在该截面弯曲变形后的曲率；

ρ——梁轴在该截面弯曲变形后的曲率半径；

ω——梁在该截面处的挠度；

E——材料的弹性模量；

ε_x——截面上应力为σ_x处在X轴方向上的应变。

平板在内压作用下的内力及变形情况，与梁承受横向均布载荷时的内力及变形情况在本质上是相同的，两者都产生弯曲变形，内力是弯矩及剪力。但梁的横向尺寸比梁的长度小得多，故受横向载荷后只是沿长度在载荷作用方向发生弯曲变形；平板则具有一定的长度和宽度，长宽都比其厚度大得多。在横向载荷作用下，在平板的长度方向、宽度方向及平板平面内的其他各个方向，都产生弯曲变形，即产生面的弯曲。面的弯曲可以用两个互相垂直方向的弯曲来描述，常简称为双向弯曲。

平板产生双向弯曲时，弯曲应力沿板厚的分布仍然是线性的，即只随离中性轴的距离Z发生变化，公式σ=MZ/I仍然成立。但此处弯矩M及惯性矩I与梁的情况不同。

梁中某横截面上的弯矩仅和截面位置有关。对应于一个确定的横截面，只有一个确定的弯矩数值。平板有较大的宽度，平板中同一横截面上沿宽度方向各处的内力大小是不相同的。即对平板来说，弯矩大小不仅与横截面位置有关，也与横截面内点的位置有关，弯矩大小取决于X、Y两个坐标。平板计算中，通常以截面上单位宽度的弯矩表示各处弯矩的大小，单位为N·cm/cm或N·mm/mm。截面的几何特点也要随之作相应的变化，在计算应力涉及到惯性矩、抗弯矩或横截面积时，都以单位宽度上的相应数值表示。

锅炉压力容器的平封头、平端盖、人孔盖、手孔盖都是承受内压的平板，而且大多数是圆平板。由于承受均匀分布的内压，圆平板的内力及变形都对称于过平板中心而垂直于平板面的Z轴，如图4-7所示。以柱坐标系分析圆平板的双向弯曲，设微元体上环向弯矩为M_θ，径向弯矩为M_r，径向剪力为Q_r。则可通过弯曲后的挠度求解弯曲内力和应力。

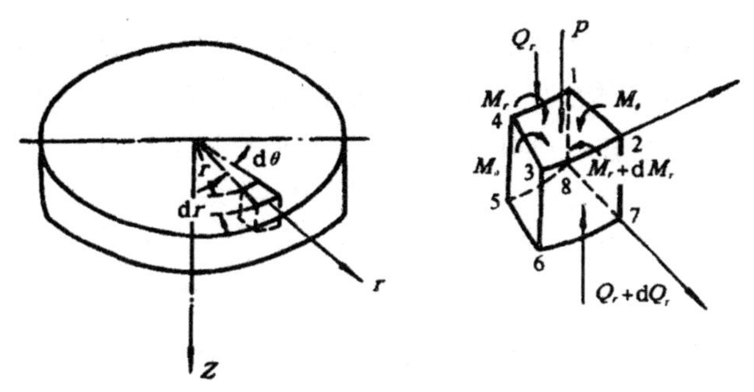

图4-7 圆平板弯曲时的受力情况

二、挠度微分方程及其求解

弹性力学关于小挠度薄板的分析表明，圆平板某点在内压作用下的弯矩，取决于圆平板在该点的挠度ω：

$$M_r = -D\left(\frac{\mathrm{d}^2\omega}{\mathrm{d}r^2} + \frac{\mu}{r}\frac{\mathrm{d}\omega}{\mathrm{d}r}\right)$$

$$M_\theta = -D\left(\frac{1}{r}\frac{\mathrm{d}\omega}{\mathrm{d}r} + \mu\frac{\mathrm{d}^2\omega}{\mathrm{d}r^2}\right)$$

式中：ω——圆平板中某点承受内压后的挠度；

r——该点离圆平板中心的径向距离；

μ——材料的泊松比；

D——圆平板板条的抗弯刚度，N·mm，$D=\dfrac{E\delta^3}{12(1-\mu^2)}$，这里$E$是材料弹性模量，$\delta$是圆平板厚度。

而圆平板的挠度ω取决于压力载荷p与自身抗弯刚度D：

$$\nabla^4\omega=\frac{p}{D}$$

即

$$\frac{1}{r}\frac{\mathrm{d}}{\mathrm{d}r}\left\{r\frac{\mathrm{d}}{\mathrm{d}r}\left[\frac{1}{r}\frac{\mathrm{d}}{\mathrm{d}r}\left(\frac{1}{r}\frac{\mathrm{d}\omega}{\mathrm{d}r}\right)\right]\right\}=\frac{p}{D}$$

上式为圆平板承受均布横向载荷时的挠度微分方程式，其解为：

$$\omega=\frac{pr^4}{64D}+A_1\ln r+A_2r^2\ln r+A_3r^2+A_4$$

对无孔圆平板，在板中心处挠度最大。但此处r=0，相应于r=0的lnr是无意义的，所以$A_1=A_2=0$，从而有：

$$\omega=\frac{pr^4}{64D}+A_3r^2+A_4 \tag{4-14}$$

式（4-14）中的A_3及A_4，可根据圆平板周界的支承条件决定。

三、周边铰支圆平板

圆平板的周边是连接在圆筒体上的。圆筒体对圆平板周边的约束情况，由二者的相对刚度来决定。当圆筒体的壁厚比圆.平板的壁厚小很多时，圆筒体只能限制圆平板在圆筒体袖线方向的位移，而对圆平板在连接处的转动约束不大，这样的约束可简化成铰支的圆平板。

设铰支圆平板的半径为R，则有：

$\omega=0\ (r=R)$

$M=0\ (r=R)$

解得： $A_3=-\frac{3+\mu}{32(1+\mu)}\frac{pR^2}{D}$

$$A_4=\frac{5+\mu}{64(1+\mu)}\frac{pR^2}{D}$$

$$\omega=\frac{p}{64D}(R^2-r^2)\left(\frac{5+\mu}{1+\mu}R^2-r^2\right) \tag{4-15}$$

圆平板中心（r=0）处挠度最大，为：

$$\omega_{\max}=\frac{p}{64D}R^2\left(\frac{5+\mu}{1+\mu}R^2\right)=\frac{5+\mu}{64(1+\mu)}\frac{pR^4}{D} \tag{4-16}$$

经计算整理，得圆平板径向及环向弯矩为：

$$M_r=\frac{(3+\mu)}{16}pR^2\left(1-\frac{r^2}{R^2}\right) \tag{4-17}$$

$$M_\theta=\frac{1}{16}pR^2\left[(3+\mu)-(1+3\mu)\frac{r^2}{R^2}\right] \tag{4-18}$$

由于M_r和M_θ是截面中单位宽度上的弯矩，在计算弯曲应力时必须采用截面单位宽度上的惯性矩。相应于M_r和M_θ，截面单位宽度的惯性矩为$\delta^3/12$，因此圆平板内某点的径向弯曲应力及环向弯曲应力分别为：

$$\sigma_r=\frac{M_r z}{\frac{\delta^3}{12}}=\frac{3}{4}\frac{pz}{\delta^3}(3+\mu)(R^2-r^2) \tag{4-19}$$

$$\sigma_\theta=\frac{M_\theta z}{\frac{\delta^3}{12}}=\frac{3}{4}\frac{pz}{\delta^3}[(3+\mu)R^2-(1+3\mu)r^2] \tag{4-20}$$

在圆平板上下表面（$z=\frac{\delta}{2}$）处，径向弯曲应力及环向弯曲应力分别为：

$$\sigma_r=\frac{3p}{8\delta^2}(3+\mu)(R^2-r^2) \tag{4-21}$$

$$\sigma_\theta=\frac{3p}{8\delta^2}[(3+\mu)R^2-(1+3\mu)r^2] \tag{4-22}$$

最大应力产生于圆平板中心（r=0）的表面，分别为：

$$\sigma_{r\max}=\frac{3(3+\mu)}{8}\frac{R^2}{\delta^2}p \tag{4-23}$$

$$\sigma_{\theta\max}=\frac{3(3+\mu)}{8}\frac{R^2}{\delta^2}p=\sigma_{r\max} \tag{4-24}$$

和梁弯曲时一样，圆平板双向弯曲时，以中性面为分界面，沿厚度上下两半部分的应力正负符号是相反的。为简化起见，上列各应力计算公式仅表示圆平板受拉表面的应力。

四、周边固支圆平板

如果与圆平板连接的筒体壁厚很厚，筒体不仅限制了圆平板周边沿筒体轴向的位移，而且限制了圆平板在连接处的转动，则可把筒体对圆平板周边的约束情况简化为固支。

固支圆平板的边界条件为：

$\omega=0\ (r=R)$

$$\left.\frac{d\omega}{dr}\right|_{r=R}=0$$

而 $\frac{d\omega}{dr}=\frac{pr^3}{16D}+2A_3 r$

解得 $A_3=-\frac{pR^2}{32D}$

$$A_4=-\frac{pR^4}{64D}$$

$$\omega=\frac{p}{64D}(R^2-r^2)^2 \tag{4-25}$$

最大挠度仍出现于圆平板中心处，为：

$$\omega_{\max}=\frac{pR^4}{64D} \tag{4-26}$$

相应的弯矩方程式：

$$M_r=\frac{pR^2}{16}\left[(1+\mu)-(3+\mu)\frac{r^2}{R^2}\right] \tag{4-27}$$

$$M_\theta=\frac{pR^2}{16}\left[(1+\mu)-(1+3\mu)\frac{r^2}{R^2}\right] \tag{4-28}$$

圆平板上下表面（$z=\frac{\delta}{2}$）处任一点的径向弯曲应力及环向弯曲应力分别为：

$$\sigma_r=\frac{3}{8}\frac{p}{\delta^2}\left[(1+\mu)R^2-(3+\mu)r^2\right] \tag{4-29}$$

$$\sigma_\theta=\frac{3}{8}\frac{p}{\delta^2}\left[(1+\mu)R^2-(1+3\mu)r^2\right] \tag{4-30}$$

最大弯曲应力为圆平板边缘表面的径向弯曲应力，即：

$$\sigma_{max}=\sigma_{rmax}=-\frac{3}{4}\frac{R^2}{\delta^2}p$$

五、与相连圆筒壳的比较

（一）应力

综合周边铰支、固支两种情况，圆平板在内压p作用下的最大弯曲应力近似为：

$$\sigma_{max}\approx p\left(\frac{R}{\delta}\right)^2$$

而相连接的圆筒壳在内压p作用下的环向薄膜应力为：

$$\sigma_\theta\approx p\frac{R}{\delta}$$

假定圆平板厚度与圆筒壳相同，且近似取圆平板半径等于圆筒壳平均半径，则：

$$\frac{\sigma_{max}}{\sigma_\theta}=\frac{R}{\delta}$$

通常圆筒壳的厚度δ远小于R，因而σ_{max}远大于σ_θ。考虑到弯曲应力沿壁厚呈线性分布，而薄膜应力是壁面中的平均应力，对结构安全的影响不同，可进一步取圆平板壁厚中平均弯曲应力$\bar{\sigma}_w$与薄膜应力进行比较：

$$\bar{\sigma}_w=\frac{\sigma_{max}}{2},\ \frac{\bar{\sigma}_w}{\sigma_\theta}=\frac{R}{2\delta}$$

可见，$\bar{\sigma}_w$也远远大于σ_θ。

（二）变形

以挠度较小的固支圆平板与圆筒壳比较，假定圆平板与圆筒壳同材料、同厚度，且取μ=0.3。

圆平板的最大挠度：

$$\omega_{max}=\frac{pR^4}{64D}=\frac{pR^4}{64}\frac{12(1-\mu^2)}{E\delta^3}=0.171\frac{pR^4}{E\delta^3}$$

圆筒壳的半径增量：

$$\Delta R_t=\frac{pR^2}{2E\delta}(2-\mu)=0.85\frac{pR^2}{E\delta}$$

则　$$\frac{\omega_{\max}}{\Delta R_t}=0.20(\frac{R}{\delta})^2$$

即　$$\omega_{\max}\gg\Delta R_t$$

综上可知，当以圆平板作圆筒壳封头或端盖时，假定二者材料、壁厚相同，则圆平板中的最大弯曲应力远大于圆筒壳中的薄膜应力；圆平板中的最大挠度远大于圆筒壳的半径增量。因而工程上采用的平封头，其厚度远大于相连圆筒壳，且限于在小直径圆筒上使用。如在大直径圆筒壳上采用平封头或平端盖、平管板，为不使其应力及挠曲变形过大，除了采用较大厚度及合理的连接结构外，还常在平封头上加装支撑或拉撑装置。

第三节　圆筒壳的边界效应

一、基本概念

承受内压的圆筒形元件，总是和其他相应的元件——封头、管板、端盖等连接在一起，组成一个封闭体，才能承受内压，以满足使用要求。

在圆筒元件与其他元件相接之处，承受内压之后，其变形和受力情况与非连接部位有很大不同，这是圆筒与相连元件在相连处变形不一致、互相约束造成的。

以圆筒与凸形封头连接为例（见图4-8），连接线上各点是圆筒与封头的公共点。作为圆筒筒身上的点，承受内压后其径向位移 ΔR_t 可按以下关系求出。

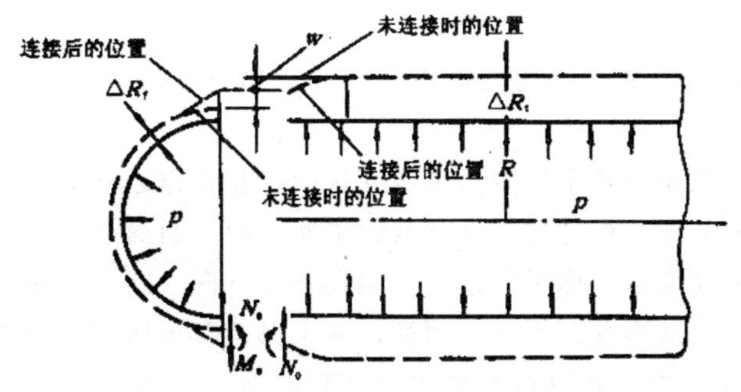

图 4-8 圆筒壳与凸形封头连接时的边界效应

根据广义虎克定律，环向应变 ε_θ 为：

$$\varepsilon_\theta=\frac{1}{E}(\sigma_\theta-\mu\sigma_\varphi)=\frac{1}{E}(\frac{pR}{\delta}-\mu\frac{pR}{2\delta})=\frac{pR}{2E\delta}(2-\mu)$$

分析环向应变与径向位移的关系，有：

$$\varepsilon_\theta=\frac{2\pi(R+\Delta R_t)}{2\pi R}=\frac{\Delta R_t}{R}$$

因而

$$\Delta R_t=\varepsilon_\theta R=\frac{pR^2}{2E\delta}(2-\mu)$$

同样可以求出，作为封头上的点，连接处承受内牙后的径向位移 ΔR_f 为：

$$\Delta R_f=\frac{pR^2}{2E\delta}(2-y^2-\mu)$$

式中，y=a/b，是凸形封头长轴与短轴之比，或长半径与短半径之比。

对标准椭球封头，y=2，因而有：

$$\Delta R_f=-\frac{pR^2}{2E\delta}(2+\mu)$$

即是说，在连接线上，作为筒身的一部分应沿径向向外位移ΔR_t；作为封头的一部分，应沿径向向外或向内位移ΔR_f。但封头在连接线上的径向位移量总是不同于筒身在连接线上的径向位移量，筒身向外的径向位移总是大于封头向外的径向位移。

实际情况是，连接线上的点在承受内压后只能有一个径向位移，最后的变形位置只能在二者单独变形的中间位置，这样才能保持构件在连接处变形后是连续的。即二者在连接处互相约束限制。

封头对圆筒的约束和限制，相当于沿圆筒端部圆周连续均匀地施加弯矩和剪力，使圆筒端部产生“收口”弯曲变形，以抵消内压作用于圆筒所产生的向外径向位移。因而，封头对圆筒的附加载荷及相应引起的变形都是轴对称的。

薄壁圆筒的抗弯能力很差，上述附加弯矩和剪力有时会在连接部位产生相当大的弯曲应力，甚至超过由内压造成的薄膜应力。但这种现象只发生在不同形状的元件相连接的边界区域，所以叫作“边界效应”。由边界效应产生的应力叫“不连续应力”，这是抵消不同元件在连接处变形不连续，保持实际上的变形连续在元件内出现的局部附加应力。

分析边界效应实际上是分析圆筒壳的弯曲问题，而圆筒弯曲问题比梁的弯曲问题要复杂得多。

梁在受到弯曲时，其变形比较自由，因为梁的宽度较小，在宽度方向没有受到约束。

圆筒壳可以被想象成是由许多沿轴线并排的、互相靠近的细长梁所构成，每条细长梁都夹在两边相邻细长梁之间，受到其约束和限制。圆筒壳轴向承受弯曲时，相当于各条细长梁都承受弯曲，由于每条细长梁在宽度方向（圆周方向）与其他细长梁连在一起，在宽度方向变形受到限制，因而，为了保持变形协调，圆筒壳受弯曲时不仅横截面内有弯矩和剪力，其纵截面内也有弯矩和剪力。这些弯矩、剪力是沿圆周均匀分布的，是单位长度（宽度）上的弯矩和剪力，因而弯矩的单位是N·cm/cm或N·mm/mm，剪力的单位是N/cm或N/mm。

简言之，对圆筒壳分解成的纵向梁条，如无封头限制，承受内压后应整体沿圆筒径向向外位移；封头对圆筒的限制相当于在纵向梁条端部加上集中载荷，使梁条产生弯曲变形，而相邻梁条从两侧限制了纵向梁条的弯曲变形。而且，纵向梁条的弯曲变形倾向越大，相邻梁条的约束和限制力也越大。这有点像置于弹性地基上的铁轨——弹性基础上的梁。当车轮作用于铁轨使其发生弯曲变形时，弹性地基给铁轨以反弯曲的约束力，减弱和抵消铁轨的弯曲变形。车轮给铁轨的作用力越大，铁轨下陷弯曲的倾向越大，弹性地基对铁轨的反作用力也越大。由于弹性地基的约束作用，使铁轨的弯曲变形仅限于车轮附近。在经典力学中，正是从分析弹性基础上的梁入手，分析处理圆筒壳的弯曲问题。

二、挠度微分方程及求解

对于承受横向连续均布载荷的普通梁，其挠度ω（x）随轴向坐标x变化的微分关系为：

$$EI\frac{d^4\omega}{dx^4}=q_0$$

式中：EI——梁的抗弯刚度；

q_0——梁上的连续均布载荷。

对于弹性基础上的梁，由于地基对梁的反作用力正比于梁的挠度，把地基的反作用力视作梁承受的分布载荷而不考虑其他分布载荷，即q=－Kω，则有：

$$EI\frac{d^4\omega}{dx^4}=-K\omega$$

$$EI\frac{d^4\omega}{dx^4}+K\omega=0$$

对于圆筒壳分解成的纵向梁条，将其近似视为弹性基础上的梁时，需注意以下几点：

第一，纵向梁条的抗弯刚度与承受双向弯曲圆平板板条的抗弯刚度一样，是D而不是EI，而

$$D=\frac{E\delta^3}{12(1-\mu^2)}$$

δ为圆筒壳的厚度。

第二，纵向梁条的挠度ω（x），是圆筒壳与封头相连后，自连接部位起（x=0），以圆筒壳轴向为x向进行考察，圆筒壳承受内压后本应产生的径向位移与实际产生径向位移之差。

第三，封头对圆筒壳的“收口”作用，是圆筒壳纵向梁条弯曲的起因，可简化为纵向梁条端部承受的剪力N_0和弯矩M_0。

第四，纵向梁条所受“地基”的反作用力，是两侧相邻纵向梁条对其环向挤压力的径向合力q。

q与ω的关系如下：

纵向梁条的挠度是圆筒壳的附加径向位移，与之相应的附加环向应变可按本节“一、基本概念”中的方法得出：

$$\varepsilon'_\theta=-\frac{\omega}{R}$$

附加环向应力为：

$$\sigma'_\theta=E\varepsilon'_\theta=-\frac{E\omega}{R}$$

而N_θ是单位长度环向板条上的内力：

$$N_\theta=\sigma'_\theta\cdot\delta\cdot 1=-\frac{E\omega\delta}{R}$$

将纵向梁条两侧挤压力这算成下部反作用力q：

$$2N_\theta \cdot \sin\frac{\theta}{2} = q \cdot R \cdot \theta \cdot 1$$

取 $\sin\frac{\theta}{2} \approx \frac{\theta}{2}$，则

$$q = \frac{N_\theta}{R} = -\frac{E\delta}{R^2}\omega = -K\omega$$

即 $$K = \frac{E\delta}{R^2}$$

因而纵向梁条的挠度微分方程为：

$$D\frac{\mathrm{d}^4\omega}{\mathrm{d}x^4} + \frac{E\delta}{R^2}\omega = 0$$

$$\frac{\mathrm{d}^4\omega}{\mathrm{d}x^4} + \frac{E\delta}{DR^2}\omega = 0 \tag{4-31}$$

令 $\frac{E\delta}{DR^2} = 4\beta^4$，则：

$$\frac{\mathrm{d}^4\omega}{\mathrm{d}x^4} + 4\beta^4\omega = 0$$

$$\beta = \sqrt[4]{\frac{E\delta}{4DR^2}} = \sqrt[4]{\frac{3(1-\mu^2)}{R^2\delta^2}}$$

取 $\mu=0.3$，则

$$\beta = \frac{1.285}{\sqrt{R\delta}}$$

式中，β称为边界效应的衰减系数，其量纲为mm^{-1}。

式（4-31）的解为：

$$\omega(x) = e^{\beta x}(C_1\cos\beta x + C_2\sin\beta x) + e^{-\beta x}(C_3\cos\beta x + C_6\sin\beta x)$$

式中，e为自然对数的底。当x→∞，ω（x）→∞，这显然是不合理的，所以$C_1=C_2=0$，则：

$$\omega(x) = e^{-\beta x}(C_3\cos\beta x + C_6\sin\beta x)$$

封头与圆筒壳连接处横截面上写的剪力N_0和轴向弯矩M_0代替C_3，C_4，则有：

$$\omega(x) = \frac{e^{-\beta x}}{2\beta^3 D}[\beta M_0(\sin\beta x - \cos\beta x) - N_0\cos\beta x]$$

若θ为圆筒壳上纵向梁条相应于ω在不同x处的转角；M_x为作用在圆筒壳轴向距端部为x横截面上的弯矩；N_x为作用在圆筒壳轴向距端部为x横截面上的剪力；M_θ为相应纵截面上的环向弯矩；N_θ为相应纵截上的环向力。

三、圆筒壳与凸形封头连接时的边界效应

圆筒壳与凸形封头连接时，在连接处二者的几何形状是连续的。承受内压后二者虽因连接处变形不相同互相牵制，但最终到达的位置仍保持了连接部位的连续——连接处有同一的径向位移和转动角度。当凸形封头与圆筒壳的材质、壁厚都相同时，相

应的

$$M_0=0$$

$$N_0=\frac{p}{8\beta}y^2$$

因而，当凸形封头与圆筒壳相连接时，在圆筒壳连接部位附近因内压引起的附加内力为：

$$M_x=\frac{y^2p}{8\beta^2}e^{-\beta x}\sin\beta x \tag{4-32}$$

$$M_\theta=\mu M_x=\frac{\mu y^2p}{8\beta^2}e^{-\beta x}\sin\beta x \tag{4-33}$$

$$N_x=\frac{y^2p}{8\beta}e^{-\beta x}(\cos\beta x-\sin\beta x) \tag{4-34}$$

$$N_\theta=\frac{-Ry^2p}{6}e^{-\beta x}\cos\beta x \tag{4-35}$$

五、对圆筒壳边界效应的结论

第一，圆筒壳的边界效应是圆筒壳与相连元件承载后变形不一致，互相制约而产生附加内力和应力的现象。在下列情况下均会产生边界效应及不连续应力：

1.结构几何形状突变；

2.同形状结构厚度突变；

3.同形同厚结构材料突变。

在分析元件应力状态时，必须有边界效应和不连续应力的基本概念。

第二，边界效应产生的附加的内力和应力，自连接处起沿圆筒壳轴向迅速衰减，其影响范围仅在两元件的连接边界附近。

第三，边界效应中的主要附加内力是轴向附加弯矩和周向附加力。轴向附加弯矩引起的附加弯曲应力沿壁厚呈线性分布，在内外壁面分别为拉伸应力或压缩应力。拉伸应力与轴向薄膜应力叠加而使总的轴向应力加大；周向附加力引起的周向附加应力是压缩应力，可以抵消一部分周向薄膜应力，降低边界附近总的周向应力水平。

第四，凸形封头与圆筒壳相连时，边界处的不连续应力很小，通常可以不予考虑；厚圆平板与圆筒壳连接时，边界处的不连续应力较大。在结构设计中，考虑边界效应，应尽量采用凸形封头而少用平板封头。采用平板封头时，要考虑采用相应的结构及工艺措施，以充分保证构件的安全。

第四节　厚壁圆筒在内压作用下的应力

锅炉及中、低压容器中采用的各类圆筒形受压元件，一般都是按薄壁圆筒进行应力分析和强度计算的，这样处理通常能满足安全使用的要求。

如前所述，厚壁与薄壁是相对的，并没有一个严格的界限。实际采用的圆筒形元件都有一定的壁厚，严格地讲，应力沿壁厚并不是均匀分布的，把实际圆筒形元件看做薄壁圆筒壳是一种近似处理，存在着误差。壁厚越厚，这种误差就越大。对于高压容器及某些特定情况，为了更严格、精确地进行安全设计和安全评定，必须按厚壁圆筒体进行应力分析，了解应力沿壁厚的分布情况。

厚壁圆筒体在内压作用下，其壁面内呈三向应力状态，不但有环向应力和经向（轴向）应力，还有径向应力。其轴向应力σ_φ同薄壁筒体一样，沿壁厚是均匀分布的，而环向应力σ_θ和径向应力σ_r则沿壁厚发生变化。

由于厚壁圆筒体在结构上是轴对称的，压力载荷也是轴对称的，因而产生的应力和变形也是轴对称的，其环向应力σ_θ及径向应力σ_r仅沿壁厚方向即半径r方向发生变化，而不随轴向坐标Z和转角θ发生变化。这种轴对称问题较易处理，但仅靠平衡关系无法求解，必须同时借助于几何方程和物理方程才能求解。

一、轴向应力

厚壁圆筒两端封闭承受内压时，在远离端部的横截面中，其轴向应力可用截面法求得。如图4-9所示，假定将圆筒体横截为两部分，考虑其中一部分轴向力的平衡，有：

$$\sigma_\varphi \pi (R_o^2 - R_i^2) - p\pi R_i^2 = 0$$

$$\sigma_\varphi = \frac{R_i^2}{R_o^2 - R_i^2} p = \frac{p}{K^2 - 1} \tag{4-36}$$

式中：σ_φ——轴向应力；

R_o，R_i——厚壁圆筒体的外半径及内半径；

K——厚壁圆筒体外半径与内半径之比；

p——内压

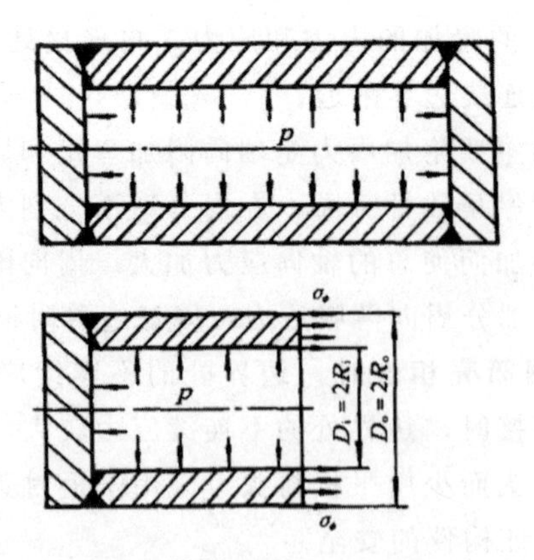

图4-9 厚壁圆筒的轴向应力

二、环向应力和径向应力

环向应力σ_θ及径向应力σ_r随半径r的变化规律，必须借助于微元体，考虑其平衡条件及变形条件，进行综合分析。

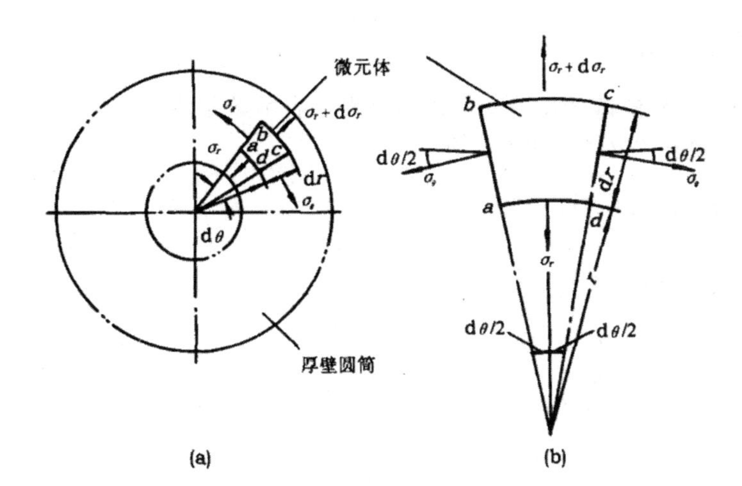

图 4-10 厚壁圆筒微元体受力情况

如图4-10所示，在圆筒体半径为r处，以相距dr的二环向截面及夹角为dθ的二径向截面截取任一微元体，其微元体在轴向的长度为1。由于轴向应力对径向力的平衡没有影响，所以图中未标出轴向应力。

根据半径r方向力的平衡条件，有：

$$(\sigma_r+\mathrm{d}\sigma_r)(r+\mathrm{d}r)\,\mathrm{d}\theta-\sigma_r r\mathrm{d}\theta-2\sigma_\theta \mathrm{d}r\sin\frac{\mathrm{d}\theta}{2}=0 \tag{4-37}$$

整理并略去高阶无穷小量，且：

$$\sin\frac{\mathrm{d}\theta}{2}\approx\frac{\mathrm{d}\theta}{2}$$

故得出：

$$\sigma_r\mathrm{d}r+r\mathrm{d}\sigma_r-\sigma_\theta\mathrm{d}r=0$$

$$\sigma_r+r\frac{\mathrm{d}\sigma_r}{\mathrm{d}r}-\sigma_\theta=0 \tag{4-38a}$$

这就是微元体的平衡方程。

微元体各面的位移情况如图4-18所示。若坐标为r的圆柱面ad径向位移为u，坐标为（r+dr）的圆柱面bc径向位移为u+du，则微元体的径向应变为：

$$\varepsilon_r=\frac{(u+\mathrm{d}u)-u}{\mathrm{d}r}=\frac{\mathrm{d}u}{\mathrm{d}r} \tag{4-38b}$$

微元体的环向应变为：

$$\varepsilon_\theta=\frac{(r+u)\,\mathrm{d}\theta-r\mathrm{d}\theta}{r\mathrm{d}\theta}=\frac{u}{r} \tag{4-38c}$$

式（4-38b）及式（4-38c）就是微元体的几何方程，它表明微元体的径向应变和环向应变均取决于径向位移。

由 $\varepsilon_\theta=u/r$ 对r求导得出：

$$\frac{\mathrm{d}\varepsilon_\theta}{\mathrm{d}r}=\frac{1}{r}\frac{\mathrm{d}u}{\mathrm{d}r}-\frac{u}{r^2}=\frac{1}{r}\left(\frac{\mathrm{d}u}{\mathrm{d}r}-\frac{u}{r}\right)$$

即

$$\frac{d\varepsilon_\theta}{dr}=\frac{1}{r}(\varepsilon_r-\varepsilon_\theta) \tag{4-38d}$$

式（4-38d）称做微元体的变形协调方程，表示微元体径向位移与环向位移的互相制约关系。根据广义虎克定律，有：

$$\varepsilon_r=\frac{1}{E}[\sigma_r-\mu(\sigma_\theta+\sigma_\varphi)]$$

$$\varepsilon_\theta=\frac{1}{E}[\sigma_\theta-\mu(\sigma_\varphi+\sigma_r)]$$

进而得出：

$$\frac{d\varepsilon_\theta}{dr}=\frac{1}{E}(\frac{d\sigma_\theta}{dr}-\mu\frac{d\sigma_r}{dr})$$

$$\frac{1}{r}(\varepsilon_r-\varepsilon_\theta)=\frac{1+\mu}{rE}(\sigma_r-\sigma_\theta)$$

将上列关系代入公式（4-38d），得：

$$\frac{d\sigma_\theta}{dr}-\frac{\mu d\sigma_r}{dr}=\frac{1+\mu}{r}(\sigma_r-\sigma_\theta) \tag{4-38e}$$

式（4-38e）是根据微元体的几何变化关系及物理关系得出的补充方程，将其与式（4-38a）联立并整理，得：

$$\frac{d^2\sigma_r}{dr^2}+\frac{3}{r}\frac{d\sigma_r}{dr}=0 \tag{4-38f}$$

式（4-38f）就是求解微元体应力的微分方程。

将式（4-38f）整理并积分得：

$$\sigma_r=C_1+C_2\frac{1}{r^2} \tag{4-39}$$

将σ_r代入式（4-38a）得

$$\sigma_\theta=C_1-C_2\frac{1}{r^2} \tag{4-40}$$

式中，C_1，C_2为积分常数，可根据边界条件确定。

厚壁圆筒承受内压时，边界条件为：

$r=R_i$时，$\sigma_{ri}=-p$

$r=R_o$时，$\sigma_{ro}=0$

因而

$$C_1=\frac{R_i^2}{R_o^2-R_i^2}p$$

$$C_2=-\frac{R_o^2R_i^2}{R_o^2-R_i^2}p$$

厚壁圆筒体承受内压时的径向应力和环向应力分别为：

$$\sigma_r=\frac{R_i^2p}{R_o^2-R_i^2}(1-\frac{R_o^2}{r^2})=\frac{p}{K^2-1}(1-\frac{R_o^2}{r^2}) \tag{4-41}$$

$$\sigma_\theta=\frac{R_i^2p}{R_o^2-R_i^2}(1-\frac{R_o^2}{r^2})=\frac{p}{K^2-1}(1-\frac{R_o^2}{r^2}) \tag{4-42}$$

应力最大的点在圆筒内壁上：

$$\sigma_{ri}=-p$$

$$\sigma_{\theta i}=\frac{K^2+1}{K^2-1}p$$

$$\sigma_{\varphi i}=\frac{1}{K^2-1}p \tag{4-43}$$

应力最小的点在圆筒外壁上：

$$\sigma_{ro}=0$$

$$\sigma_{\theta o}=\frac{2}{K^2-1}p$$

$$\sigma_{\varphi o}=\frac{1}{K^2-1}p$$

三、与薄壁圆筒壳应力公式的比较

厚壁圆筒应力计算公式可以用于任何壁厚的承受内压圆筒，是比较精确的公式。

比较厚壁圆筒应力计算公式与薄壁圆筒壳应力计算公式，对了解圆筒壳应力计算公式的精确度和适用范围是十分有益的。

以环向应力为例，圆筒壳环向薄膜应力为：

$$\sigma_\theta=\frac{pR}{\delta}=\frac{p(R_o+R_i)}{2(R_o-R_i)}=\frac{K+1}{2(K-1)}p$$

式中，R为圆筒壳平均半径。

若以厚壁圆筒应力公式进行计算，其最大环向应力为：

$$\sigma_{\theta\max}=\sigma_{\theta i}=\frac{K^2+1}{K^2-1}p$$

则

$$\frac{\sigma_{\theta\max}}{\sigma_\theta}=\frac{\frac{K^2+1}{K^2-1}}{\frac{K+1}{2(K-1)}}=\frac{2K^2+1}{(K+1)^2} \tag{4-44}$$

$\frac{\sigma_{\theta\max}}{\sigma_\theta}$随K值的增加而增加，见表4-1。

表4-1 圆筒壳环向应力与厚壁圆筒最大环向应力的比较

K	1.0	1.2	1.4	1.6	1.8	2.0	2.5	3.0
$\frac{\sigma_{\theta\max}}{\sigma_\theta}$	1.000	1.008	1.028	1.053	1.082	1.111	1.184	1.250

可以看出，在K≤1.2时，用圆筒壳应力公式算得的环向应力是十分接近按厚壁圆筒应力公式算得的最大环向应力的。薄壁及厚壁圆筒分别按第三强度理论计算得到的当量应力，在K较小时，也比较接近。

四、单层厚壁圆筒承载的局限性

（一）单层厚壁承内压圆筒的内外壁面应乃不均，随K的增加而增加

仍以环向应力为例：

$$\frac{\sigma_{\theta i}}{\sigma_{\theta o}}=\frac{\dfrac{K^2+1}{K^2-1}p}{\dfrac{2}{K^2-1}p}=\frac{K^2+1}{2} \tag{4-45}$$

随着壁厚增大，K值增加，内壁和外壁处应力的差异加大，见表4-2。

表4-2 厚壁圆筒内外壁面应力比随K的变化

K	1.1	1.2	1.3	1.4	1.6	1.8	2.0	2.5	3.0
$\frac{\sigma_{\theta i}}{\sigma_{\theta o}}$	1.11	1.22	1.35	1.48	1.78	2.12	2.50	3.63	4.50

（二）根据弹性失效准则，厚壁圆筒的承压能力是根据内壁的强度条件决定的

承内压厚壁圆筒的应力最大部位是在内壁壁面处，依据工程上常用的弹性失效准则，应力最大部位的应力强度达到极限值时，结构即失去承载能力。因而，按第三强度理论建立的内壁强度条件式为：

$$\sigma_d=\sigma_1-\sigma_3\leqslant[\sigma]$$

对内壁　　$\sigma_1=\sigma_{\theta i}=\dfrac{K^2+1}{K^2-1}p$，$\sigma_3=\sigma_{ri}=-p$

因而　　$\sigma_d=\sigma_1-\sigma_3=\dfrac{2K^2p}{K^2-1}\leqslant[\sigma]$

相应对载荷的限制为：

$$p\leqslant\frac{K^2-1}{2K^2}[\sigma]$$

或

$$p_{\max}\leqslant\frac{K^2-1}{2K^2}[\sigma]$$

当K→∞时，$p_{\max}$→0.5［σ］。其含义是，对厚壁圆筒，其壁厚的无限增加只能换来允许承受载荷的有限增加。即用增加壁厚来增大承载能力是有限和有条件的。在应力低的筒体外’壁处增大壁厚，对筒体提高承载能力作用不大，甚至造成浪费或其他问题。

多层板厚壁筒体及绕带筒体的采用，可以有效地避开单层厚壁筒体的上述局限性。

第五节　热应力

一、热膨胀和热应力

（一）热膨胀

长度为L的钢棒（或钢管），当均匀受热，温度由t_0升高到t时，钢棒沿长度方向的线膨胀量为：

$\Delta L=\alpha L(t-t_0)=\alpha L\Delta t$

式中，α为钢棒的线膨胀系数，即单位长度的钢棒温度升高1℃时的膨胀量，m/（m·℃）或$℃^{-1}$。α因材质、温度的变化而变化，对碳钢，在温度为20～200℃时，可取$\alpha=1.2\times10^{-5}℃^{-1}$。

锅炉部件从冷态制造、组装到热态运行，升温温差通常达数百度；从热态运行到停炉冷却，降温温差也往往有数百度。因而热胀冷缩是锅炉部件普遍遇到的问题，其中以管子、管道尤为明显和突出。很多压力容器的使用温度不同于常温，也有热胀冷缩问题。

锅炉压力容器设计、制造、安装时，必须充分考虑到各部件受热后的膨胀问题。比如，把两端固定的卧置炉胆作成波形，由波形节吸收其膨胀量；锅筒、集箱的支座一端是固定的，一端是活动的，并在活动端端部留有足够的空隙以供其膨胀伸出；受热面管一般是弯曲的管子，而且往往一端固定，一端可以活动，等等。

如果元件的热膨胀受到了外部约束，或者元件本身一部分的膨胀受到了另一部分的约束，在元件内就会产生热应力。

（二）热应力

仍以前述受热碳钢棒为例，若钢棒两端刚性固结无法自由伸长且无法弯曲变形时，钢棒受热后本应产生的伸长$\Delta L=\alpha L\Delta t$即被完全限制，相应于这种限制，钢棒内即出现了压缩应力。换言之，钢棒受热后本应比受热前胀长ΔL，因受到约束和限制，钢棒受热后的长度仍为L，相当于钢棒受热后受到一轴向压力p，使长度为L+ΔL的钢棒产生了轴向压缩变形ΔL。如果压缩变形全都是弹性变形，则有：

$$\Delta L=\frac{pL}{EF}$$

即

$$\alpha L\Delta t=\frac{pL}{EF}$$

$$p=\alpha E\Delta tF$$

$$\sigma^t=\frac{p}{F}=\alpha E\Delta t \tag{4-46}$$

式中：σ^t——钢棒轴向膨胀被完全限制而产生的压缩热应力，MPa；

α——钢棒的线膨胀系数，$℃^{-1}$；

E——钢棒的弹性模量，MPa；

Δt——钢棒的温升，℃；

L，F——钢棒的长度和横截面积。

近似计算时，取 $\alpha=1.2\times10^{-5}℃^{-1}$，$E=2.1\times10^{5}MPa$，则有 $\sigma^{t}=2.52\Delta t$，MPa。

同理，如果构件的热膨胀在x，y两个方向都受到完全约束时，则有

$$\sigma_x^t=\sigma_y^t=\frac{\alpha E\Delta t}{1-\mu} \tag{4-47}$$

式中：σ_x^t，σ_y^t分别为受约束方向x，y向的压缩热应力；μ——钢材的泊松比。

如果构件的热膨胀在x，y，z三个方向都受到完全约束，则有：

$$\sigma_x^t=\sigma_y^t=\sigma_z^t=\frac{\alpha E\Delta t}{1-2\mu} \tag{4-48}$$

二、产生热应力的几种常见情况

（一）构件整体受热而受到外部约束

最常见的是管子及其他圆筒形元件沿长度方向的膨胀受到约束，而在元件内产生压缩热应力。

这类热应力可以通过解除外部约束而减小以至消除。

（二）构件各部分温度不同，因温差引起的热应力

最典型的是受热面管壁中因温差而产生的热应力。受热面管内外壁面之间有一导热温差，外壁面温度高于内壁面温度。想象而言，如果管子是由多层薄壁组合而成的，因各层管壁温度不同，它们沿长度、沿圆周的膨胀也应各不相同：外层壁温度高，膨胀量应大些；内层壁温度低，膨胀量应小些。但实际情况并不是如此，由于管子壁面是一体的，其膨胀也是一体的，只能整体变形而不可能分层与温度相适应地变形。管子外层的伸长受到了内层的约束，没法达到与温度相适应的位置；管子内层因受外层牵拉，超过了应该膨胀的位置，使外层受到压缩，内层受到拉伸。这种因构件内部一部分限制另一部分自由膨胀而产生的热应力，是与传热现象共存的，是传热构件中最为普遍而无法克服的热应力，构件内有温度场即有这种热应力。

（三）两个以上零件组成的系统，因各部分温度不同引起的热应力

锅壳锅炉及列管式换热器都有这种情况。

（四）两种不同线膨胀系数的钢材焊接或用其他方式刚性连接在一起，因相互膨胀不同而引起的热应力

大型锅炉受热面的支吊结构常有这种情况。

三、圆筒体内外壁温差所引起的热应力

元件中因传热温差而引起的热应力是最常见的热应力。传热元件绝大部分是圆筒形元件，我们主要分析圆筒体内外壁温差引起的热应力。

圆筒体元件实际结构条件和工作条件是比较复杂的，为了使问题简化，我们作如

下假设：

1.圆筒体无限长，不考虑其两端部约束情况及端部的边界效应；

2.圆筒体不承受内压和其他外载，只承受径向温差作用；

3.圆筒体壁面中的热传导是稳定的，不随时间发生变化；温度分布只是半径的函数：T=T（r），即径向温差沿圆周均匀分布，沿圆筒轴线不发生变化。

由于圆筒体的结构是轴对称的，所承受的温度载荷也是轴对称的，可以推断，由温差引起的热应力及与热应力相应的变形也是轴对称的，即仅是半径r的函数，而不沿轴线Z和转角θ发生变化。

由弹性力学得出，对厚壁圆筒，当温度沿壁厚呈对数分布时，相应的径向、周向和轴向热应力分别为：

$$\sigma_r^t = \frac{\alpha E}{1-\mu}\frac{t_o - t_i}{2\ln K}\left[\ln\frac{R_o}{r} - \frac{1}{K^2-1}\left(\frac{R_o^2}{r^2}-1\right)\ln K\right] \tag{4-49}$$

$$\sigma_\theta^t = \frac{\alpha E}{1-\mu}\frac{t_o - t_i}{2\ln K}\left[\ln\frac{R_o}{r} + \frac{1}{K^2-1}\left(\frac{R_o^2}{r^2}+1\right)\ln K - 1\right] \tag{4-50}$$

$$\sigma_z^t = \frac{\alpha E}{1-\mu}\frac{t_o - t_i}{2\ln K}\left[2\ln\frac{R_o}{r} + \frac{2}{K^2-1}\ln K - 1\right] \tag{4-51}$$

式中：α——钢材的线膨胀系数，$℃^{-1}$；

E——钢材的弹性模量，MPa；

μ——钢材的泊松比；

K——圆筒体外径与内径之比；

t_o，t_i——圆筒体外表面及内表面壁温，℃；

R_o——圆筒体外半径，mm；

r——圆筒体壁面中求解热应力点的半径，mm。

当传热由圆筒体内表面向外表面进行时，$t_i > t_o$。锅壳锅炉中炉胆、烟管等壁面内热应力分布规律即是如此。

当传热由圆筒体外表面向内表面进行时，$t_o > t_i$。水管锅炉各种受热面管中热应力分布规律即是如此。

不难看出，无论是承受内压或外压的传热元件，在内表面处，其热应力和承压引起的应力都是同号叠加的；而在外表面处，热应力和承压引起的应力则是互相抵消的。

由于在圆筒体内外表面热应力较大，且在内表面热应力与承压引起的应力互相叠加，所以在分析热应力时，总是对圆筒体内外表面特别是内表面的热应力最感兴趣。

圆筒体沿径向存在着稳定热传导时，壁面内热应力的大小取决于以下因素：第一，钢材性能，包括线膨胀性能、弹性变形性能和导热性能等。钢材线膨胀系数小、弹性模量小且导热系数大时，其热应力就小；钢材线膨胀系数大、弹性模量大，且导热系数小时，其热应力就大。因此也称复合量αE/λ为材料的热因子。

第二，传热负荷。传热负荷越强，壁面中热应力越大；传热负荷越弱，壁面中热应力越小。

第三，圆筒元件壁厚。壁厚的大小体现了元件内部相互约束的强弱，也在一定程度上体现了传热热阻及传热温差的大小。壁厚越厚，元件内部约束越强，传导同样的热量需要的温差越大，相应的热应力也越大。

圆筒形传热元件壁厚对热应力的这种影响，使得传热而又承压的元件的强度问题变得更为复杂。对承受内压的非传热圆筒形元件特别是常温圆筒形元件来说，壁厚增大，其壁面内的薄膜应力减小，增大壁厚一般可提高其强度和安全性；对承受内压且有径向稳定导热的圆筒元件来说，壁厚增大可以降低内压所引起的薄膜应力，但同时却增加了温差所引起的热应力的水平，因而增大壁厚就不一定能提高元件的安全性。比如，锅壳锅炉炉胆就是一个既承受介质压力又承受很大传热温差的圆筒元件，它的壁厚不能太小，否则强度或者稳定性可能太低而不安全；但壁厚也不能太大，否则壁面中热应力过大而影响安全。因而在技术规范中，对炉胆的最小壁厚和最大壁厚都要作明确限制（8mm≤δ≤22mm）。

四、锅炉启停时锅筒壁面中的热应力

不直接受热的锅壳和锅筒，在锅炉稳定运行时，其内外壁温度及上下部温度基本一致，都接近筒内介质温度。锅筒钢材在这样的温度下要产生一定的整体膨胀，对这类膨胀在设计、安装时一般都作了充分考虑。因而，锅筒在正常运行时壁面内基本上不存在热应力。

启动和停炉时的情况则不相同。在启动和停炉中，锅筒金属有一个从冷态到热态或从热态到冷态的温度转变。以自然循环锅炉启动时的情况为例：启动前锅筒金属的温度因保养条件而异，一般为室温；启动时要首先往锅筒内上水，然后生火加热使水温不断上升，到水沸腾后再逐步升压。在升压过程中，水温及汽温也不断上升，直至工作压力下的饱和温度。对锅筒金属来说，由于通常上水水温高于锅筒壁温，从上水开始，即开始了锅水逐步向锅筒金属壁传导热量、加热锅筒壁的过程，锅筒壁面内则有一个由内向外导热升温的过程，直至锅炉达到正常运行、锅筒壁面温度均匀一致为止。在这一过程中，水面以上部分的锅筒壁在水沸腾产生蒸汽后温度才显著上升，并将温升由内壁传至外壁。

不难看出，在启动及停炉中，锅筒壁面内存在着不稳定的导热过程，壁面内的温度分布不仅沿壁厚度化，而且随时间变化，此时，壁面内存在着温差及温差造成的热应力。

第六节　应力分类

前面介绍了在内压、温差等作用下元件内产生的一些应力，实际锅炉压力容器元件中的应力还不止这些，比如，元件自重、内部介质重量等会在元件内引起弯曲应力或拉伸（压缩）应力；支座反力会在元件被支撑部位造成局部应力；立式容器受风会引起附加弯曲应力；冷热加工变形会在金属内产生加工残余应力；等等。这些应力，有的数值较大，有的较小；有的沿元件壁厚均匀分布（薄膜应力），有的沿壁厚不均

匀分布（弯曲应力）；有的发生在大面积范围内，有的仅出现于元件的局部区域。它们对元件安全的影响也各不相同。

研究应力的目的是控制应力，保证元件有足够的强度。

长期以来，由于对上述各种应力对元件强度的影响缺乏精确的了解，加上计算比较困难，因而在锅炉压力容器受压元件强度设计中，仅根据内压引起的元件大面积上的平均应力进行强度计算，通过采用一定的安全系数，并采取一些设计结构和运行管理上的措施来保证元件的安全。这就是按规则设计的原则或常规强度设计准则。

1968年美国提出了一种按应力分类进行强度设计计算的方法，对世界各国锅炉压力容器强度设计产生了重要的影响。我国在按规则设计规范进行锅炉压力容器常规强度设计时，已经考虑和适当采用了应力分类的观点和原则，从而减少了设计的盲目性，增加了设计的可靠性。在锅炉压力容器安全评定及事故分析中，也经常采用应力分类的观点和方法，并颁布了我国的按应力分类进行设计的压力容器设计标准（JB 4732《钢制压力容器——分析设计标准》）。

下面简要地介绍一下应力分类及对不同应力进行不同限制的基本概念和原则。

元件中的应力可分为一次应力、二次应力及峰值应力等类。

一、一次应力

一次应力也叫直接应力，是由外载（内压）引起并与外载平衡的应力。一次应力又分为一般薄膜应力、局部薄膜应力及一般弯曲应力等种。

（一）一般薄膜应力

一般薄膜应力是由外载（介质压力）引起的且与外载相平衡的筒壁应力平均值。例如，圆筒形壳体、球形封头、椭球形封头上沿壁厚平均的环向应力（周向应力）、经向应力（轴向应力）等都属于一般薄膜应力。一般薄膜应力常简称为薄膜应力。

随着介质压力的增加，薄膜应力相应升高。当压力达到一定值时，元件内将出现大面积塑性变形，使材料性能变坏——抗腐蚀能力、塑性、韧性及热强性能下降；进一步增加压力，最终将导致元件破裂。这种薄膜应力对元件强度的影响最大，因而用基本计算公式加以控制。

薄膜应力的当量应力应满足：

$$S_m \leqslant [\sigma] \tag{4-52}$$

同时，还必须对外径与内径的比值K等进行限制，以防止元件内壁出现大面积屈服。

（二）局部薄膜应力

局部薄膜应力是由外载及边界效应引起的沿截面厚度的应力平均值。例如，支座或接管与壳体的连接部位沿壳体壁厚平均的周向应力及经向应力均属于局部薄膜应力。

由于周围部位的约束，局部薄膜应力难以引起大量塑性变形或破坏。只有局部薄膜应力过大，使周围部位明显变形时，才可能引起破坏。故局部薄膜应力对强度的影响较一般薄膜应力为小，因而对其限制可适当放宽。一般规定局部薄膜应力的当量应力应满足：

$$S_{jm} \leqslant 1.5[\sigma] \quad (4\text{-}53)$$

对锅炉压力容器元件的局部薄膜应力，一般不专门进行计算，而是采用合理的结构，如支座与筒体的接触面适当放大，以满足上述要求。

（三）一般弯曲应力

一般弯曲应力是由外载引起的、且与外载相平衡的弯曲应力。例如，卧置圆筒形壳体因自重和介质重引起的弯曲应力，平封头、平端盖因内压作用产生的弯曲应力都属于一般弯曲应力，简称弯曲应力。

由于元件受弯时的极限承载能力比受拉时为大，故弯曲时的许用应力也可以相应放大，取为1.5［σ］。同一元件壁面中既有薄膜应力又有弯曲应力时，薄膜应力应满足式（4-52）的要求，同时薄膜应力与弯曲应力的合成当量应力应满足

$$S_{m+w} \leqslant 1.5[\sigma] \quad (4\text{-}54)$$

圆筒形元件由于外载引起的弯曲应力一般不大，故一般不必专门考虑，但在特殊条件下，预计弯曲应力很大时，应做弯曲应力校核计算。我国目前在对弯曲应力进行强度计算及校核计算时，并未将许用应力放大1.5倍，这样更偏于安全。

二、二次应力

二次应力也叫间接应力，是在外载（内压）作用下，元件的不同变形部位相连接处，由于满足位移连续条件所引起的局部附加薄膜应力及弯曲应力。例如，不同壁厚筒壳的连接处、封头与筒体连接处的不连续应力，即属于二次应力。

二次应力的基本特点是自身平衡，具有自限性，即元件整个截面上二次应力之和为零，二次应力对截面中性轴力矩之和为零。二次应力即使很大，也不会使元件整体塑性变形，不会引起破坏。因此，二次应力对元件强度的影响前述的一次应力为小，对它的限制可以进一步放宽。例如，对于仅存在一般薄膜应力（或局部薄膜应力）及二次应力的区域，应同时满

足以下两个条件

$S_m \leqslant [\sigma]$

或 $S_{jm} \leqslant 1.5[\sigma]$

及 $S_{(m+e)} \leqslant 3[\sigma]$ （4-55）

式中：$S_{(m+e)}$——薄膜应力加二次应力的当量应力。

即薄膜应力加二次应力的当量应力不应大于3倍许用应力。这样可以防止在加载一卸载循环过程中出现周期变化的拉伸与压缩塑性变形——不安定状态。

我国锅炉压力容器受压元件一般不对二次应力进行核算，但为了限制二次应力，元件结构应符合规定要求。

三、峰值应力

峰值应力是在外载（内压）作用下，由于结构的局部不连续性而引起的附加应

力。例如，发生在转角半径过小或局部未焊透等处的局部应力。该应力的主要特征是没有明显变形，它可能成为疲劳破坏（低周疲劳）的起因。

对于包括薄膜应力、局部薄膜应力、二次应力及峰值应力的部位，限制条件是：

$$S_m \leqslant [\sigma]$$

$$S_{jm} \leqslant 1.5[\sigma]$$

$$S_{(m+e)} \leqslant 3[\sigma]$$

$$\frac{1}{2}S_{(jm+e+\varphi)} \leqslant [\sigma_a] \tag{4-56}$$

式（4-56）表示，考虑局部薄膜应力、二次应力、峰值应力所得当量应力之半（应力幅度）不得大于许用应力幅度［σ_a］。

目前，对锅炉压力容器元件中的峰值应力一般不做核算，但在选用安全系数、进行元件结构设计时，必须考虑峰值应力及其影响。

四、热应力

热应力也被称为温度应力，分为总体热应力及局部热应力两种。热应力不属于一次应力。能导致元件形状及尺寸明显改变的热应力称为“总体热应力”。例如，因纵向温差引起的应力、温度不同的元件相连接处（接管与壳体、法兰与管道等）因温差而出现的应力、具有不同线膨胀系数的元件相连接处所产生的应力，以及平端盖沿壁厚温差所引起的应力等。总体热应力不是外载引起的，故属于自身平衡应力。

总体热应力对元件强度的影响与二次应力一样，因而对总体热应力的控制方法也与二次应力一样。

总体热应力通常不超出允许的程度，故不需做专门校核。

不引起元件明显变形的热应力称为“局部热应力”。例如，筒壁局部加热或冷却所引起的应力，圆筒形元件或球形封头沿壁厚温差产生的应力等。

局部热应力不是外载引起的，故属于自身平衡应力。

局部热应力不引起明显变形，但可能成为疲劳破坏的起因，故对它的限制原则与对峰值应力的限制原则一样。

第五章　锅炉压力容器强度设计

第一节　强度设计概述

一、锅炉压力容器的失效

构件失去预定的工作能力，叫构件失效；因强度不足引起的失效，叫强度失效。构件破坏或破裂、断裂是典型的强度失效。

因刚度不足或稳定性不足，会造成构件过量弹性变形或失稳坍塌，导致刚度失效或失稳失效。

锅炉压力容器的失效主要是强度失效，包括静载强度不足引起的静载强度失效及交变载荷长期反复作用引起的疲劳强度失效。

承受外压的锅炉压力容器部件及元件，既可能产生强度失效，也可能产生失稳失效。

二、强度设计的任务

绝大多数锅炉压力容器设计时仍采用常规强度设计的方法。常规强度设计的主要任务，是限制锅炉压力容器受压元件中的一次应力，避免锅炉压力容器的静载强度失效。同时也避免外压元件的失稳失效，防范疲劳失效及其他失效。

具体来说，锅炉压力容器常规强度设计的任务是：

第一，根据受压元件的载荷和工作条件，选用合适的材料；

第二，基于对受压元件一次应力的限制，通过计算确定受压元件的壁厚；

第三，根据结构各处等强度的原则，进行结构强度设计，包括焊缝布置及焊接接头结构设计，开孔布置及接管结构设计，筒体与封头、管板、法兰连接结构设计，支承结构设计等。第四，对设备制造质量及运行条件作出必要的规定。

强度设计通常也叫强度计算，因计算条件与目的不同，强度计算分为设计计算与校核计算两种。

设计计算是在已知材料、元件外形尺寸、元件工作温度及载荷的情况下，决定元件壁厚；校核计算是在已知材料、元件外形尺寸、元件壁厚及使用温度的情况下，核算元件所能承受的压力载荷。两种计算在本质上没有什么不同。

三、强度理论及强度条件

强度理论也叫失效判据，是研究构件在不同应力状态下产生强度失效的共同原因的理论。材料力学介绍过四种强度理论，锅炉压力容器强度设计中经常涉及的，是第一、第三及第四强度理论。

强度条件是依据一定的强度理论建立的强度设计准则或失效控制条件，强度条件通常表达为：

$S_i \leqslant [\sigma]$

式中S_i为依据一定的强度理论得出的当量应力或应力强度；下角标i表示相应的强度理论，如S_i表示依据第一强度理论得出的当量应力，余类推；[σ] 为材料的许用应力。

（一）第一强度理论

也叫最大拉应力强度理论。该理论认为，无论材料处于什么应力状态，只要发生脆性断裂，其共同原因都是由于构件内的最大拉应力^达到了极限值。相应的强度条件式为：

$S_i = \sigma_1 \leqslant [\sigma]$

锅炉压力容器通常都由塑性材料制成，一般不会发生脆性断裂，故不适合用第一强度理论进行失效控制。但第一强度理论是出现最早的强度理论，由于历史原因和使用习惯，美国、日本等国在对锅炉进行常规强度设计时，仍采用第一强度理论。我国及世界上多数国家对压力容器进行常规强度设计时，均采用第一强度理论。

（二）第三强度理论

也叫最大剪应力强度理论。该理论认为，无论材料处于什么应力状态，只要发性屈服失效，其共同原因都是由于构件内的最大剪应力τ_{max}达到了极限值。相应的强度条件式为：

$S_3 = \sigma_1 - \sigma_3 \leqslant [\sigma]$

第三强度理论适用于塑性材料，与实验结果比较吻合。我国及世界上除美、日之外的多数国家，在对锅炉进行强度设计时，均采用第三强度理论。

（三）第四强度理论

也叫畸变能强度理论。该理论认为，无论材料处于什么应力状态，只要发生屈服失效，其共同原因都是因为构件内的畸形能（形状变形比能）达到了极限值。相应的强度条件式为：

$$S_4 = \frac{\sqrt{2}}{2}\sqrt{(\sigma_1 - \sigma_2)^2 + (\sigma_2 - \sigma_3)^2 + (\sigma_3 - \sigma_1)^2} \leqslant [\sigma]$$

与第三强度理论相似，第四强度理论适用于塑性材料，与实验结果吻合较好。但由于计算较为复杂，概念不够直观，所以在锅炉压力容器强度设计中使用较少，仅用于某些高压厚壁容器的设计。

四、强度控制原则

在锅炉压力容器常规强度设计中，为避免材料屈服失效，在控制应力及载荷水平时，通常有下列两种控制原则：

（一）弹性失效准则

该准则也常称做极限应力法，它认为构件上应力最大点的当量应力达到材料的屈服点时，整个构件即丧失正常工作能力（失效）。这种一点处失效即是构件失效的观点，是大多数结构强度设计所采用的观点。

（二）塑性失效准则

该准则也常称做极限载荷法。它认为，当应力沿截面分布不均匀时，一点的当量应力达到屈服点，整个结构并不失效，只有当整个截面上各点的当量应力均达到屈服点时，结构才算失效。

对于拉伸杆件和承压薄壁圆筒来说，由于结构内的应力沿壁厚均布，一点失效与整个截面失效基本相同，对其采用弹性失效准则与塑性失效准则并无不同结果。但对于承压厚壁圆筒与承压平板，由于沿壁厚存在应力分布，对其采用不同的强度控制原则将会导致不同的结果，很明显，采用弹性失效准则偏于安全与保守。但不论采用何种强度控制原则，都要取用安全系数，给出必要的安全强度，所以采用不同的强度控制原则也可以得出大体相近的结果。

我国锅炉强度控制采用塑性失效准则，一般压力容器强度控制采用弹性失效准则。

五、安全系数

由材料力学已知，材料的许用应力 [σ]，由材料的强度性能指标 σ_b，σ_s 除以相应的安全系数 n_b，n_s 得出。当材料在高温下工作时，还需考虑材料高温强度性能指标——持久强度 σ_D，蠕变极限 σ_n，并除以相应的安全系数 n_D 及 n_n。由于上述材料性能指标是随温度变化的，温度为t的强度性能指标分别表示为 σ_b^t，σ_s^t，σ_D^t，σ_n^t。而常温下的强度性能指标表示为 σ_b 及 σ_s。

强度条件中的 [σ]，取用下列四值中的最小值：

$$\frac{\sigma_b}{n_b};\ \frac{\sigma_s^t}{n_s};\ \frac{\sigma_D^t}{n_D};\ \frac{\sigma_n^t}{n_n}$$

安全系数是反映构件安全强度的系数。选定安全系数的基本原则是：保证安全的前提下尽量经济。不同国家、不同机械设备、不同材质，所用安全系数不同。安全系数一般由国家有关部门确定，并体现在强度设计法规中。我国锅炉压力容器强度设计采用的安全系数如表5-1所示。

材料性能随温度变化的情况及许用应力 [σ] 的确定，详见本章第二节。

表 5-1 锅炉压力容器决定许用应力的安全系数

构件类别	对常温下抗拉强度σ_b的安全系数n_b	对常温或工作温度下屈服点σ_s（σ_s^t）的安全系数n_s	对工作温度下持久强度σ_D^t的安全系数n_D	对工作温度下蠕变极限σ_n^t的安全系数n_n
锅壳锅炉部件	2.7	1.5		
水管锅炉部件	2.7	1.5	1.5	
碳素钢、低合金钢压力容器	3.0	1.6	1.5	1.0
高合金钢压力容器	3，0	1.5	1.5	1.0

六、强度计算标准

锅炉压力容器的强度设计计算必须依照国家颁布的标准规范进行。锅炉压力容器强度设计计算标准既是技术性的，也是法律性的，必须强制执行。我国锅炉压力容器常规强度设计标准主要有以下三项：

第一项，GB/T 16508—1996《锅壳锅炉受压元件强度计算》；

第二项，GB 9222—1988《水管锅炉受压元件强度计算》；

第三项，GB 150—1998《钢制压力容器》。

第二节　锅炉压力容器钢材

一、钢材在使用温度下的强度性能

（一）温度对钢材机械性能的影响

钢材的机械性能，通常用常温短时拉伸试验得出的抗拉强度σ_b、屈服点σ_s、伸长率δ_5、断面收缩率ψ及常温冲击吸收功A_{KV}表示。其中抗拉强度σ_b和屈服点σ_s表示钢材的承载能力或抵抗外力破坏的能力；伸长率δ_5及断面收缩率ψ表示钢材塑性变形的能力或承受塑性加工的能力；常温冲击吸收功A_{KV}表示钢材在常温下承受冲击的能力，反映钢材的韧性或抵抗脆性破坏的能力，习惯上称为冲击韧性。

温度对钢材的机械性能有显著的影响。钢材的机械性能随温度的变化而发生显著变化。

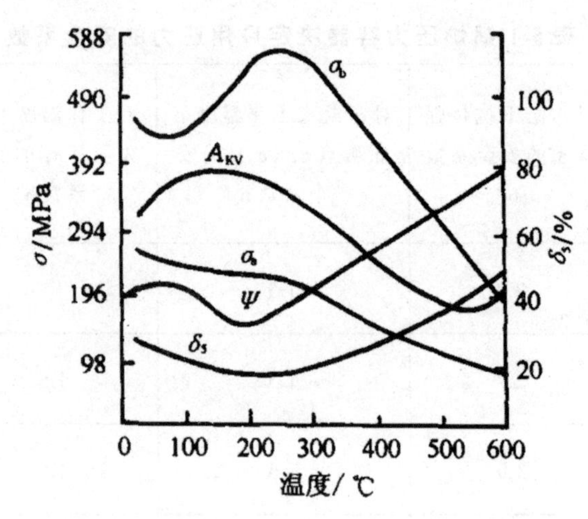

图 5-1 温度对低碳钢机械性能的影响

图5-1所示为碳钢的机械性能随温度变化的情况。在50～100℃时，碳钢的抗拉强度有所下降；在200～300℃时却有所提高并出现峰值，峰值对应的温度为250℃左右；之后即随温度继度升高而急剧下降。与此相应，碳钢的塑性在250℃前后的趋势是先下降而后明显上升。碳钢这种在200～250℃时抗拉强度上升而塑性下降的现象叫“蓝脆性”，因为在这个温度下，碳钢通常呈蓝色。过了蓝脆区，碳钢的抗拉强度随温度上升而减小，塑性则随温度的上升而增加。

温度升高时，钢材的屈赈点相应降低。当温度升高到一定程度时，拉伸过程中本来明显的屈服现象消失，此时常用相应于残余变形为0.2%时的应力作为钢材的屈服点，叫条件屈服点，记作$\sigma_{0.2}$。

合金钢机械性能随温度的变化与碳钢相似，总的趋势是，随着温度的升高，其强度指标下降，塑性指标上升。

如前所述，温度为t℃的钢材的抗拉强度和屈服点分别用σ_b^t及σ_b^t表示。

（二）蠕变及高温强度

在高温和一定应力的作用下，材料的塑性变形随着时间逐渐增加的现象叫材料的蠕变。材料的蠕变现象在温度高到一定程度时才会出现。大量试验表明，材料的蠕变温度与材料的熔点有关，以绝对温度计，蠕变温度约为熔点温度的25%～35%。铅锡等金属在室温下即有蠕变现象，碳钢在约350℃时开始出现螨变现象。合金钢出现蠕变的温度在400℃以上。

蠕变可以导致材料的破坏。材料自开始蠕变至蠕变破坏所持续的时间，叫蠕变寿命。对用于锅炉和压力容器的钢材来说，常把对应出现明显蠕变现象的温度称为高温，把尚未引起明显蠕变的100～350℃称为中温，把钢材抵抗蠕变破坏的能力称为热强度（高温强度）。

实验表明，蠕变的快慢取决于载荷、温度、材质等因素。对一定的材质，进入蠕变温度范围以后，载荷越大，温度越高，蠕变速度越快，至蠕变破坏所需的时间越短。相对一定的温度和载荷，在钢材中增加钼、钨、钒、硼等合金元素，可以有效地降低蠕变速度、增加蠕变寿命。改善冶炼条件及热处理工艺，均化晶粒，也可有效改善热强性能。

通常用持久强度及蠕变极限表示钢材的高温强度即抗蠕变能力。所谓持久强度是指在一定温度下，经过规定的工作期限（我国为1×10^5h）引起蠕变破坏的应力，通常以表示。而蠕变极限则是在一定温度下，在规定的工作期限（1×10^5h）内引起规定蠕变变形（1%）的应力，以σ_n^t表示。

松弛是特定情况下的一种蠕变现象，承载初仅发生弹性变形的螺栓或弹簧，在高温和应力作用下逐步产生塑性变形即蠕变变形，由于总应变不变，塑性变形的增加伴随着弹性变形的减少，即弹性变形逐步转化成了塑性变形。而螺栓或弹簧中的应力是与弹性变形成比例的，随着弹性变形的减少和塑性变形的增加，螺栓或弹簧中的应力水平逐渐降低，本来拉紧的螺栓或弹簧即产生了松弛。

二、长期高温时的钢材组织变化

在常温下，钢材的金相组织是稳定的，除非和腐蚀性的介质发生作用，钢材组织本身一般不随时间发生变化，钢材的机械性能也不随时伺变化。

在高温条件下，钢材中原子的扩散能力增加，这种内部原子扩散作用有可能导致钢材组织的各种变化，包括一些危及安全的组织变化。所谓“长期”，对不同工作条件下的钢材有不同的含义，对锅炉压力容器受压元件来说，通常指数小时，即和其规定工作期限可以比较的期限。

钢材的较为危险的组织变化是珠光体球化及石墨化。

（一）珠光体球化

常用的锅炉压力容器钢材是低碳钢及低碳低合金钢，如：20g，20R，16Mng，16MnR，15CrMo，12Cr1MoV等。这些钢材都是珠光体钢，由片状的渗碳体和片状的铁素体互相层叠，组成相间排列的片状机械混合物，即珠光体。在高温原子扩散能力强的条件下，片状渗碳体会逐渐转化为球体。由于大球体比小球体有更小的表面能，随着高温作用时间的加长，小球体又聚拢成大球体，这种现象叫珠光体球化。

珠光体球化会使钢材的常温强度下降，并能明显地加快蟠变速度，降低持久强度。球化严重时，持久强度约降低40%～50%。

对钢材作正火加回火的热处理，并使回火温度高于钢材工作温度100℃以上，可以得到比较稳定的珠光体组织，在使用期限中不致发生严重的球化。

（二）石墨化

低碳钢和0.5%钼（Mo）钢在高温的长期作用下会产生石墨化，这是一种比珠光体球化更为危险的组织变化。

所谓石墨化，是指钢材中的渗碳体在高温的长期作用下自行分解成石墨和铁的现象：

$Fe_3C \rightarrow 3Fe + C$(石墨)

分解出的石墨呈点状并分布在晶界上。石墨的强度、塑性和韧性都很差，点状石墨相当于空穴存在于铁素体中。石墨化不仅使钢材的常温及高温的强度、塑性下降，尤为严重的是使钢材的韧性明显下降，脆性剧烈增加。

根据钢中石墨化的发展程度，通常将石墨化分成四级：

一级——轻微的石墨化；

二级——明显的石墨化；

三级——严重的石墨化；

四级——很严重的（危险的）石墨化。

石墨化级别与钢中分解出的游离碳（石墨）含量之间大致成比例：一级石墨化时，其游离碳约为钢材总含碳量的20%左右；二级石墨化时，其游离碳约为钢材总含碳量的40%左右；三级或三级半石墨化时，游离碳约为钢材总含碳量的60%左右；游离碳含量超过钢材总含碳量的60%时，石墨化即到了危险的程度。

铬（Cr）能有效地阻止石墨化现象的产生，因为铬（Cr）与碳（C）能生成极为稳定的化合物。在钢中加入0.5%以上的铬（Cr），即可有明显的防止石墨化的效果。这是用铬钼钢代替钼钢的基本原因。

硅、铝等元素能加快石墨化的速度，应严格控制冶炼中用以脱氧的铝的加入量。

三、钢材的脆性与脆化

脆性是指因工作条件（特别是工作温度）的变化而造成的钢材韧性的降低，是外部原因造成的钢材性能变化，金属组织通常不发生变化。一旦导致脆性产生的外部原因消失，钢材的脆性也相应地消失，而能全部或大部分恢复原有的韧性。

脆化是指钢材组织变化而造成的韧性降低，是一种更为危险的脆性。钢材的脆化往往是钢材组织在外部条件长期作用下形成的。钢材产生脆化后，即使外部条件消失，钢材也难于恢复原有的组织和原有的韧性。

脆性和脆化是难以严格区分的。通常把冷脆、蓝脆及应变时效、红脆、热脆、回火脆性等看做钢材的脆性，而把石墨化、苛性脆化、氢脆、热疲劳等归入钢材的脆化。

（一）冷脆性

锅炉压力容器中广泛使用的低碳钢和低碳低合金钢，都由体心立方晶格的α铁构成。对具有体心立方晶格的金属来说，当温度低到一定程度时，其冲击韧性明显下降、材料突然变脆的现象，叫冷脆性。

冷脆常造成构件的脆性破坏。其破坏特点是：

第一，环境温度较低，在0℃上下；

第二，破裂构件中的应力水平低于材料的屈服点，属于低应力破坏；

第三，脆裂发生之前没有预兆，脆裂速度极高；

第四，脆裂的起源是构件上应力集中之处；

第五，发生冷脆破坏的材料，其常温塑性合乎标准要求。

锅炉和压力容器在制造和检修时要进行水压试验，试验水温过低时，可能钢材出现冷脆性；锅炉构架，特别是露天布置的锅炉钢制构架及压力容器，在较低的环境温度下工作时，也可能产生冷脆现象。低温下使用的容器更应注意冷脆问题。

防范、避免冷脆破坏的方法是通过实验找出钢材的“韧脆转变温度”，保证钢材在制造、使用和维护中的温度高于这个温度。

所谓“韧脆转变温度”是指钢材在低温时冲击韧性明显下降的相应温度。它实际上不是一个具体的温度数值，而是一个小的温度区间，随着材料、试件、试验方法等的不同而确定为不同的数值。

试验得出，钢材韧脆转变温度的高低主要和以下因素有关：

第一，缺陷情况。缺陷越尖锐，应力集中越严重，钢材的韧脆转变温度越高，即冷脆出现得越早；

第二，加载速度。加载越快，韧脆转变温度越高。冲击载荷更易导致冷脆破坏；

第三，构件厚度。构件越厚，韧脆转变温度越高，因而轮船、桥梁及厚壁容器等大型结构更易产生冷脆破坏；

第四，钢材的冶炼条件及杂质含量。沸腾钢及粗晶粒钢更易产生冷脆性。钢材中磷的含量会明显增加钢材的冷脆性，因而对锅炉压力容器用钢材中磷含量有严格的限制。

（二）蓝脆性和应变时效

在200～300℃时，某些钢材的强度上升，塑性和韧性下降，这种现象叫作钢材的蓝脆性。

应变时效是在锅炉压力容器制造或修理中出现的一种现象。钢材承受冷加工产生塑性变形后，如果在室温下长期放置，或在较室温为高的温度下短期放置，其强度上升，塑性下降，冲击韧性显著下降，这种现象叫应变时效。

钢材的蓝脆倾向与应变时效倾向是一致的，某种钢材如果蓝脆程度严重，则其冷加工后的应变时效程度也严重，反之亦然。

应变时效与很多因素有关，主要有冷加工程度、钢材成分及冶炼方式、温度等。

冷加工程度对应变时效有显著的影响，冷加工程度越大，时效越显著，冷加工变形量为3%～10%时，时效最为严重。

钢中含碳量越低，越容易发生应变时效。含碳量增加可使应变时效倾向减小。在钢中加入适量的镍可显著降低时效倾向，而锰、铜等元素可增加时效倾向。

钢中含有氧、氮等气体会显著增加时效倾向，因而炼钢时的脱氧方式对时效有重要影响。只用锰脱氧的沸腾钢特别容易发生时效，而用铝和锰进行比较完全的脱氧可显著减降时效倾向。

环境温度对应变时效有重要影响，在室温至300℃的温度区间内，随着温度的升高，应变时效会明显加快出现，但温度超过上述区间后，继续升温会使应变时效减弱以致消失。

锅炉和压力容器中不少构件是用低碳钢制成的。锅炉钢管一般是冷弯成形的，低压锅炉锅筒及低压容器是用冷压冷卷成形的，其弯形量正处于较易产生应变时效的范围，因而需要重视应变时效问题。

钢材的蓝脆性及应变时效倾向通常依靠冶炼过程进行控制。锅炉钢材标准中常对应变时效后冲击值作出规定，即限制钢材的时效敏感性，要求钢材的常温冲击吸收功及人工时效后的冲击吸收功分别达到规定数值。

（三）苛性脆化

苟性脆化是一种特殊的电化学腐蚀，属于应力腐蚀。当锅炉锅水中苛性碱的浓度高到一定程度时，在锅筒金属的局部高应力区会造成晶间腐蚀，这就是苛性脆化。苛性脆化会显著降低钢材的韧性，在脆化区产生裂纹并导致脆性破坏。

实践证明，只有同时具备下列条件时，才会发生苛性脆化：

第一，局部拉伸应力达到或超过了钢材的屈服点；

第二，锅水含一定量的游离碱，具有浸蚀性。

锅筒壁面的一般部位通常不具备上述两个条件，只有锅筒与锅水接触壁面上的铆缝和胀口，有可能具备上述两个条件。这些部位存在着应力集中、工艺应力及热应力，其应力总和完全可能超过钢材的屈服点；这些部位还存在着缝隙，锅水进入缝隙后被逐渐浓缩，有可能使苛性碱的浓度在局部达到很高的数值。

盛装碱液的压力容器，在接管边缘、焊缝等部位也有可能产生苛性脆化。

防止苛性脆化通常也是从上述两方面着手：控制水中苛性碱的浓度并设法降低或消除应力集中。

我国GB1576《低压锅炉水质》中明确规定：为防止金属发生苛性脆化，锅水的相对碱度应小于20%［即NaOH/锅水中溶解固形物（或含盐量）<0.2］。

往锅水中加入硝酸钠可有效地防止苛性脆化的产生。

降低应力集中及减小温度应力，也是防止苛性脆化的重要措施。

（四）氢脆

氢在钢中富集导致钢材脆化的现象叫氢脆。

根据氢脆的程度，又有可逆氢脆和不可逆氢脆之分。氢在钢中的溶解度，随温度的降低而减小。在高温下瑢入钢中的氢，在降温后呈过饱和状态。这些残留在金属中的原子氢，聚集在空隙处并结合成分子氢，随着聚集量的增多而形成很大的内压力。这种内部氢压加上钢材结构中的残余应力，形成很高的内应力，此时不需要很大外载，就可能导致钢材脆性破坏。但此时钢材变脆尚未伴有组织变化，当用特殊方法处理钢材时，可把钢中的氢去除而使钢材的塑性和韧性恢复，因而这种氢脆叫可逆氢脆。

在一定的温度和应力条件下，氢不仅在钢材的空隙中聚集结合成氢分子，还能与钢中的碳起化学反应：

$4H + Fe_3C \rightarrow CH_4 + 3Fe$

反应的结果不仅使钢材脱碳，而且生成分子量很大的甲烷，甲烷气体比氢气更难于扩散，只能在空隙处积聚而产生更高的压力，这种内压使钢材产生永久变形甚至破裂。这种脆化伴随钢材组织变化而发生，叫不可逆氢脆或氢腐蚀。

根据钢中氢的来源可把氢脆分为内部氢脆和外部氢脆。

钢在冶炼、锻造、焊接、热处理、电镀和酸洗等过程中溶解或吸收氢形成的氢脆叫内部氢脆；钢制设备在使用中接触含氢介质并在一定条件下吸收氢而导致的氢脆，叫外部氢脆。内部氢脆和外部氢脆在机理和破坏形式方面并无显著区别。

对锅炉压力容器来说，除了钢材在冶炼过程中有可能吸收氢而导致氢脆外，还需要特别关注焊接过程及使用过程可能形成的氢脆。

焊接时，焊剂中的水分或潮气，焊缝附近金属表面的油污等，在高温下能分解出氢，这些氢有可能溶入焊缝金属之内，如果在焊缝冷却过程中这些氢不能及时扩散出去，就可能导致氢脆。

为防止焊接中氢原子溶于焊缝，需做到干燥焊条、焊丝及焊剂；清除金属表面的油污；焊后及时加热被焊部位，使焊缝缓慢冷却，以便焊缝中的氢及时扩散到大气中去，即进行焊后“消氢处理”。

锅炉元件在使用中，在一定条件下也可能产生氢而导致氢脆。比如，蒸汽在与高温的铁接触时，会发生蒸汽腐蚀而产生氢：

$$4H_2O + 3Fe \xrightarrow{>400℃} Fe_3O_4 + 8H$$

蒸汽腐蚀产生的氢原子如不能及时被蒸汽带走，由于氢原子尺寸很小，有可能进入金属内部而导致氢脆。

在锅炉蒸发受热面遭受明显腐蚀的部位，锅水侵入腐蚀产物之下与高温金属发生类似于蒸汽腐蚀的作用，也会导致氢脆。

防止锅炉元件在使用中产生氢脆的办法是：除去水中的氧气及二氧化碳，因为这些气体有使电化学腐蚀加快的去极化作用；防止金属超温。

四、钢材的腐蚀

钢材与腐蚀性介质发生化学反应而被损害的现象叫化学腐蚀。如果化学腐蚀伴随有局部电流现象，则是电化学腐蚀。

根据腐蚀发生的部位，可将其分为均匀腐蚀和局部腐蚀。金属壁面普遍均匀产生的腐蚀，叫均匀腐蚀，如大气腐蚀、高温氧化、蒸汽腐蚀等。这类腐蚀导致金属壁的均匀减薄，可在设计时预先考虑给出附加壁厚。金属壁面的局部区域在一定条件下产生的腐蚀，叫局部腐蚀。金属的损害表现为斑点、局部凹坑、穿孔或晶间破裂等。这类损害往往是严重的，必须采取特殊的设计和运行措施进行预防。锅炉压力容器钢材的腐蚀多数是局部腐蚀。

腐蚀是造成锅炉压力容器损伤与破坏的主要因素之一，下面分析几种常见的锅炉压力容器腐蚀。

（一）氧腐蚀

天然水中常溶有一定量的氧气。当把未除氧或除氧不完全的水送入锅炉时，随着水被加热，水中溶氧将析出并与钢材壁面接触，使钢材产生以氧为去极剂的电化学腐蚀，造成腐蚀减薄及穿孔。锅炉中水侧氧腐蚀常发生在给水管道及省煤器中，无省煤器时也发生在锅筒及水冷壁管中。

用物理或化学方法使锅炉给水除氧，是防止水侧氧腐蚀的基本措施。

水压试验后未把水排净的容器及底部积水的氧气瓶，也会发生氧腐蚀。

（二）锅炉烟气侧的低温硫腐蚀

锅炉燃料中的可燃硫燃烧后大部分形成SO_2，少量形成SO_3。SO_2及SO_3均是烟气中污染环境的有害成分，常与烟气中的水蒸气化合为H_2SO_3及H_2SO_4蒸气。

烟气中的SO_3尽管含量极少，但可显著提高烟气的露点温度，在锅炉尾部受热面上凝结硫酸露。硫酸露在尾部受热面造成低温硫酸腐蚀及堵灰，严重时会损坏设备，影响锅炉运行。

低温硫腐蚀常发生在锅炉省煤器、空气预热器等部件及除尘器上。防范措施是燃料脱硫，改善燃烧减少SO_3的生成，用耐硫腐蚀材料作锅炉尾部受热面低温部分。

（三）泄漏潮湿部位的大气腐蚀

锅炉压力容器的下部支座部位、阀门、法兰、接管等处，常因水汽及其他介质泄漏，加上与空气中的氧气、二氧化碳气接触，形成强烈的潮湿环境的大气腐蚀，这也是典型的电化学腐蚀，造成结构局部损坏。

防止设备跑、冒、滴、漏，合理支承与包装，是防止这类腐蚀的基本措施。

（四）压力容器在特定介质作用下的腐蚀

因工作需要，不同的压力容器要接触不同的工作介质，这些介质中很多是腐蚀性的，如各种酸、碱及很多气体介质，都具有很强的腐蚀性，若防范不当，常会造成严重腐蚀。即使采取了一定的设计及运行措施，也往往难于避免这类腐蚀。

五、对锅炉压力容器钢材的基本要求

（一）使用性能要求

使用性能要求主要包括以下几个方面：

1.钢材应具有较高的强度，包括常温及使用温度下的强度。

2.钢材应具有良好的塑性、韧性和较低的时效敏感性。

3.钢材应具有较低的缺口敏感性。缺口敏感性是指在带有一定应力集中的缺口条件下，材料抵抗裂纹扩展的能力。锅筒及容器上要开孔并焊接管接头，造成应力集中，故要求钢材的缺口敏感性应低一些。

4.钢材应具有良好的抗腐蚀性能及组织稳定性。

（二）加工工艺性能要求

所用钢材应具有良好的加工工艺性能及焊接性能。在制造过程中，钢材要经过各种冷、热加工并产生较大的塑性变形，加工变形后的钢材不应产生缺陷。这要靠材料的塑性来保证，通常要求锅炉钢板的伸长率δ_5应不小于18%。

焊接是现代锅炉压力容器制造中的主要工艺。焊接质量的好坏在很大程度上决定着锅炉压力容器制造质量和安全性能。影响焊接质量的因素很多，从材料方面说，要求钢材具有良好的可焊性。

钢材的可焊性指被焊钢材在采用一定的焊接材料、焊接工艺方法及工艺规范参数等条件下，获得优良焊接接头的难易程度。

钢材的可焊性常用碳当量来估计。因为钢材的可焊性，主要与钢材中碳的含量高低有关，也与其他合金元素含量的多少有关。合金元素对可焊性的影响较碳元素为

小。通常把合金元素折算成相应的碳元素，以碳当量表示钢中碳及合金元素折算的碳的总和，以碳当量的大小粗略地衡量钢材可焊性的大小。

碳素钢及低合金结构钢的碳当量，可采用下式估算：

$$C_d = C + \frac{Mn}{6} + \frac{Cr + Mo + V}{5} + \frac{Ni + Cu}{15}$$

式中：C_d——碳当量，%；

C，Mn，…，Cu——钢中碳、锰……铜等成分的含量，%。

经验表明，当 C_d<0.4% 时，可焊性良好，焊接时可不预热；当 C_d=0.4%～0.6% 时，钢材的淬硬倾向增大，焊接时需采用预热等技术措施，当 C_d>0.6% 时，属于可焊性差或较难焊的钢材，焊接时需采用较高的预热温度和严格的工艺措施。

选用钢材时，不但要考虑使用要求和加工工艺要求，注意到安全可靠性和工艺性，还要考虑我国的资源条件和钢材冶制特点，从我国国情出发，注意到经济性。

六、锅炉压力容器常用钢材

（一）低碳钢

低碳钢中的含碳量在 0.25% 以下，还含有锰、硅、磷、硫等元素。

低碳钢具有良好的塑性和钿性，便于进行各种冷热加工；可焊性良好，易于获得优质焊接接头。低碳钢强度虽较低，但采用适当壁厚可满足低、中压元件及部分高压元件对强度的要求。低碳钢价格便宜、经济性好，是锅炉压力容器中使用最多的钢材，尤以 20 号钢板及钢管使用最为广泛。

（二）低合金高强度钢

锅炉压力容器中使用的低合金高强度钢，主要是钢板，用于制造高压及超高压的锅炉锅筒和容器。

低合金高强度钢的含碳量一般都不大于 0.25%，属于低碳低合金钢。主要依靠合金元素来强化钢材，改善和提高钢材性能。主要合金元素是锰或者锰和钼，其他合金元素还有钒、钛、铌、硼等。由于强度提高，可以使承压部件的壁厚显著减小。

锅炉压力容器常用的低合金高强度钢有 16Mn，15MnV，18MnMoNb 等。

（三）耐热钢

锅炉压力容器中采用的耐热钢主要是钼和铬钼热强钢，用于制造承受高温的过热器、再热器、蒸汽集箱、蒸汽管道等零部件，因而主要为钢管。耐热钢除具有良好的常温机械性能和工艺性能外，还具有良好的高温性能，即在高温下有足够的强度，有一定防止氧化和腐蚀的能力，又有长期组织稳定性。

耐热钢中的合金元素除铬、钼外还有钒、钨、硼等，目前常见的钢种有 12CrMo，15CrMo，12Cr1MoV，12Cr2MoWVTiB 等。

（四）低温压力容器用钢

工作温度⩽-20℃的压力容器属于低温容器。用作低温容器的钢材必须是镇静钢。为防止冷脆破裂，这些钢材必须在规定低温下进行低温冲击试验，其低温冲击吸收功应满足规定。

常见的低温容器用钢有10MnDR，09Mn2VDR，06MnNbDR，09MnTiCuXtDR等。

常用的锅炉压力容器钢材及其适用范围可见表5-2～表5-4。

表5-2 锅炉用钢板

钢的种类	钢号	标准号	适用范围	
			工作压力/Mpa	壁温/℃
碳素钢	Q235-A，Q235-B	GB 700 GB 3274	≤1.0	[1]
	Q235-C，Q235-D			—
	15，20	GB 710，GB 711，GB 13237	≤1.0	—
	20R[2]	GB6654，YB（T）40	≤5.9	≤450
	20g 22g	GB713 YB（T）41	≤5.9[3]	≤450
合金钢	12Mng，16Mng	GB 713，YB（T）41	≤5.9	≤400
	16MnR[2]	GB 6654，YB（T）40	≤5.9	≤400

注：①用于额定蒸汽压力超过0.1MPa的锅炉受压元件时，元件不得与火焰接触。

②应补做时效冲击试验合格。

③制造不受辐射热的锅筒（锅壳）时，工作压力不受限制。

表5-3 锅炉用钢管

钢的种类	钢号	标准号	适用范围		
			用途	工作压力/MPa	壁温/℃
碳系钢	10，20	GB 8163	受热面管子	≤1.0	
			集箱、蒸汽管道		
	10，20	GB 3087	受热面管子	≤5.9	≤480
		YB（T）33	集箱、蒸汽管道		≤430
	20G	GB 5310	受热面管子	不限	≤480
		YB（T）32	集箱、蒸汽管道		≤430[1]
合金铜	12CrMoG	GB 5310	受热面管子	不限	≤560
	15CrMoG		集箱、蒸汽管道		≤550
	12Cr1MoVG		受热面管子		≤580
			集箱、蒸汽管道		≤565
	12Cr2MoWVTiB	GB 5310	受热面管子		≤600[2]
	12Cr3MoVSiTiB				

注：①要求使用寿命在20年内，可提高至450℃。

②在强度计算考虑到氧化损失时，可用到620℃。

表 5-4 压力容器常用钢板

钢材牌号	技术标准	使用压力/MPa	使用温度/C	板厚/mm
Q235-A·F	GB 912 GB 3274	≤0.6	0～250	≤12
Q235-A	GB 912 GB 3274	≤1.0	0～350	≤16
Q235-B	GB 912 GB 3274	≤1.6	0～350	≤20
Q235-C	GB 912 GB 3274	≤2.5	0～400	≤30
20R	GB 6654	不限	-20～475	6～100
16MnR	GB 6654	不限	一20～475	6-120
15MnVR	GB 6654	不限	-20～475	6～60
15MnVNR	GB 6654	不限	-20～475	6～60
18MnMoNbR	GB 6654	不限	-20～475	30～100

七、锅炉部件及钢材工作温度

为了确定锅炉承压部件在工作温度下的强度性能，必须确定各种部件的壁温。

对于不受热（置于烟道之外或可靠绝热）的锅炉锅筒、集箱等，其金属壁温等于内部介质的温度；对于受热的锅筒、集箱等，其金属壁温可以根据内部介质温度，按基本的传热公式进行计算。为了便于使用，常依据大量的计算和实测壁温数据，将锅炉主要部件的金属壁温整理成表格。表 5-5～表 5-8 列出了水管锅炉和锅壳锅炉各主要承压部件的计算壁温。表中 t_{bi} 是锅炉钢材计算壁温，取最高部位内外壁温度的平均值；t_b 为水的饱和温度；在任何情况下，锅炉承压部件的计算壁温取值不应低于 250℃，如锅筒、集箱等的计算壁温不足 250℃时，按 250℃计算；t_j 为介质温度，指集箱内水、汽混合物或过热蒸汽的温度；Δt 为介质温度偏差，在任何情况下，不应小于 10℃，X 为介质混合程度系数，一般可取 0.5，当介质从集箱端部进入时，允许取为 0，对于不受热的过热蒸汽集箱，即使完全混合，也应取 XΔt=10℃。

表 5-5 水管锅炉锅筒计算壁温

锅筒工作条件	壁温/℃
不受热	$t_{bi}=t_b$（工质饱和温度）
采取可靠绝热措施 在烟道内 在炉膛内	$t_{bi}=t_b+10$ $t_{bi}=t_b+40$
被密集管束所遮挡	$t_{bi}=t_b+20$
不绝热 在烟温不超过600℃的对流烟道中 在烟温600～900℃的对流烟道中 在烟温为900℃以上的对流烟道或炉膛中	 $t_{bi}=t_b+30$ $t_{bi}=t_b+50$ $t_{bi}=t_b+90$

表 5-6 水管锅炉集箱及防焦箱计算壁温

内部介质	工作条件	壁温/℃
水或汽水混合物	在烟道外（不受热） 在烟道内，可靠绝热 在烟温≤600℃的对流烟道中，不绝热 在烟温600～900℃的对流烟道中，不绝热 在炉膛内，不绝热	$t_{bi}=t_j$ $t_{bi}=t_j+10$ $t_{bi}=t_j+30$ $t_{bi}=t_j+50$ $t_{bi}=t_j+110$
饱和蒸汽	在烟道外（不受热） 在烟道内，可靠绝热 在烟温≤600℃的对流烟道中，不绝热 在烟温600～900℃的对流烟道中，不绝热	$t_{bi}=t_b$ $t_{bi}=t_b+25$ $t_{bi}=t_b+40$ $t_{bi}=t_b+60$
过热蒸汽	在烟道外（不受热） 在烟道内，可靠绝热 在烟温≤600℃的对流烟道中，不绝热 在烟温600～900℃的对流烟道中，不绝热	$t_{bi}=t_j+X\Delta t$ $t_{bi}=t_j+25+X\Delta t$ $t_{bi}=t_j+40+X\Delta t$ $t_{bi}=t_j+60+X\Delta t$

表 5-7 水管锅炉管子及管道的计算壁温

元件	壁温/℃
沸腾管	$t_{bi}=t_b+60$
对流式省煤器	$t_{bi}=t_j+30$
辐射式省煤器	$t_{bi}=t_j+60$
对流式过热器	$t_{bi}=t_j+50$
辐射式或半辐射式（屏式）过热器	$t_{bi}=t_j+100$
管道（不受热）	$t_{bi}=t_j$

表 5-8 锅壳锅炉元件的计算壁邋

元件	壁温/℃
受火焰辐射热的锅壳、炉胆、火箱	$t_{bi}=t_b+90$
与火焰接触的平板、管板	$t_{bi}=t_b+70$
与烟气接触的锅壳、平板、管板	
烟温在 600～800℃之间	$t_{bi}=t_b+50$
烟温在 600℃以下	$t_{bi}=t_b+25$
烟管、拉撑管	$t_{bi}=t_b+25$
不受热的元件	$t_{bi}=t_b$

八、钢材在不同工作温度下的许用应力

为使用方便，锅炉强度设计计算标准将各种钢材不同工作温度下的许用应力制成表格，如表 5-9 和表 5-10 所示。由于锅炉承压部件工作条件的复杂性，表中提供的锅炉钢材许用应力为基本许用应力 $[\sigma]$，而强度计算中的实际许用应力 $[\sigma]$ 由基本许用应力乘一个修正系数 η 得出：

$$[\sigma]=\eta[\sigma]_j$$

锅炉钢材许用应力修正系数 η 实质上是安全系数的修正值，由锅炉部件的工作条件决定，见表 5-11。

表 5-9 水管锅炉常用钢材的基本许用应力 [σ]$_j$ 单位：MPa

钢号		10	20，20g	16Mng	15CrMo	12Cr1MoV
σ_b^{20}		333	392，400	470	441	441
σ_n^{20}		196	226，225	305	225	255
计算壁温 t_{bi}/°C	20	124	145 148	174	150	163
	250	104	125	149	148	156
	260	101	123	146	147	155
	280	96	118	140	145	153
	300	91	113	135	143	151
	320	89	109	132	140	148
	340	84	102	130	136	144
	350	80	100	129	135	143
	360	78	97	127	132	141
	380	75	92	122	131	138
	400	70	87	117	128	135
	410	68	83		127	133
	420	66	78		126	132
	430	61	75		125	131
	440	55	66		124	130
	450	49	57		123	128
	460	45	50		122	126
	470	40	43		120	125
	480	37	38		119	124
	490				112	121
	500				96	118
	510				82	110
	520				69	98
	530				59	86
	540				49	77
	550				40	71
	560					65
	570					57
	580					50

表 5-10 锅壳锅炉常用钢材的基本许用应力 [σ]$_j$ MPa

钢号		10	Q235	20，20g	16Mng
室温	σ_b	333	372	400	510
	σ_s	196	216	245	345
计算壁温 t_{bi}/℃	250	104	113	125	149
	260	101	111	123	146
	280	96	105	118	140
	300	91	101	113	135
	320	89		109	132
	340	84		102	130
	350	80		100	129
	360	78		97	127
	380	75		92	122
	400	70		87	117
	420	66		78	
	440	55		66	
	450	49		57	

表 5-11 锅炉承压部件许用应力修正系数

锅炉结构型式	承压部件及其工作条件	修正系数η
水管锅炉	锅筒与集箱筒体	
	（1）不受热（在烟道外或可靠绝热）	1.00
	（2）受热（烟温≤600℃）	0.95
	（3）受热（烟温>600℃）	0.90
	凸形封头、管子及锅炉范围内管道	1.00
锅壳锅炉	承受内压的锅壳和集箱筒体	
	（1）不受热（在烟道外或可靠绝热）	1.00
	（2）受热（烟温≤600℃）	0.95
	（3）受热（烟温>600℃）	0.90
	波形炉胆	0.60
	凸形封头、炉胆顶、半球形炉胆、凸形管板：	
	立式无冲天管锅炉与干汽室的凹面受压凸形封头	1.00
	立式无冲天管锅炉凸面受压的半球形炉胆	0.30
	立式无冲天管锅炉凸面受压的炉胆顶	0.40
	立式冲天管锅炉凹面受压的凸形封头	0.65
	立式冲天管锅炉凸面受压的炉胆顶	0.50
	卧式内燃锅炉凹面受压的凸形封头	0.80
	凹面受压的凸形管板	0.85
	受拉撑平板、管板	0.85
	拉撑件	0.55

第三节　常见受压元件强度计算

一、承受内压薄壳的强度计算

由应力分析可知，承受内压回转薄壳呈双向应力状态，其$\sigma_1=\sigma_\theta$，$\sigma_2=\sigma_\varphi$，$\sigma_3=\sigma_r=0$，因而按第三强度理论得出的当量应力与按第一强度理论得出的当量应力在形式上没有不同，即：

$S_3=\sigma_1-\sigma_3=\sigma_1=S_1$

本节对承压薄壳进行强度计算时，均按第三强度理论分析处理。

（一）计算公式

1.球壳。根据应力分析：

$$\sigma_1=\sigma_2=\sigma_\theta=\sigma_\varphi=\frac{pR}{2\delta}$$

$$\sigma_3=\sigma_r=0$$

$$S_3=\sigma_1-\sigma_3=\sigma_1=\sigma_\theta=\frac{pR}{2\delta}$$

强度条件为：

$$\frac{pR}{2\delta}\leqslant[\sigma]$$

注意式中R为球壳平均半径，对焊制壳体，其公称尺寸以内直径表示，将R转化为内直径D_i，并引入减弱系数φ及附加壁厚C，由强度条件解得的设计壁厚或许用压力分别为：

$$\delta\geqslant\frac{pD_i}{4[\sigma]^t\varphi-p}+C \tag{5-1}$$

$$[p]=\frac{4[\sigma]^t\varphi\delta_y}{D_i+\delta_y} \tag{5-2}$$

式中：δ——球壳设计壁厚，mm；

p——球壳设计或计算压力，MPa；

$[\sigma]^t$——工作温度下壳体材料的许用应力，MPa；

D_i——壳体内直径，mm；

φ——减弱系数，即考虑壳体焊缝或开孔对其强度造成减弱的系数；

C——附加壁厚，mm；

δ_y——有效壁厚，实际壁厚与附加壁厚之差，mm，即$\delta_y=\delta_y-C$；

[p]——壳体的许用压力，MPa。

2.圆筒壳。由应力分析可知，对圆筒壳：

$$\sigma_1=\sigma_\theta=\frac{pR}{2\delta}$$

$$\sigma_2=\sigma_\varphi=\frac{pR}{2\delta}$$

$\sigma_3=0$

强度条件为：

$$S_3=\sigma_1-\sigma_3=\frac{pR}{2\delta}\leqslant[\sigma]$$

考虑减弱系数及附加壁厚，以内直径表达的壳体设计壁厚或许用压力分别为：

$$\delta\geqslant\frac{pD_i}{2[\sigma]^t\varphi-p}+C \tag{5-3}$$

$$[p]=\frac{2[\sigma]^t\varphi\delta_y}{D_i+\delta_y} \tag{5-4}$$

3.椭球壳。由应力分析可知，椭球壳上各点应力是随位置变化的。而作为圆筒壳封头的椭球壳，其赤道部位是与圆筒壳相连接的。在进行椭球壳强度计算时，通常以椭球壳极点为计算点。

在极点处，$\sigma_1=\sigma_2=\sigma_\theta=\frac{pa}{2\delta}(\frac{a}{b})$，$\sigma_3=0$，相应的强度条件式为：

$$\frac{pa}{2\delta}(\frac{a}{b})\leqslant[\sigma]$$

为简化计算，以与椭球封头相连圆筒内半径 $D_i/2$ 代替 a，以封头内高 h_i 代替 b，考虑封头减弱及壁厚附加量，得出椭球封头简化计算式：

$$\delta\geqslant\frac{pD_i}{4[\sigma]^t\varphi}(\frac{D_i}{2h_i})+C$$

在此式的基础上，考虑椭球封头的承压变形及与筒体连接的边界效应，引入形状系数Y，即可得出目前国内锅炉压力容器规范中椭球壳的强度计算公式：

$$\delta\geqslant\frac{pD_iY}{2[\sigma]^t\varphi-0.5p}+C \tag{5-5}$$

$$[p]=\frac{2[\sigma]^t\varphi\delta_y}{YD_i+0.5\delta_y} \tag{5-6}$$

式中，Y为椭球封头形状系数，$Y=\frac{1}{6}[2+(\frac{D_i}{2h_i})^2]$，对锅炉压力容器最常用的标准椭球封头，Y=1。其余符号同前。

（二）设计参数的确定

1.计算压力。计算压力是指在相应设计温度下，用以确定承压部件（球壳、圆筒壳、封头等）壁厚的压力。承压部件的计算压力不得小于设备的最大工作压力。一般情况下，可取为最大工作压力的1.0～1.1倍。最大工作压力是指在正常操作情况下，设备可能出现的最高压力。

有关锅炉各种承压部件及各类压力容器的计算压力具体规定如下：

（1）锅筒的计算压力取锅炉出口额定压力与最大流量时锅筒至锅炉出口压力降之和。若锅炉出口安全阀的较低开启压力与额定压力之差为 Δp_a，则计算压力中应加上此差值。若锅筒所受液柱静压力超过上述所得计算压力的3%，则计算压力中还应加上此液柱压力。

（2）集箱的计算压力取锅炉出口额定压力与最大流量时集箱至锅炉出口压力降之

和。若锅炉出口安全阀的较低开启压力与额定压力之差为Δp_a，则计算压力中还应加上此差值。若集箱所受液柱静压力超过按上述方法所得计算压力的3%，则计算压力中还应加上此液柱静压力。

（3）装设了安全阀的压力容器，其计算压力应不小于安全阀的开启压力；若其部件所受的液柱静压力达到上述计算压力的5%时，则计算压力中还应加上此液柱静压力。

（4）装设了爆破片的压力容器，其计算压力应不小于爆破片的设计爆破压力与爆破片制造范围正偏差之和。若部件还有液柱静压力，则对此液柱静压力的考虑应符合第（3）项规定。

（5）对于盛装液化气体的容器，在规定的充装系数范围内，其计算压力应为介质在最高温度下的饱和蒸气压力，如容器内液柱静压力超过此压力的5%时，则计算压力也应加上此液柱静压力。

2.许用应力。根据钢材种类、设备或部件工作温度及其他工作条件，查本章第二节有关表格确定。

3.减弱系数。

（1）焊缝系数。锅炉、压力容器的承压部件大都是用钢板焊接的，焊接部件的强度要受焊接质量的影响。焊缝系数Φ表示由于焊接或焊缝中可能存在的缺陷对结构原有强度削弱的程度。很明显，这个系数的大小在很大程度上取决于实际的施焊质量，很难预先确定。按《压力容器安全技术监察规程》的规定，由经过考试合格的焊工按规定的焊接工艺规程施焊的容器，焊缝系数令根据焊接接头的形式和焊缝的无损探伤检验要求，按表5-12规定选取。

表5-12 压力容器的焊缝系数Φ

	全部探伤				局部探伤				无法探伤
	钢	有色金属			钢	有色金属			钢
		铝[①]	铜[①]	钛		铝[①]	铜[①]	钛	
双面焊或相当于双面焊全焊透的对接焊缝	1.0	0.85～0.95	0.85～0.95	0.90	0.85	0.85～0.90	0.80～0.85	—	—
有金属垫板的单面焊对接焊缝	0.9	0.80～0.85	0.80～0.85	0.85	0.80	0.70～0.85	0.70～0.80	—	—
无垫板的单面焊环向对接焊缝	—	—				—	0.65～0.70	—	0.60[②]

注：①有色金属焊缝系数均指熔化极惰性气体保护焊，否则应按表中所列系数适当减少。

②此系数仅适用于厚度不超过16mm，直径不超过600mm的壳体环向焊缝。

根据《水管锅炉受压元件强度计算》的规定，经锅炉制造技术检验合格的圆筒体焊缝，其焊缝系数φ_h可按表5-13选取。

表5-13 水管锅炉焊缝减弱系数φ_h

焊接方法	焊缝形式	φ_h
手工焊或气焊	双面焊接有坡口对接焊缝	1.00
	有氩弧焊打底的单面焊接有坡口对接焊缝	0.90
	无氩弧焊打底的单面焊接有坡口对接焊缝	0.75
	在焊缝根部有垫板或垫圈的单面焊接有坡口对接焊缝	0.80
熔剂层下的自动焊	双面焊接对接焊缝	1.00
	单面焊接有坡口对接焊缝	0.85
	单面焊接无坡口对接焊缝	0.80
电渣焊		1.00

锅壳锅炉焊缝减弱系数按GB/T 16508选取。

（2）孔桥减弱系数。锅炉的锅筒、锅壳、集箱等部件常常开设一定数量的孔口，以便与管子或管道连接。锅炉承压部件上所开的孔，除人孔外，一般孔径不大，数量较多，排列较密。壳体上开孔减少了金属承载面积，增大了开孔区特别是孔边的应力，必然会削弱部件的承压能力。在密排开孔区，相邻两孔间的金属部分叫孔桥。孔桥部位被开孔削弱的程度用孔桥减弱系数表示。锅筒、锅壳、集箱上所开的孔，其排列是有一定规律的。有的沿圆筒的轴线方向分布，属纵向孔排；有的沿圆筒体的周向分布，属周向孔排；有的既不是轴向也不是周向的，则为斜向孔排。因此它们也具有各自不同的孔桥减弱系数。

当相邻两孔直径相等时，孔桥减弱系数按下列方法计算：

纵向孔桥减弱系数：

$$\varphi=\frac{t-d}{t}$$

式中：t——相邻两纵向孔的中心距离；

d——孔径。

周向孔桥减弱系数：

$$\varphi'=\frac{t'-d}{t'}$$

式中，t’是相邻两周向孔中心线间的圆弧长度。由于大小不同的半径对应的圆弧长度不同，即从圆筒的内径到外径处，两孔间的圆弧长度是逐渐增加的，所以规定t’是平均半径处两孔中心线间的圆弧长度。

斜向孔桥减弱系数：

$$\varphi''=\frac{t''-d}{t''}$$

式中，t"是相邻两斜向开孔中心线沿平均半径部位的曲线长度。如果相邻斜向二孔中心线间沿纵向的距离是b，沿周向截面平均半径部位的弧长为a，则近似有：$t''=\sqrt{a^2+b^2}$。

计算减弱系数时，总是把斜向孔桥减弱系数乘上一个折算系数，将其折算成与纵向孔桥减弱系数相当的系数，称为斜向孔桥当量减弱系数，即：

$\varphi_d = K_{\varphi''}$

式中的折算系数K：

$$K=\frac{1}{\sqrt{1-\frac{0.75}{(1+m^2)^2}}}$$

而m=b/a

纵向孔桥和周向孔桥都可以看作斜向孔桥的特殊情况。对纵向孔桥来说，a=0，b=t，m→0，K=1，$\varphi_d=\varphi$，即不需折算；对周向孔桥来说，b=0，a=t'，m=0，K=2，$\varphi_d=2\varphi'$，即周向孔桥折算成纵向孔桥时，折算系数为2。一般斜向孔桥的折算系数K值在1～2之间。

圆筒体上开孔数量很多，对不同孔径、孔距及方向的开孔，每相邻两孔都需计算孔桥减弱系数，因而φ，φ'及φ_d就不是一个。在计算出圆筒体的全部孔桥减弱系数，并查得圆筒的焊缝减弱系数φ_h后，取φ，2φ'，φ_d及φ_h中的最小者作为开孔焊接筒体的最小减弱系数φ_{min}，以φ_{min}作为强度计算式中的进行计算。

当相邻两孔孔径不相同时，计算孔桥减弱系数，d应取其平均孔径d_p［d_p=（d_1+d_2）/2］。

4.附加壁厚。附加壁厚是考虑部件在用材、加工和使用期间器壁有可能减薄而需要增加的厚度。从选定钢板最小厚度的角度要求，附加壁厚C应包括三部分：钢板（管）负偏差C_1、腐蚀裕度C_2，加工减薄量C_3。C_1和C_3是为了使部件制成品的壁厚不小于需要的壁厚（计算壁厚加腐蚀裕量）。C_2是要使部件在设计使用期限内的壁厚始终不小于计算壁厚，以保证设备使用寿命。

（1）钢板或钢管负偏差（即实际厚度与名义厚度的最大偏差）C_1。可根据钢板或钢管标准规定的数据选用。

（2）腐蚀裕量C_2。根据工作介质对部件材料的腐蚀速度和设备的设计使用寿命而定（理论上的C_2为此二者的乘积）。一般按经验数据选用。对介质无明显腐蚀作用的碳素钢和低合金钢容器，一般可取C_2不小于1mm；对介质腐蚀性极微的不锈钢容器，取C_2=0。对水管锅炉，一般取C_2=0.5mm，若计算壁厚大于20mm时，则可不必考虑。

（3）加工减薄量C_3。可视部件的加工变形程度和是否加热而定，由制造单位依据加工工艺和加工能力自行选取。按GB 150—98的规定，钢制压力容器设计图纸上注明的厚度不包括加工减薄量。

二、圆形平封头的强度计算

锅炉和压力容器中采用的平封头或平盖板，有圆形、椭圆形及长圆形等种，其中封头是指与筒体焊接或用其他方法刚性连接在一起的结构，盖板则是盖压在圆筒端部的活动密封结构，典型的如人孔、手孔盖板。平封头与平盖板的周边支承情况有明显不同，前者接近固支，后者接近铰支。

这里仅介绍圆形平封头的强度计算。

由应力分析得出，对承受均布压力的圆形平板，不论周边支'承情况如何，其最大弯曲应力都可用下式表示：

$$\sigma_{\max}=\alpha\frac{pR^2}{\delta^2}$$

周边铰支时

$$\alpha=\frac{3(3+\mu)}{8}=1.24$$

周边固支时

$$|\alpha|=\frac{3}{4}=0.75$$

由于圆平板受压属于双向弯曲，沿板厚方向的应力为0，则$\sigma_1=\sigma_{max}=apR^2/\delta^2$，$\sigma_3=0$，按第三强度理论得出的圆平板强度条件为：

$$S_3=\sigma_1-\sigma_3=\sigma_{\max}=\alpha\frac{pR^2}{\delta^2}\leqslant[\sigma]$$

由此解出的圆平板或圆形平封头设计壁厚和许用压力为：

$$\delta\geqslant KD_i\sqrt{\frac{p}{[\sigma]}}\tag{5-7}$$

$$[p]=(\frac{\delta}{KD_i})^2[\sigma]\tag{5-8}$$

式中：D_i——与平封头相连圆筒体的内径，mm；

p——平封头的设计压力或计算压力，MPa；

[σ]——平封头材料的许用应力，MPa；

K——与平封头周边支承情况有关的系数，由α换算得出。

对锅炉集箱平封头（平端盖），当无孔时一般取K=0.40，当盖上开孔时一般取K=0.45；对压力容器平封头，K^2值在0.16～0.44之间，因平封头的结构及与圆筒体连接方式而异，在GB150中以表格形式给出。

需要注意的是，上述δ，[p]的计算式是依弹性失效准则得出的，即控制平封头表层应力最大点的应力不超过屈服应力。由于应力最大点屈服时表面层其余点并未屈服，表层屈服时平板内层并未屈服，所以这样控制失效有相当大的安全裕度，因而不用在设计壁厚上添加附加壁厚C。

三、单层厚壁圆筒的强度计算

锅炉中所有的圆筒形元件，包括锅筒、锅壳、集箱、管子及管道，都是按薄壁圆筒进行强度设计计算的。

中低压容器及常用高压容器的圆筒形元件也按薄壁圆筒进行强度计算。对于设计压力p>0.4[σ]的高压、超高压圆筒形容器，可考虑用厚壁计算公式进行计算。但我国迄今尚未颁布这方面的正式规范。

对厚壁圆筒，由于承受内压时内壁面上应力最大，且

$$\sigma_{\theta i}=\frac{K^2+1}{K^2-1}p$$

$$\sigma_{\varphi i}=\frac{p}{K^2-1}$$

$$\sigma_{ri}=-p$$

因而可按弹性失效准则及不同强度理论分别对设计壁厚进行计算。

（一）一强计算公式

$$S_1=\sigma_1=\sigma_{\theta i}=\frac{K^2+1}{K^2-1}p\leqslant[\sigma]^t$$

解之得：

$$K\geqslant\sqrt{\frac{[\sigma]^t+p}{[\sigma]^t-p}}$$

以圆筒内半径作公称计算尺寸，考虑附加壁厚，则：

$$K\geqslant R_i\left(\sqrt{\frac{[\sigma]^t+p}{[\sigma]^t-p}}-1\right)+C \tag{5-9}$$

式中：δ——厚壁圆筒的设计壁厚，mm；

R_i——厚壁圆筒内半径，mm；

$[\sigma]^t$——圆筒材料在使用温度下的许用应力，MPa；

p——容器计算压力，MPa；

C——附加壁厚，mm。

（二）三强计算公式

$$S_3=\sigma_1-\sigma_3=\frac{K^2+1}{K^2-1}p-(-p)=2\frac{2K^2}{K^2-1}p\leqslant[\sigma]^t$$

解之得

$$K\geqslant\sqrt{\frac{[\sigma]^t}{[\sigma]^t-2p}}$$

$$\delta\geqslant R_i\left(\sqrt{\frac{[\sigma]^t}{[\sigma]^t-2p}}-1\right)+C \tag{5-10}$$

（三）四强计算公式

$$S_4=\frac{\sqrt{2}}{2}\sqrt{(\sigma_1-\sigma_2)^2+(\sigma_2-\sigma_3)^2+(\sigma_3-\sigma_1)^2}=\frac{\sqrt{3}K^2}{K^2-1}p\leqslant[\sigma]^t$$

解之得：

$$K\geqslant\sqrt{\frac{[\sigma]^t}{[\sigma]^t-\sqrt{3}p}}$$

$$\delta\geqslant R_i\left(\sqrt{\frac{[\sigma]^t}{[\sigma]^t-\sqrt{3}p}}-1\right)+C \tag{5-11}$$

上述厚壁圆筒强度计算公式，在国外规范中均有应用。

四、承受外压元件的失效控制

锅炉和压力容器中有大量的承受外压的元件，包括锅壳锅炉中的炉胆、炉胆顶、烟管、炉门圈、喉管，压力容器中夹套容器的内筒、真空容器等。承受外压的元件，就几何形状而言，有圆筒、球壳、锥壳、椭球壳等。

外压元件的失效，除了因强度不足引起的强度失效外，还有因稳定性不足而引起的失稳失效。因此，外压元件的强度设计必须与稳定性设计兼顾，以保证元件的使用安全。研究表明，在有些情况下，失稳失效先于强度失效发生，此时避免失稳失效成为元件安全设计的主要问题。比如对承受外压且$\delta/D_o\leqslant1/20$的薄壁圆筒，周向失稳往往发生在强度失效之前，所以稳定性计算成为外压薄壁圆筒的主要问题。而对于$\delta/D_o>1/20$的承受外压圆筒，则难以预测周向失稳在先还是强度失效在先，需要兼顾强度与稳定性。

对外压元件进行强度计算与强度控制，其原则和方法与对内压元件相同，即依据强度条件，控制元件壁面中的压缩当量应力不超过许用应力，从而设计元件壁厚或确定元件许用压力。

对外压元件进行稳定性计算，就是控制元件承受的外压不超过元件的稳定临界压力p_c，并给出必要的稳定性安全裕度。

各类外压元件的失效控制方法概括如下：

第一，锅炉炉胆。兼顾强度及稳定性，即从强度失效控制及稳定失效控制角度各算得一个壁厚或许用压力，取用其安全裕度较大者为确用值；

第二，锅炉烟管。δ/D_o较大，刚度较大，仅进行强度计算即可保证安全；

第三，$\delta/D_o\leqslant1/20$的外压圆筒容器。仅进行稳定性计算；

第四，$\delta/D_o>1/20$的外压圆筒容器。兼顾强度及稳定性；

第五，承受外压的球壳。仅进行稳定性计算；

第六，承受外压的凸形封头。仅进行强度计算（锅炉用）或稳定性计算（压力容器用）。

第四节　薄壁筒体开孔补强

前已述及，根据使用要求，在锅炉锅筒、集箱及压力容器上总要开数量很多、大小不一的孔。有的孔排列得较为密集和规则，称为孔排，例如锅筒上的水冷壁和对流管束管孔；有的孔孔间距离较大，孔径也较大，例如人孔、主汽管孔、下降管孔等。开孔对壳体强度有一定程度的减弱，并在开孔及接管边缘造成应力集中，必须在强度计算中予以考虑。

通常从两个角度来考虑和补偿开孔对筒体强度的影响：其一，在计算筒体壁厚时，考虑孔排的减弱作用，引进孔桥减弱系数，从整体上增加筒体的壁厚，补偿孔排对强度的影响；其二，对个别大直径的单孔及过于密集的孔排，进行补强计算和补强处理。

所谓补强，就是在开孔边缘部位适当添加金属，以弥补开孔对筒体（封头）强度的减弱。补强主要对象是薄壁圆筒壳，也有压力容器中的球壳及凸形封头。

一、开孔对筒体强度的减弱情况

为了对开孔所引起的筒体强度减弱情况有较确切的了解，下边首先对平板上开孔的情况作一介绍。

（一）单向受力平板上开单孔（见图5-2）

若平板宽度为B，开孔直径为d，B>>d；沿平板宽度均匀分布着拉伸应力σ，由弹性力学得出，横截面aa'上的应力分布为：

$$\sigma_{aa'}=\frac{\sigma}{2}\left(2+\frac{d^2}{4\rho^2}+\frac{3d^4}{16\rho^4}\right) \tag{5-12}$$

式中：d——开孔直径；

ρ——截面上某点离孔中心的距离。

最大应力位于孔边缘a处：

$\sigma_a=\sigma_{\max}=3\sigma$

在aa'截面上，随着ρ的增加，应力很快衰减：

当ρ=d时，$\sigma_{aa'}=1.22\sigma$

当ρ=2d时，$\sigma_{aa'}=1.04\sigma$

可见，在孔边缘aa'截面上的应力分布特点是：孔边应力很大，衰减很快，即在孔边形成应力集中。应力集中系数$K=\sigma_{max}/\sigma=3$。纵截面bb'上的应力分布也有相似的情况。

即在通过孔中心的纵截面上，由于开孔的影响，在单向应力作用下孔边缘b点受到压缩应力的作用，但这种压缩应力很快衰减到接近零的程度。

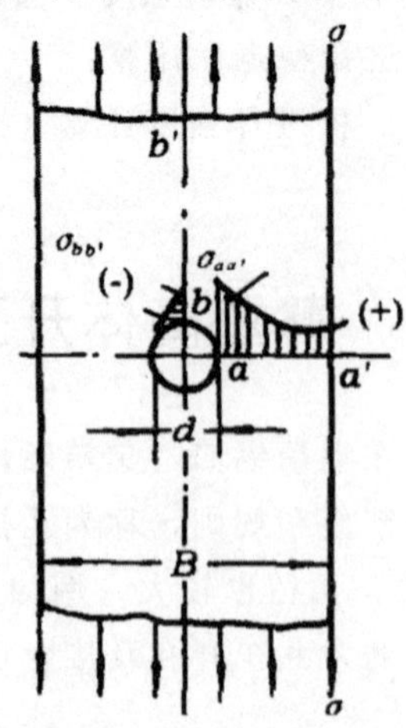

图5-2 单向拉伸平板孔边应力分布

（二）双向受力平板上开单孔

若互相垂直的两个方向上的拉伸应力分别为σ_θ及σ_φ，则孔边缘的应力情况可根据上述的单向应力情况叠加而得：

当σ_θ单独作用时：$\sigma_a' = 3\sigma_\theta$，$\sigma_b' = -\sigma_\theta$

当σ_φ单独作用时：$\sigma_a'' = -\sigma_\varphi$，$\sigma_b'' = 3\sigma_\varphi$

当σ_θ及σ_φ共同作用时，则有：

$$\sigma_a = 3\sigma_\theta - \sigma_\varphi$$

$$\sigma_b = 3\sigma_\varphi - \sigma_\theta$$

当$\sigma_\theta=2\sigma_\varphi$时（相当于圆筒壳承受内压后的应力状态），则有：

$$\sigma_a = 3\sigma_\theta - \frac{1}{2}\sigma_\theta = 2.5\sigma_\theta$$

$$\sigma_b = 1.5\sigma_\theta - \sigma_\theta = 0.5\sigma_\theta$$

即孔边缘的应力集中系数K为2.5。

（三）圆筒上开孔的应力情况

在圆筒壳上开孔时，筒体的曲率对孔边缘的应力是有影响的，当$d/\sqrt{D_i\delta} \ll 1$（式中D_i为圆筒内径，δ为圆筒壁厚，d为开孔直径）时，筒体在内压作用下孔边缘的最大环向应力为：

$$\sigma_{\theta\max} = 2.5\sigma_\theta\left(1+1.15\frac{d^2}{D_i\delta}\right) \tag{5-13}$$

式中：σ_θ——筒体未开孔时的环向应力。

可以看出，圆筒壳上开孔时，孔径越大，筒径越小，孔边的应力集中系数越大。随着离孔中心距离的增加，孔边应力迅速衰减。筒体上单孔与孔排的区分，正是根据孔边应力迅速衰减这一特点进行的。对一定内径D_i，壁厚δ的筒体及一定的开孔直径d，存在一个确定的孔距t_0，$t_0 = d + 2\sqrt{(D_i+\delta)\delta}$，称做孔间互不影响间距。相邻两孔的实际开孔距离t一般不等于孔间互不影响间距t_0。当相邻两孔的间距足够远（$t \geqslant t_0$），两孔孔边的应力集中影响不至两孔中部孔桥的应力分布时，就把两孔分别看做单孔；当相邻两孔间距较小（$t < t_0$），孔边应力集中在孔桥部位叠加，使整个孔桥部位的应力大于未开孔时的应力水平，则两孔就组成了孔排。

二、未加强单孔的最大允许直径

对于没有开孔减弱的圆筒形元件，在内压作用下，其最小需要壁厚为：

$$\delta_{\min} = \frac{pD_i}{2[\sigma]-p} + C$$

实际取用壁厚δ一般大于最小需要壁厚$\delta_{\min}$。即实际壁厚除了承压外，一般都有富裕量。

筒体上开孔会减弱筒体的强度。孔径越大，孔边应力集中越严重，对筒体强度的减弱越厉害；孔径越小，对筒体强度的减弱越轻微。显然，可以根据筒体壁厚的富裕量，将开孔直径限制在一定范围，使开孔所造成的对筒体强度的减弱正好由筒体的富裕壁厚来补偿。

也就是说，对于未被开孔减弱的圆筒形元件，由于其实际壁厚有富裕量，不是绝对不能承受开孔减弱，而是只能承受在允许开孔直径之内的开孔减弱。

对于考虑了孔排减弱的圆筒形元件，其最小需要壁厚和实际取用壁厚都远远大于没有开孔减弱的圆筒形元件相应的壁厚值。在这种筒壳的无孔区或稀疏孔区（（$t>t_0$），筒壳壁厚除了用于承受内压引起的应力外，有更大的富裕量。也就是说，在考虑了孔排减弱的圆筒壳上，如果某些孔的间距t大于互不影响间距t_0，可以分别看作单孔，则由于单孔处的壁厚有足够的富裕量，只要孔径不超过一定值，单孔所引起的强度减弱同样可以由筒体富裕壁厚补偿。

综合上述两种情况可知，对于实际取用壁厚δ大于最小需要壁厚δ_{min}的筒体，一定孔径的开孔是允许的，并不会减弱筒体强度。这种不影响筒体强度的最大开孔孔径称为未加强单孔的最大允许直径［d］。

圆筒体上未加强单孔的最大允许直径［d］可按下面的经验公式计算：

$$[d]=8.1\sqrt[3]{D_i\delta_y(1-K)}\ \text{mm} \tag{5-14}$$

式中：D_i——筒体内径，mm；

δ_y——筒体有效壁厚，mm，$\delta_y=\delta-C$；

K——表示筒体壁厚富裕程度的系数。

$$K=\frac{pD_i}{(2[\sigma]-p)\delta_y}=\frac{\delta_0}{\delta_y} \tag{5-15}$$

式中，$\delta_0=pD_i/(2[\sigma]-p)$是未减弱筒体的理论计算壁厚。

系数K是未减弱筒体的理论计算壁厚与筒体有效壁厚的比值。K值越小，表示壁厚的富裕程度越大，相应的未加强单孔最大允许直径［d］也就越大。

式（5-14）已被国内外应用多年，实践证明它所确定的［d］是安全的。

锅炉筒体未加强单孔的最大直径不能超过200mm。

三、单孔补强

当圆筒体上单孔的孔径大于［d］时，应将此单孔补强，以降低孔边缘的应力高峰，使孔边强度不低于圆筒体其他部分。

（一）补强结构

实验表明，位于开孔边缘的筒体富裕壁厚、接管富裕壁厚、垫板、焊缝金属等都有补强作用，因而接管、垫板是最常见的补强件。补强件与被补强元件的连接形式叫补强结构。

补强结构必须满足一定的要求。管接头焊到开孔上当作补强结构时，管接头的壁厚除能承受内压外必须有足够的富裕量；内插式管接头必须双面焊接；单面焊接的管接头焊缝必须开坡口。

不开坡口单面焊接的管接头，不能当作补强结构。

（二）补强有效范围

接管、垫板等补强件的补强金属，只在孔边缘区域的一定范围内才能起补强作用。

应力分析和实验都表明，补强的有效范围，在筒体的轴线方向为2倍孔径，即补强有效宽度$b=2d_i$。在孔的轴线方向，对锅炉筒体，从筒体壁面起算，当δ_1/d_i（接管壁厚/接管内径）≤0.19时，取外部补强高度$h_1=2.5\delta_1$或$h_1=2.5\delta$（δ为圆筒厚度）中的较小值；当$\delta_1/d_i>0.19$时，取$h_1=\sqrt{(d_i+\delta_1)\delta_1}$。对压力容器，取$h_1=\sqrt{d\delta_1}$及实际外伸长度二者之中的较小值（d为开孔直径）；当接管内伸至筒内壁以里时，取内部补强高度h_2为接管实际内伸高度（但不应超过h_1）。

（三）补强原则和计算公式

我国锅炉压力容器强度计算中，根据“等面积补强”原则进行补强计算。即在过筒体轴线及开孔中心线的纵截面中，在有效补强范围内，筒体及补强结构除了自承受内压所要的面积外，多余的面积$\bar{A}$（称为补强面积）应不小于未开孔筒体由于开孔所减少的面积A（称补强需要的面积）。即：

$\bar{A}\geqslant A$

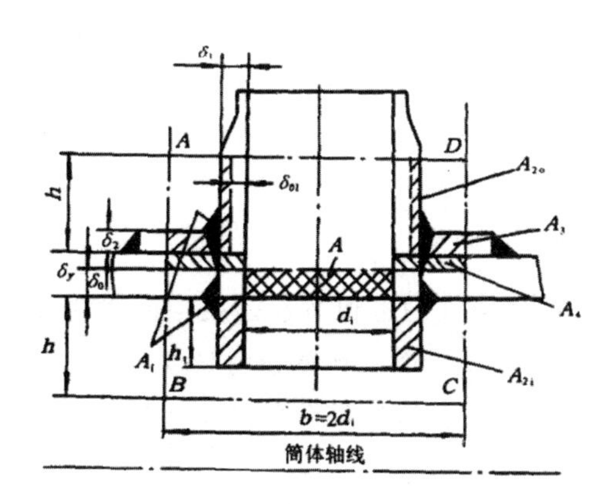

图5-3 开孔补强计算

如图5-3所示，未开孔筒体承受内压所需要的壁厚为：

$$\delta_0=\frac{pD_i}{2[\sigma]-p}$$

若管接头内径（或开孔直径）为d_i，则开孔后所需要的补强面积为：

$A=d_i\delta_0$

补强面积包括以下几部分：

其一，有效补强范围内的焊缝面积A_1。

若焊脚高度为则e，$A_1=e^2$（单面焊）或者$A_1=2e^2$（双面焊）。

其二，有效补强范围内管接头承受内压外的多余面积A_2。

管接头承受内压所需的壁厚为：

$$\delta_{01}=\frac{pd_i}{2[\sigma]_1-p}$$

式中：$[\sigma]_1$——管接头材料的许用应力。

对于单面焊管接头，多余面积为：

$A_2=A_{2o}=2h_1(\delta_{y1}-\delta_{01})$

式中：$\delta_{y1}=\delta_1-C$为管接头的有效壁厚，δ_1为管接头的取用壁厚。

对于双面焊内插式管接头，内插部分并不承受内压，因而内插部分可全部作为补强面积。

$A_{2i}=2h_2\delta_{y1}$

式中：h_2——管接头插入筒体内部分的高度。

此时管接头总的多余面积内：

$A_2=A_{2o}+A_{2i}=2h_1(\delta_{y1}-\delta_{01})+2h_2\delta_{y1}$

其三，有效补强范围内垫板的有效面积 A_3。

在有效补强范围内垫板的面积为 $\delta_2(b-d_i-2\delta_1)=2\delta_2(d_i-2\delta_1)$。实践表明，垫板的补强效果较差，在计算其补强面积时需乘以0.8：

$A_3=0.8\delta_2(d_i-2\delta_1)$

式中：δ_2——垫板厚度。

其四，有效补强范围内筒体承受内压外的多余面积 A_4。

$A_4=(b-d_i)(\delta_y-\delta_0)=d_i(\delta_y-\delta_0)$

式中：δ_y——筒体有效壁厚，$\delta_y=\delta-C$。

因此单孔的补强条件式为：

$$\bar{A}=A_1+A_2+A_3+A_4\geqslant A \tag{5-16}$$

（四）补强面积的分布

“等面积补强”是一种经验性的近似方法。长期的实践经验证实，按照这种方法进行补强计算能保证足够的强度，而且计算较为简便。但是“等面积补强”并不考虑补强面积在有效补强范围内的分布情况。当系数 $K=\delta_0/\delta_y$ 较小时，按等面积补强原则进行补强计算，就会出现不够合理的现象。

例如当 K=0.5 时，根据 $[d]=8.1\sqrt[3]{D_i\delta_y(1-K)}$ 可以计算出，相应的 $[d]=8.1\sqrt[3]{D_i\delta_y}$，如筒体上开孔直径 d_i>［d］即需要补强；但根据等面积补强原则，当K=0.5时，$A_4=d_i(\delta_y-\delta_0)=d_i(2\delta_0-\delta_0)=d_i\delta_0=A$

即在有效补强范围内筒体本身的多余面积就足以补偿开孔的减弱，不论开孔多大，都不需要用其他补强机构进行补强。显然，上述两种结果是矛盾的，出现矛盾的原因就在于，“等面积补强”只要求 $\bar{A}>A$，而没有考虑 $\bar{A}$ 在有效补强范围内的分布，没有考虑 $\bar{A}$ 的实际补强效果。实际上，由于孔边缘的应力集中是迅速衰减的，补强面积离孔边缘越近，补强效果就越好。当K值较小时，筒体承受内压之外的多余壁厚较多，相应地在有效补强范围内离孔边缘较远的补强面积比重增大，但这些补强面积实际上不能完全起到补强作用。

因而我国锅炉强度计算标准规定，在有效补强范围内，补强需要面积的2/3应布置在离孔边缘（1/4）d_i的范围内。

四、锅炉筒体开孔补强的几种情况

在对开孔的锅炉筒体进行强度计算时，会遇到各种不同的组合情况，需要考虑的因素及计算步骤也较为复杂。下面针对几种可能遇到的开孔情况，讨论和归纳一下强度计算时的处理原则。

首先根据公式 $t_0=d+2\sqrt{(D_i+\delta)\delta}$ 计算出孔间互不影响间距 t_0。

然后根据公式 $[d]=8.1\sqrt[3]{D_i\delta_y(1-K)}$ 计算出未加强单孔的最大允许直径 [d]。

在此基础上，对筒体上开孔的各种组合情况进行分析。

（一）孔径 $d_i\leqslant$ [d] 且节距孔 $t\geqslant t_0$ 的孔

对这类孔可不作任何强度核算，它们有足够的强度。

（二）孔径 $d_i>$ [d] 且节距孔 $t\geqslant t_0$ 的孔

该类孔可作需要补强的单孔处理，应分别对它们进行单孔补强计算。

（三）孔径 $d_i\leqslant$ [d] 且节距孔 $t<t_0$ 的孔

这类孔作为孔排处理，在强度计算中引入孔桥减弱系数进行补偿。如最小减弱系数过小，可进行孔桥补强计算，以适当增大最小减弱系数。

（四）孔径 $d_i>$ [d] 且节距孔 $t<t_0$ 的孔

这是筒体上开孔最不利的一种情况。当相邻两孔中仅有一孔的直径大于 [d] 时，则对此孔进行单孔补强计算，如满足补强要求，将此孔作无孔处理；当相邻两孔都大于 [d] 时，则应在理论分析或试验的基础上进行慎重研究处理。在筒体强度设计中应避免出现这种情况。

第五节　锅炉压力容器结构设计的一些问题

一、结构设计总体要求

锅炉、压力容器的安全问题，涉及到设计、制造、安装、使用等各个环节。从设计角度考虑部件结构的安全可靠性，主要有以下几个方面：承压部件要有足够的强度，且使结构各部分受力尽量均匀合理，减少应力集中；受热系统及部件的胀缩要不受限制；受热系统及部件要得到可靠的冷却。其总体要求如下：

第一，避免结构上的形状突变，使其平滑过渡。承压壳体存在几何形状突变或其他结构上的不连续，都会产生较高的局部应力，因此应该尽量避免。实在难以避免时必须采取平滑过渡的结构形式，防止突变。

第二，能引起应力集中或削弱强度的结构应互相错开。在锅炉和压力容器中，总是不可避免地存在一些局部应力较高或对部件的强度有所削弱的结构，如开孔、转角、焊缝等。这些结构在位置上应相互错开，以防局部应力叠加，产生更高的局部应力，导致设备的破坏。

第三，避免产生较大的焊接应力或附加应力的刚性焊接结构。刚性大的焊接结构既可以使焊接构件因焊接时的膨胀或收缩受到约束，产生较大的焊接应力，也可以使壳体在压力或温度变化时的变形受到约束，产生附加的弯曲或拉伸应力。因此在设计时应采取措施予以避免。

第四，受热系统及部件的胀缩不要受限制。受热部件如果在热膨胀时受到外部或自身限制，在部件内部即产生热应力。在设计时应采取措施，使受热部件不受外部约束，减小自身约束。

第五，对锅炉受热系统，要保证适当的水位和可靠的水循环，合理调节过热蒸汽温度，使受热面得到可靠冷却。

上述要求除第五项外，其余均属于锅炉压力容器部件结构强度设计问题。

二、对封头结构的要求

第一，锅炉、压力容器的凸形封头最好采用椭球封头，并选用标准形式。标准椭球封头的长短轴比值（封头半径与不包括直边高度在内的封头高度之比）为2。采用非标准楠球封头时，长短轴之比值不得大于2.6。

第二，在封头半径与高度之比值相同的情况下，碟形封头较楠球封头存在较大的弯曲应力，因此应尽量少采用碟形封头。采用碟形封头时，封头过渡区的转角半径应不小于封头内直径的10%，且应不小于封头厚度的3倍，以防止封头在过渡部分或其附近产生更高的弯曲应力。

第三，无折边球形封头使筒体产生较大的附加弯曲应力，因此只适用于直径较小、压力较低的容器。在任何情况下，无折边球形封头的球面半径都不应大于圆筒体的内直径。因为封头球面半径过大将与平板封头相似，产生很高的边界应力。确定无折边球形封头的厚度时，应核算与其连接的圆筒体的不连续应力，务必使筒体的最大合成应力（包括不连续应力在内）不超过材料屈服点的2倍。封头与筒体必须采用保证全焊透的焊接结构。

第四，锥形封头只在容器的生产工艺确实需要的情况下才采用。无折边锥形封头的半顶角α不得大于30°。半顶角α大于30°的锥形封头应采用折边的结构或在锥体与筒体的连接处采用加强结构，以避免产生过高的附加弯曲应力。采用折边锥形封头时，折边过渡区的转角内半径应不小于圆筒内直径的10%，且应不小于锥体厚度的3倍。

第五，除锅炉集箱采用合理结构的平端盖外，平板角焊封头一般不宜用于压力容器。需要采用时应有足够的厚度，并采用保证全焊透的焊接结构。

第六，用多块扇形板组拼的凸形封头必须具有中心圆板，中心圆板的直径应不小于封头直径的1/2。

三、对焊接接头的要求

当筒体与不同形式的封头及其他端部结构（管板、下脚圈等）连接时，在连接处因结构不连续或变形不连续会产生附加应不同几何形状在连接处变形不连续是难以避免的，而结构上的明显不连续会导致较大附加应力，应尽量避免。实在难于避免时应采取适当的结构措施，使形状突变转换为形状渐变或圆滑过渡。

由于目前锅炉和压力容器大都为焊接结构，焊接结构形式直接影响着部件的结构形式，因而在考虑部件结构时，必须考虑和选用合理的焊接接头形式。焊接接头的基本形式有对接接头、搭接接头、角接接头等。

对接接头所形成的结构基本上是连续的，接头及所连接母材中的受力比较均匀，是各种焊接结构中采用最多也是最完善的结构形式。锅炉承压部件中大部分焊缝是对接接头。焊制压力容器的筒体纵向接头，筒节与筒节连接的环向接头，以及封头、管板的拼接接头，必须采用全焊透的对接接头形式。

封头与筒体的连接焊缝必须采用全焊透结构，特别是平板封头、无折边球形封头及锥形封头，更应在结构设计上确保焊透，不开坡口的浮焊结构或单面开坡口无法焊透的结构不得采用。凸形封头与筒体的连接一般都应采用对接接头。个别压力容器因受条件限制不得不采用搭接时，应双面搭接，搭接的长度不应小于封头厚度的4倍，且不应小于25mm。不同厚度的钢板对接时，应将较厚的部分削薄，削成的斜度不应大于1∶4（锅炉）或1∶3（压力容器）。

搭接接头、角接接头所形成的焊缝都是角焊缝，焊缝所连接两部分钢板不在同一平面或曲面上。角焊缝及其附近受力时，应力状态比较复杂，应力集中比较严重，除了拉伸、压缩应力外，往往还有剪切应力和弯曲应力。能采用对接焊缝时应尽量采用对接焊缝，尽量避免角焊缝。在锅炉、压力容器中，角焊缝有时是避免不了的，例如有些平管板、平封头与筒体及炉胆的连接，管接头与筒体或封头的连接，角撑板与筒体及封头的连接，S形下脚圈与筒壳的连接等。

将平封头、平管板、平端盖经扳边后与筒体对接，是避免角焊缝的典型例子。采用扳边结构后，用对接代替了角焊，减小了接缝处因几何形状不连续所造成的应力集中，避免了焊缝和几何形状变化的叠加。扳边结构不仅在筒体与平板连接处广泛采用，近年来也被用于大直径管与筒体的连接。采用扳边结构时，扳边圆弧内半径不应小于2倍壁厚，且至少应为38mm。

当必须采用角焊结构时，要选用合理的焊接坡口形式，尽量双面焊接，保证焊透，保证焊缝具有足够的强度及一定的抗弯能力。同时，对平封头及管板，应采用必要的加强机构，例如各种形式的拉撑板、加强板等，来提高焊缝及其所连接部位的强度，降低平板及其被连接部位的应力水平。即使如此，这样的部件也只能用在低压及较低温度的场合。

四、对减弱环节的要求

锅炉、压力容器承压部件上的减弱环节，主要指各种开孔、焊缝及部件形状和厚度的变化。这些因素会降低部件的承载能力，因此在进行部件结构和工艺设计时，一个重要原则是避免减弱环节的叠加，在保证满足工作需要的条件下，尽量使上述减弱环节在部件上均衡分布，即尽量减小部件各处强度的差异，增加部件结构各处的等强度性。有关规范对锅炉和压力容器的开孔、焊缝的布置作出了严格而具体的规定。

（一）关于开设检查孔的要求

为了便于对锅炉、压力容器定期进行内部检验和清扫，在锅炉和容器上应开设必要的人孔、手孔、检查孔等。

首先，内径≥800mm的锅筒、容器都应在筒体或封头上开设人孔，椭圆人孔的尺寸不应小于280mm×380mm。

其次，直径小的容器应开设检查用的手孔，手孔短轴不得小于80mm。

锅炉和工作介质为高温或有毒气体的容器，为了避免介质喷出伤人，承压部件的人孔盖、手孔盖应采用内闭式，盖的结构应保证密封垫圈不会被气体吹出。

（二）开孔位置与尺寸限制

1.容器壳体（包括圆筒体与封头）上所开的孔一般应为圆形、椭圆形或长圆形。在壳体上开椭圆形或长圆形孔时，孔的长径与短径之比应不大于2。

2.在圆筒体上开椭圆形或长圆形孔时，为了减小开孔对筒体强度的削弱，孔的短径一般应设在筒体的轴向。

3.壳体上的所有开孔宜避开焊缝。胀接管孔中心与焊缝边缘的距离应不小于0.8d（d为管孔直径），且不小于0.5d+12mm。锅炉集中下降管孔不得开在焊缝上，其他焊接管孔也应避免开在焊缝上及其热影响区。

4.在圆筒体上开孔，对于内径不大于1500mm的圆筒，最大孔径不应超过筒体内径的1/2，且不大于520mm；对于内径大于1500mm的圆筒，最大孔径不应超过筒体内径的1/3，且不大于1000mm；开孔之间应有一定距离，开孔过大、过密应按规定进行补强处理。

5.凸形封头或球形容器开孔，最大孔径应不大于壳体内直径的1/2；锥形封头的开孔最大直径应不大于孔中心处锥体内径的1/3；平端盖开孔时，中心孔的直径与端盖内直径之比不应大于0.8，平端盖上任意两孔的间距不得小于其中小孔的直径，孔边缘与平端盖边缘之间的距离不应小于平端盖厚度的2倍，孔不得开在内转角过渡圆弧上。

（三）关于焊缝的要求

1.焊缝与焊缝不得十字交叉，相邻焊缝之间应有足够的距离。

（1）筒体拼接时，最短筒节的长度对中低压锅炉不应小于300mm，对高压锅炉不应小于600mm；对等厚度锅筒，每个筒节的纵向焊缝数量不得多于2条，且两条纵缝中心线间的外圆弧长，对中低压锅炉不应小于300mm，对高压锅炉不应小于600mm；对锅炉锅筒及压力容器筒体，相邻筒节的纵焊缝应互相错开，错开二纵焊缝中心线之间的外圆弧长应为较厚钢板厚度的3倍并且不小于100mm。

（2）封头、管板应尽量用整块钢板制造，必须拼接时，允许用两块钢板拼接即允许有一条拼接焊缝。封头拼接焊缝离封头中心线距离应不超过$0.3D_i$（D_i——封头公称内径），并不得通过扳边人孔，且不得布置在人孔扳边圆弧上。管板上整条拼接焊缝不得布置在扳边圆弧上，且不得通过扳边孔。

（3）U形下脚圈的拼接焊缝必须径向布置，两焊缝中心线间最短弧长不应小于300mm。

（4）锅壳直接受火焰加热时，纵焊缝应尽量避免布置在受火焰辐射部位。

2.在承压部件主要焊缝上及其邻近区域，应避免焊接零件。如不能避免时，焊接零件的焊缝可穿过主要焊缝，而不要在焊缝上及其邻近区域中止。

3.管子对接焊缝与相邻焊缝及弯头弯曲起点之间应有一定距离。管子对接焊缝应在直段上，受热面管对接焊缝中心线离开弯曲起点（或锅筒、集箱外壁或管子支架边缘），对中低压锅炉至少为50mm，对高压锅炉至少为70mm；锅炉范围内管道焊缝中心线离开弯曲起点的距离不得小于管子外径；受热面管直管段上二焊缝中心线之间的距离不得小于150mm。

（四）其他要求

开孔、焊缝、转角要错开，开孔及焊缝不允许布置在部件转角处或扳边圆弧上，并应离开一定距离。胀接管孔中心至管板扳边圆弧起点的距离应不小于管孔直径d的80%，且不小于（d/2+12）mm。焊缝中心至各种扳边部件扳边圆弧起点的距离，应符合表5-14的规定。炉胆环向焊缝不得布置在波浪形膨胀装置部分。

表5-14 焊缝中心至扳边圜孤起点的距离

扳边部件壁厚δ/mm	距离L/mm
δ⩽10	⩾25
10<δ⩽20	⩾δ+15
20<δ⩽50	⩾0.5δ+25
δ>50	⩾50

五、对受热部件热膨胀的考虑

设计锅炉和压力容器时，通常从下列方面考虑膨胀问题：

第一，温升部件，特别是筒体，其两端的支承不能同为固支，至少一端为铰支，以适应筒体沿轴线的膨胀。

第二，温升部件，如果两端是固定的，则部件本身应有吸收膨胀的结构，如炉胆的波形部分，管子及管道的弯曲部分等。

第三，卧式锅炉的平炉胆长度一般不宜超过2m，如两端扳边连接可放大至3m。超过时需用膨胀环或波形炉胆。

第四，在部件的膨胀部位应留有适当间隙，该间隙中不应布置其他部件及结构。

第五，当采用平封头或平管板与圆筒连接，且平板上同时连接有炉胆或烟管时，平板与炉胆及烟管的连接部位有因后者的膨胀而造成的横向变形。当平板用拉撑板拉撑时，在炉胆及烟管管束周围的平板上，应留有足够尺寸的“呼吸空位”，即沿平板使角撑板离开炉胆或烟管管束边缘足够的距离，以防止限制炉胆或烟管的胀缩，避免产生过大的热应力。平板上炉胆周围呼吸空位的大小与平板厚度、炉胆形式等有关，具体规定可见有关规范。

第六章　锅炉压力容器制造质量控制

第一节　壳体的成形与装焊

作为承压的特殊设备，控制和保证锅炉压力容器的加工制造质量，是确保其使用安全的基础，较之一般产品的质量控制意义更为重大。

锅炉的锅筒、锅壳及压力容器本体，大部分属于薄壳结构，而且大多数是圆筒形壳体。目前最常用的制造方法是卷制焊接筒身与冲压封头，再用焊接的方法连接。

一、封头的压制

封头通常用水压机或油压机模压成形，小型薄壁封头用油压机压制，大中型厚壁封头则用水压机压制。压制封头的钢板毛坯最好是整块钢板，需要拼接时，拼接焊缝的布置应符合有关标准的规定。

封头在压制中变形比较大（通常大于5%）。当封头较薄，封头钢板毛坯的厚度与直径之比$\delta/D<0.5\%$时，可冷态压制；当封头较厚，钢板毛坯厚度与直径之比$\delta/D\geqslant 0.5\%$时，为了避免裂纹和严重的冷加工硬化，应采用热态压制。锅炉、压力容器壳体上的封头，除用于承受低压的小型薄壁结构外，大都采用热态压制。

压制封头时，将钢板毛坯置于水压机（油压机）的下冲模之上，通常还用压边圈将钢板周围压紧，再用上冲模冲压钢板，封头在上下冲模之间成形。不用压边圈而钢板厚度又较薄时，钢板材料在切向压应力作用下会失去稳定，形成皱纹和鼓包，甚至造成废品。采用压边圈增加了钢板的稳定性，改善了材料的变形条件，通常在封头钢板毛坯厚度与直径之比$\delta/D\leqslant 4.5\%\times(1-K)$时，即需采用压边圈。此处K为材料拉伸系数，一般为0.75～0.8。

压制封头时，封头钢板各部分产生了复杂的变形，各部分壁厚发生了程度不同的变化。影响壁厚变化的主要因素有：材料的性能，如铝制封头的变薄量比钢制封头大得多；封头的形状，如半球形封头的变薄量比椭球封头大，半球形封头在接近底部20°～30°范围内减薄较严重，椭球形封头在短半轴向长半轴过渡部位减薄最大；下冲模圆角半径越大，封头变薄量越小；上下冲模之间的间隙越小，变形越严重；润滑情况越好，变薄量越小；钢板加热温度越高，变薄量越大；压边力越大，变薄量越大。

封头压制的整个过程是：根据经验公式计算封头展开尺寸；根据标准和技术条件规定拼接钢板；划线；用火焰切割方法下料；在加热炉中加热钢板，加热温度根据材质而定，通常不超过1100℃；在水压机或油压机上冲压封头；检查冲压后封头的尺寸、几何形状和缺陷；切割余量，即将冲压成形的边缘参差不齐而且较长的圆柱部分割去；在有人孔的封头上，装置人孔加强圈；机械加工，将封头圆柱部分边缘加工成坡口，准备与筒身焊接，将人孔密封面加工平齐。

二、筒身的卷焊

筒身通常是用钢板在专用设备上弯卷成筒节，再由筒节组焊而成。常用的弯卷设备是三棍筒卷板机或四辊筒卷板机。钢板较薄时，可以冷卷；当钢板在弯卷中变形较大（超过5%）或者钢板较厚而卷板机功率较小时，可以热卷。

用卷板机卷制筒身的大致过程是：校平钢板（厚度大于30mm时可不校平）；根据筒身的展开图划线，划线后进行检查；火焰切割下料（薄钢板也可以机械切割）；钢板边缘加工，清除下料时钢板边缘金属组织变坏部分，并加工焊接坡口；拼接钢板，拼接焊缝的布置应符合标准规定；（热卷时）加热钢板，加热温度约1000℃左右；在卷板机上弯卷钢板（当筒节纵缝用自动焊焊接时，上卷板机前钢板边缘要进行预弯，以消除纵缝边缘卷板机无法弯卷的平直部分。当纵缝用电渣焊焊接时不需要预弯）；装配纵缝（为了保证焊透，防止夹渣、气孔等缺陷，在纵缝两端应装焊引弧板及收弧板）；焊接纵缝；热处理；在卷板机上进行热校圆；无损探伤检查，发现缺陷进行修补，并对修补部分再次进行无损探伤检查；加工筒节两端的坡口；装配各节筒节之间的环缝，并进行焊接形成整个筒身。在上述各工序中，纵缝、环缝的装配与焊接是影响筒身制造质量的主要环节。

纵缝装配间隙的大小依焊接方法和钢板厚度而定。对于手工电弧焊，当钢板厚度≤16mm并不带垫板时，纵缝装配间隙一般为2mm；当钢板厚度大于16mm时，纵缝装配间隙一般为3mm。对于埋弧自动焊，纵缝间隙一般不超过1mm。采用电渣焊时，装配间隙因板厚而异，一般为28～36mm。电渣焊是自下而上一次焊成的，考虑到焊缝的收缩变形，焊缝上端的间隙应比下端的大一些，一般可大2mm。

装配纵缝时，应尽量使纵缝两边钢板沿厚度对齐，其厚度方向的边缘偏差——错边，一般不得超过钢板厚度的10%，且最大不得超过3mm。单件或小批量生产时，纵缝的装配通常采用一些简单的拉紧和顶压工具，由人工进行；生产批量较大时，可以采用专门的装配装置。装配好的边缘应用搭焊或其他方法固定，然后去除装配工夹具准备焊接。

环缝装配比纵缝困难得多。一方面，由于制造误差，每个筒节及封头的周长往往不同，亦即其直径大小有偏差；另一方面，在筒节卷制和封头成型时，往往有一定椭圆度，这就给环缝装配带来许多困难。

环缝装配包括筒节与筒节组装及筒身与封头装配两种。环缝装配时，错边不得超过钢板厚度的15%，且最大不得超过6mm。筒体长度偏差及弯曲度应不超过标准规定值。在单件或小批量生产时，筒节与筒节的环缝装配，可采用各种简单的工夹具使边缘对齐，再用点焊固定。筒身与封头的装配，用压板螺栓、连接板等使边缘对齐，并固定。环缝装配也可以在专用设备上完成。

筒身纵缝、环缝的焊接，是锅炉压力容器壳体制造中最关键的工序。常用的焊接方法是埋弧自动焊和电渣焊。

埋弧自动焊是电弧焊的一种，它是利用电弧热作熔化金属的能源，在电弧弧光被掩埋于焊剂的情况下，实现自动焊接。埋弧自动焊焊接质量优良而稳定，生产效率高，生产条件好，筒身环缝焊接几乎全部采用埋弧自动焊，筒壁较薄的纵缝也采用埋弧自动焊焊接。

电渣焊是以电流通过熔渣产生的电阻热，熔化焊丝和工件形成焊缝的方法。电渣焊用于焊接厚壁筒节的纵缝，只需在被焊纵缝间保持适当的间隙，不用开坡口即可一次焊成。因而省时省料，生产率高，焊接质量也比较好。壁厚在30mm以上的纵缝，一般采用电渣焊焊接。

在钢板对接、组装搭焊、接管与壳体连接中，也广泛采用手工电弧焊。手工电弧焊设备简单，便于操作，适用于室内外各种位置的焊接，可以焊揆低碳钢、低合金钢等各种材料。但其生产效率低，劳动强度大，焊接质量不够稳定，因而在壳体纵缝、环缝等主要焊缝的焊接中，很少采用手工电弧焊。

根据被焊金属的种类和结构尺寸，选择合理的焊缝坡口形式及焊接规范〔包括焊接电流、电压，焊丝（条）种类和直径，焊剂及其他保护介质，焊机种类和极性，焊接速度等〕，并由培训考试合格的焊工施焊，是保证焊接质量的主要因素。

焊接过程的实质是利用热源产生高温，将基本金属（母材）和填充金属加热并在局部区域发生熔化而形成焊接熔池，当热源离开后，由于周围冷金属的导热及其他介质的散热作用，焊接熔池温度迅速下降并凝固结晶，连续移动的焊接熔池冷却形成焊缝，靠近焊缝被加热的母材也相应冷却下来。由于焊接过程中的热力、物理、冶金等因素的作用，焊缝及其邻近区域的母材的组织和性能将发生一系列较为复杂的变化。

焊缝边缘母材组织和性能发生变化的区域叫焊接热影响区。焊缝及其边缘的热影响区组成焊接接头。焊接中焊缝经历了熔炼和结晶，而热影响区则相当于经历了一次热处理。不同钢材，不同厚度，采用不同的焊接方法和规范，焊接热影响区的宽度也各不相同。一般来说，从自动焊到电渣焊，这个宽度由2～3mm增大到25～30mm。

焊接接头是整个焊接结构的关键部位，其性能优劣影响着整个焊件的制造质量和使用安全性。由于焊接是在固态金属结构中进行的局部冶金过程，焊缝及其附近受到快速的不均匀加热和冷却，加上其他因素的影响，使得焊接接头成为结构中的薄弱部位。其主要问题是：焊接时的不均匀加热和冷却作用，结构本身及外加刚性约束作用，使焊接接头区域存在着组织和性能的不均匀性，某些区域性能显著下降，并且使焊接接头区域在焊后存在着较高的焊接残余应力或残余变形；焊接接头区域往往存在一些缺陷，如裂纹、未焊透、咬边、夹渣、气孔等。

性能的降低，附加应力的残留及缺陷的存在，是焊接接头区域成为结构薄弱环节的三大因素。合理的焊接规范及合格焊工的正确施焊，可以有效地减弱上述不利因素的影响，保证焊接质量；严格的检验则可以将上述不利因素造成的影响控制在允许的范围之内。

三、壳体总装及热处理

封头与筒身的环缝装配是与筒节间的环缝装配一起进行的，并一起完成各道环缝的焊接，对各环缝进行无损探伤检查及缺陷返修。此后的工序大致是：在壳体上划管孔线并检查其是否正确；按划线位置加工管孔；装焊管接头，并进行无损探伤检查；将壳体进行退火处理；装配人孔盖；装焊水压试验管盖；对壳体进行水压试验；割除接管上的水压试验管盖，并在接管上加工坡口；在筒体内装置工艺附件；最后进行油漆包装等。

热处理是保证壳体制造质量的重要技术手段。一个壳体在制造过程中，往往需要进行不止一次热处理，甚至一道主要焊缝焊后就要进行一次热处理，其中最常见的是退火处理。对于采用电渣焊的壳体，焊后需要进行正火处理。

退火，也称高温回火，其主要作用是消除焊接残余应力，稳定构件的尺寸和形状；同时可以改善焊接接头的性能，析出焊缝中的有害气体，防止产生焊接裂纹。壁厚在30mm以上的碳钢及低合金钢壳体，焊后都应及时进行退火处理。壳体的退火处理一般是整体热处理，即把整个壳体放入热处理炉进行退火。当条件不具备时，也可进行局部热处理，即仅加热焊缝及其边缘的局部区域。局部热处理时必须注意避免过大的温度梯度，以免在冷却过程中产生新的附加应力。退火处理规范如加热温度、保温时间、升温速度等，应根据壳体的材质、壁厚决定。对低碳钢及低合金钢壳体，加热温度一般为600～650℃，保温时间大约按每毫米壁厚1～2min计算，一般不小于1h，加热升温速度一般不大于150～200℃/h，采用随炉冷却方式。

电渣焊焊缝的结晶组织是十分粗大的柱状晶粒，为了改善焊缝金属的晶粒组织和机械性能，焊后必须进行正火处理，细化晶粒。正火加热温度一般是A_{C3}以上30～50℃，保温时间大约按每毫米壁厚0.5～1.0min计算，升温速度一般不大于150～200℃/h，采用在静止空气中冷却的方式。对较高强度等级的低合金钢，正火后需进行回火以消除正火后内应力。

不同用途、不同使用条件的锅炉、压力容器壳体，其结构尺寸和材质、壁厚不同，加工制造的工序也不完全相同。但一般都有较多工序，涉及多种工艺、设备及众多的加工制造检验人员，要保证产品质量并非易事，必须认真抓好每一个环节，特别是焊接、热处理、装配、卷制、冲压、检验等主要环节，避免产生缺陷或把缺陷控制在允许的范围之内，以保证锅炉、压力容器使用时的完善可靠。

第二节 制造缺陷与安全

一、焊接缺陷

（一）裂纹

裂纹是指焊接中或焊接后在焊接接头部位出现的局部破裂现象。按其在焊缝处产生部位的不同可分为纵向裂纹、横向裂纹、根部裂纹、弧坑裂纹、热影响区裂纹等。纵向裂纹的走向沿着焊缝方向；横向裂纹的走向则垂直焊缝方向；根部裂纹产生于焊缝底部与基本金属（母材）连接处；弧坑裂纹产生于焊缝收尾时的下凹处；热影响区裂纹是产生于焊接热影响区的裂纹，也有纵向裂纹和横向裂纹之分。裂纹按其产生于不同的温度和时间还可分为热裂纹、冷裂纹（延迟裂纹）、再热裂纹等。裂纹可能出现在焊接接头表面，也可能深藏于焊接接头内部，严重时，甚至沿厚度贯穿整个焊接接头。

1.热裂纹。热裂纹一般指焊缝开始结晶凝固到相变之前这一段时间和温度区间所产生的裂纹，也叫高温裂纹。

热裂纹经常发生在焊缝中，有时也出现于热影响区。焊缝中的热裂纹有纵向裂纹、横向裂纹、根部裂纹和弧坑裂纹。热影响区的热裂纹也有纵向裂纹及横向裂纹之分。热裂纹一般是沿晶间开裂的，故又称晶间裂纹。当裂纹贯穿表面与空气相通时，沿热裂纹折断的断口表面呈氧化色彩（如蓝灰色等）。有的焊缝表面热裂纹中充满熔渣。

热裂纹产生的原因是，焊接熔池在结晶过程中存在着偏析现象，偏析出的物质多为低熔点共晶和杂质，它们在结晶过程中以液态间层存在，由于熔点低往往最后结晶凝固，而凝固以后的强度也极低。在冷却凝固中，焊缝收缩变形受到周围金属的限制，焊缝受到拉伸应力。在一定条件下，当拉伸应力足够大时，会将液态间层拉开或在其凝固不久拉断它，形成裂纹。此外，如果母材的晶界上也存在低熔点共晶和杂质，则在热影响区，当加热温度超过这些低熔点共晶和杂质的熔点时，它们将熔化成液态间层。在焊缝冷却中，当拉伸应力足够大时，就会形成热影响区的热裂纹。

2.冷裂纹。冷裂纹指焊接接头在A_3以下温度冷却过程中或冷却至室温后所产生的裂纹，通常是在焊接接头冷却至300℃以下温度时产生的裂纹。

冷裂纹可以在焊接后立即出现，有些也可以延至几小时、几天、几周甚至更长时间才发生，称为延迟裂纹。由于延迟产生，有可能漏检，因而更具有危险性。如图6-1所示，焊缝和热影响区都有可能出现冷裂纹。焊道下裂纹常平行于焊缝长度方向并在热影响区扩展，有时呈连续状；焊趾裂纹在焊缝和母材截面不连续处或咬边处等应力集中部位产生，在热影响区中扩展；焊根裂纹产生在焊根附近或根部未焊透等缺口部位。层状撕裂呈台阶状，在热影响区平行于母材乳制方向。

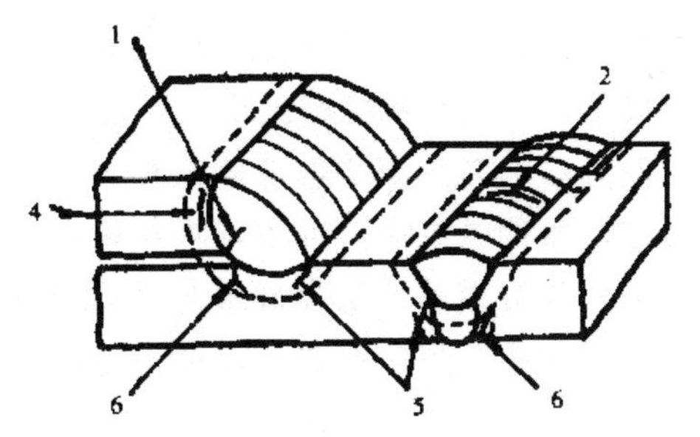

图 6-1 冷裂纹

1-纵向裂纹；2-横向裂纹；3-热影响区横裂纹；4-焊道下裂纹；
5-焊趾裂纹；6-焊根裂纹

冷裂纹一般无分枝，为穿晶型裂纹。一般在焊接低合金高强钢、中碳钢、合金钢等易淬火钢时容易产生。焊接低碳钢、奥氏体不锈钢时较少遇到。进一步的研究表明，形成冷裂纹需要三个基本条件：焊接接头形成淬硬组织；扩散氢的存在和富集；较大的焊接拉伸应力。这三者之中任何一个因素都可能成为导致裂纹的主要因素，但又离不开其余两个因素。许多情况下，氢是诱发冷裂纹的最活跃的因素。

焊接过程中，焊缝中溶有较多的氢。焊缝冷却时，氢在其中的溶解度随温度的降低而降低，其中一部分可以逸出焊缝。由于冷却速度太快，来不及逸出的氢就残留在焊缝中，呈过饱和状态。一部分氢原子结合成氢分子造成气孔；另一部分氢原子继续向周围的焊缝金属和热影响区扩散。由于焊接接头处于焊接应力作用之下，在一些缺陷或缺口前沿会产生三向高应力区，在应力梯度的驱使下，氢原子即扩散到这些三向应力区而富集起来。如果此处材料因产生淬硬组织而塑性下降，则当氢富集到某临界值时，此处就可能在应力作用下产生一个微裂纹。由于在三向应力区以外的金属具有较高的断裂强度，此裂纹的扩展很快被阻止，但当裂纹停止扩展时，前沿又形成三向应力区，于是氢原子又向前扩散，裂纹也继续扩展，如此不断重复，微裂纹就逐渐扩展成宏观裂纹。由于氢的扩散、富集及诱发裂纹需要一定时间，因而这种裂纹常有延迟性。

3.再热裂纹。再热裂纹指一些含有钒、铬、钼、硼等合金元素的低合金高强度钢、耐热钢，经受一次焊接热循环后，在再次经受加热的过程中（如消除应力退火、多层多道焊接及高温下工作等）产生的裂纹，也叫消除应力裂纹，经常发生在500℃以上的冉加热过程中。

再热裂纹产生于焊接热影响区的粗晶区，具有晶界断裂的性质，多发生于应力集中部位。一般认为，再热裂纹的产生与高温蠕变有关。热处理消除应力，就是靠金属内部蠕变把应力释放出来。因此，消除应力的同时在金属中产生一定塑性应变。而在再加热时，第一次加热过程中过饱和固溶的碳化物（主要是钒、钼、铬等的碳化物）再次析出，造成晶内强化，使滑移应变集中于奥氏体晶界，当晶界的塑性应变能力不足以承受松弛应力过程中所产生的应变时，就产生再热裂纹。

（二）未焊透和未熔合

待焊两部分母材之间未被电弧热熔化而留下的空隙称为未焊透。未焊透常发生在单面焊根部和双面焊中部。未焊透产生的原因是：接头的坡口角度小，间隙过大或钝边过大；双面焊时背面清根不彻底；焊接功率过小或焊速过快等。

焊缝金属与母材之间及各层焊缝金属之间彼此没有完全熔合在一起的现象叫未熔合。未熔合产生的原因是：焊接能量过小；焊条、焊丝或焊矩火焰偏于坡口一侧，或电焊条偏心使电弧偏于一侧，母材或前一层焊缝未充分熔化就被填充金属覆盖；母材坡口或前一层焊缝表面有锈或污物，焊接时由于温度不够，未能将其熔化而盖上填充金属等。

（三）夹渣

夹渣是指夹杂在焊缝中的非金属杂质。夹渣产生的原因是坡口角度过小，焊接电流过小，熔渣黏度过大等，使熔渣浮不到熔池表面而引起夹渣；焊条药皮在焊接时成块脱落未被熔化；多层多道焊时，每道焊缝的溶渣未清除干净；气焊时火焰能率不够，焊前工件清理不好，采用氧化火焰，或没有将熔渣拨出等。

（四）气孔

焊接熔池结晶时，在焊缝中形成的孔洞叫气孔。根据气孔产生的部位不同可分为外部气孔和内部气孔；根据气孔形状不同可分为圆形气孔、椭圆形气孔及条形气孔；根据气孔分布情况又可分为单个气孔、连续气孔和密集气孔。

形成气孔的气体来源很多，如熔池周围的空气，熔解于母材、焊丝及焊条等金属中的气体，焊条药皮或焊剂受热熔化时产生的气体，焊丝和母材上的油、锈等脏物受热分解产生的气体及各种冶金反应产生的气体等。

焊缝中产生气孔的根本原因，是由于金属在高温液态时一方面溶解了较多的气体（如氢、氮），另一方面进行冶金反应时产生了相当多的气体（如一氧化碳、水蒸气）。随着温度的降低和结晶过程的发展，这些气体都有从金属中逸出的趋势，并逸出相当部分。但由于焊缝冷却得很快，来不及逸出的气体就使焊缝形成气孔。其中主要是氢气孔和一氧化碳气孔。

导致焊接过程中产生大量气体的因素，从焊接材料方面说有：焊条或焊剂受潮，未按规定要求烘干，焊条药皮变质脱落，或因烘干温度过高而使药皮某些成分变质失效；焊条芯锈蚀，焊丝清理不干净或焊剂中混入污物等。从焊接工艺方面说有：手工电弧焊时电流过大烧红焊条芯而使保护失效，低氢型焊条焊接时电弧过长；埋弧焊时电弧电压过高，网路电压波动太大；钨极氩弧焊时氩气纯度低，保护不良；气焊时火焰成分不对，焊矩摆动过大过快，焊丝填加不均匀等。

（五）表面缺陷

1.咬边。焊缝边缘母材上受电弧烧熔形成的凹槽叫咬边。咬边主要是焊接电流太大和移动焊条不当造成的。一般手工焊平焊较少出现咬边，而在立焊、横焊、仰焊时常见；埋弧自动焊时若焊速过快，熔宽下降，易形成咬边；气焊时若火焰能率过大，焊嘴倾角不当，焊嘴与焊丝摆动不当也会形成咬边。

2.弧坑和擦伤。弧坑是指焊缝收尾处产生的下陷。弧坑产生的原因是熄弧时间过短或薄板焊接时使用电流过大。对埋弧自动焊来说，主要是没分两步停止焊接，即未先停送焊丝后切断电源。

电弧擦伤是由于焊条、焊把与焊件偶然接触，或地线与焊件接触不良，在焊件表面短暂引起电弧而造成的伤痕。

3.焊缝尺寸不符合要求。焊缝长度或宽度不够，焊波宽窄不齐，表面高低不平，焊脚两边不均，焊缝加强高度过低或过高等，都属于焊缝尺寸不符合要求。形成这些缺陷的原因是焊接坡口角度不当或装配间隙不均匀，焊接规范选择不当，操作不当等。

（六）组织缺陷

组织缺陷是难于发现而又十分危险的缺陷，这里有必要作适当介绍。

1.过热、过烧和疏松。金属在高温下表面变黑起氧化皮，内部晶粒粗大而变脆的现象，叫过热。金属在高温下不仅晶粒变得粗大，而且晶间被氧化使晶粒间的连接受到破坏的现象，叫过烧。若被氧化的金属粗大晶粒之间还有夹杂物存在，称为疏松。

过热、过烧和疏松常见于气焊焊接接头。产生原因是火焰能率过大，焊接速度太慢，火焰在某局部停留时间过长，采用氧火焰施焊或焊丝成分不合格，焊接场所风力过大等。

过热、过烧和疏松严重降低钢材的强度和塑性，对焊件安全影响极大。其中过热可在焊后通过正火等热处理方法细化晶粒加以改善，过烧和疏松则是不允许存在的缺陷。

2.淬硬性马氏体组织。马氏体是钢材淬火时形成的一种硬而脆的组织，当高温下的奥氏体急冷至200℃以下，完全变成一种过冷奥氏体即为马氏体。焊接含碳量或碳当量较高的易淬火钢时，如果焊件厚度或刚度较大，焊缝较短较浅，焊接能量较小或环境温度较低，造成焊后冷却速度过快，易于在焊接热影响区产生马氏体组织。

马氏体塑性和韧性很差，而且在形成马氏体过程中，金属体积显著膨胀，形成很高的“组织应力”，极易导致裂纹的产生。因此，马氏体组织特别是片状马氏体组织是非正常的焊接组织，应加以防范和消除。预热和焊后加热是预防产生马氏体的有效措施，焊后热处理则可以有效地消除马氏体。

3.奥氏体不锈钢的晶间腐蚀。奥氏体不锈钢在450～850℃的温度范围内停留一段时间后，由于碳化铬的析出，造成晶间贫铬，使晶界严重丧失抗腐蚀性能，产生晶间腐蚀。奥氏体不锈钢焊接时，可能在焊缝附近的某一区域加热到上述温度，并停留一段时间，如母材成分不当或焊条选择及焊接工艺不当，焊接接头就有可能产生显著的晶间腐蚀倾向，在接触腐蚀性介质时产生严重的晶间腐蚀。

晶间腐蚀从根本上破坏了金属晶粒间的连接，导致金属机械性能的全面降低，是十分危险的缺陷。防止因焊接而产生晶间腐蚀的措施有：

（1）少焊接材料中的含碳量，将含碳量控制在0.08%及以下；

（2）在焊接材料中加入钛、钼、铌、锆等稳定剂，使之与碳结合成稳定化合物，避免晶界贫铬；

（3）采用合理的焊接工艺，避免焊件在450～850℃的温度区间停留时间过长；

（4）焊后热处理，包括：□ 固溶处理，即把焊接接头加热到1050～1100℃，使碳化铬重新溶入奥氏体，然后迅速冷却，稳定奥氏体组织；□稳定化退火，即把焊接接头加热到850～900℃，保温2小时，在保温中，多余的碳全部形成了碳化铬，停止扩散，而铬持续向贫铬晶界扩散，使贫铬状态消失或缓和，晶间腐蚀倾向减小。

二、加工成形与组装缺陷

加工成形与组装中产生的缺陷主要是几何形状不符合要求。包括表面凸凹不平，截面不圆，接缝错边和对接接缝角变形等缺陷。

表面凹凸不平主要产生在凸形封头上，包括封头表面局部的凹陷或凸出和封头直边上的纵向皱折。前者是由于压制成形时所用模具不合适或手工成形时操作不当所造成的，后者常见于相对高度过大的封头。

截面不圆是指圆筒体在同一横截面上存在直径偏差，常因卷板操作不当造成。

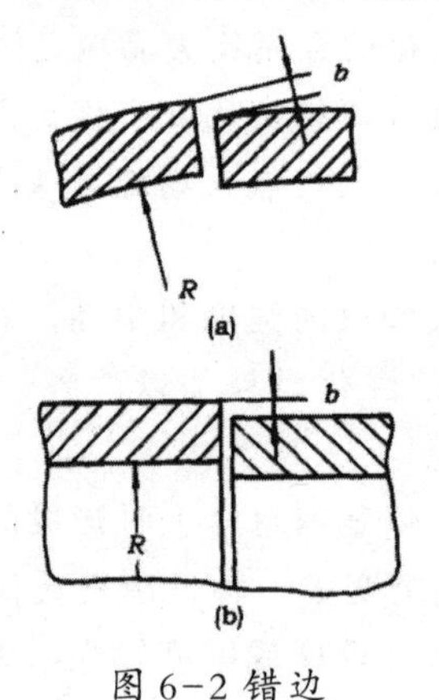

图 6-2 错边

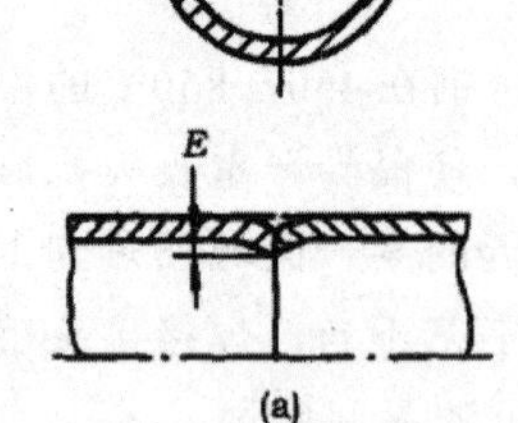

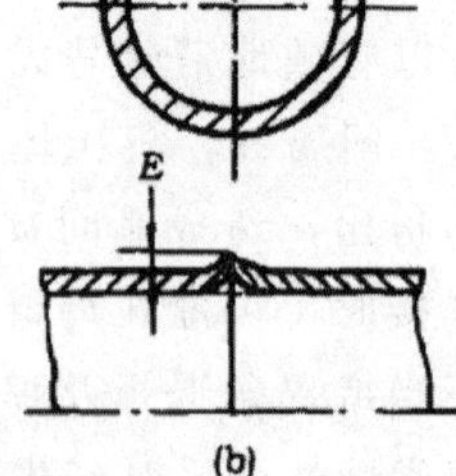

图 6-3 角变形

错边是指两块对接钢板沿厚度没有对齐而产生的错位。筒体纵缝和环缝都有可能产生错边，如图6-2所示，尤以环缝错边为多。

角变形是指对接的板边虽已对齐，但二对接钢板的中心线不连续，形成一定的棱角，如图6-3所示，因而这样的缺陷也叫棱角度。筒体的纵缝和环缝都有可能产生角变形，但以纵缝角变形居多，这是由于卷板前钢板边缘没有预弯或预弯不当造成的。

在加工成形和组装中除上述几何形状缺陷外，还可能有因封头的相对深度过大而造成壁厚过分减薄，因强行组装对口而产生较大的内应力等非表面形状上的缺陷。

三、制造缺陷对壳体安全的影响

上述制造过程中所产生的缺陷，主要可归结为缺口、几何形状不连续及较大的附加内应力等类，它们对壳体的安全使用都有重要的影响。

（一）缺口的影响

大部分焊接缺陷，如咬边、未焊透、气孔、夹渣和焊缝凹陷等，都是在焊缝或焊缝附近形成缺口，它们通常从两方面影响壳体的安全。一方面是由于缺陷的存在，减少了焊缝的承载截面积，削弱了焊缝的静力拉伸强度，严重时也会导致壳体的延性破坏。这种影响的严重程度主要决定于缺陷截面积的大小，可以直接计算，比较容易估计和评价。另一方面，也是最主要的方面，是由于缺口的存在改变了缺口周围的受力条件，不利于材料的塑性变形，使之趋于或处于脆性状态，同时还引起缺口根部的应力集中，易于产生裂纹和使裂纹扩展，导致壳体的脆性破裂、疲劳破裂或应力腐蚀破裂。

构件由于存在缺口而引起应力的不均匀分布，其严重程度常用应力集中系数来表示，它等于截面上最大应力与平均应力之比。实验证明，应力集中系数的大小取决于缺口的尖锐程度。缺口越尖锐，即缺口根部的曲率半径越小，应力分布越不均匀，应力集中系数越大，越容易引起脆性型的破坏。

估计和评价某一类缺口对壳体安全可能产生的影响，除要考虑缺陷的大小及尖锐程度外，也要考虑壳体的制造材料和使用条件可能导致的破坏形式。就缺陷本身而言，上述带有缺口的各类焊接缺陷对壳体安全可能产生的影响并不相同。

1.焊缝凹陷。严重时会削弱焊缝的静载强度，但作为一种缺口，通常是平缓过渡，即根部的曲率半径较大，不会引起严重的应力集中。

2.气孔和夹渣。一般属于体积型缺陷，可以减弱焊缝的承载截面积。但一些试验资料表明，气孔率不大于7%可以忽略其对焊缝静力强度的影响。而由于气孔和夹渣引起的应力集中，对焊缝的疲劳强度有较明显的影响，气孔率超过3%，疲劳强度将下降50%左右。

3.对接焊缝的未焊透。在焊缝中形成明显的缺口，产生较为严重的应力集中。试验数据表明，未焊透厚度不超过焊件全厚度20%时，应力集中系数保持为一常数，其值约为4～5；未焊透厚度超过焊件全厚度20%较多时，应力集中系数随未焊透厚度的增加而增大，二者呈线性关系。所以，未焊透往往是脆性破裂和疲劳破裂的根源。

4.咬边。咬边是一种比较尖锐的缺口，根部应力集中比较严重，应力集中系数常常可以大于3，是仅次于裂纹的一种脆裂根源。

5.焊接裂纹。可以视作最尖锐的一种缺口，它的缺口根部曲率半径接近于零。壳体的脆性破裂事故有很多是由于焊接裂纹引起的。裂纹还会加剧疲劳破坏和应力腐蚀破坏，所以裂纹是焊接缺陷中最严重的一种缺陷，也是锅炉和压力容器中最危险的一种缺陷。

（二）几何形状不连续的影响

壳体几何形状的不连续，如表面凹凸不平，截面不圆和接缝角变形等，当壳体承受压力时会在壳体内形成附加弯曲应力和剪应力，导致局部应力过高。

1.几何形状不连续所引起的附加应力的大小，取决于不连续处的过渡情况。尺寸和形状的突然变化可以引起很大的附加应力，如果变化十分缓和，则附加应力相应较小。

2.截面不圆是筒节与筒节、筒节与封头接缝形成错边的原因之一。除此以外，不圆的筒体承受内压时，由于它的“趋圆”变形，在筒体内要产生周向附加弯曲应力。最大周向弯曲应力产生在长径部位。如果截面不圆度过大，承受内压圆筒内的附加弯曲应力是不容忽视的。对于受外压的圆筒，截面不圆会降低其临界压力，严重时会由此失去稳定性而被压瘪。

3.表面局部凹陷和凸出所产生的影响，其严重程度决定于凹陷（或凸出）的大小和深度。一般来说，直径越大深度越小，几何形状的变化就越平缓，对安全的影响也越小。在加工成形中所产生的凹凸不平，一般都是比较缓和的。

焊缝过分加强（凸起）也会造成局部结构的不连续，引起局部附加应力。这种缺陷往往不被人们注意。它虽然不会影响焊缝的静力强度，但却显著降低构件的疲劳强度。

4.接缝错边一般都在焊接时用熔注金属填补过渡（如果未焊补过渡则应视作缺口），但其形状的变化仍然是比较明显的，这种缺陷和接缝角变形都是在几何形状不连续中影响最大的缺陷。对于频繁启动和反复变载的壳体，错边和角变形主要降低它的疲劳强度，缩短疲劳寿命。严重的错边和角变形也可以直接造成壳体断裂事故。

（三）残余应力的影响

在壳体经受焊接和冷加工（压制、弯卷）之后，常常在壳体内残留有一部分内应力。即制造中或制成后的壳体在没有承受压力的情况下，一部分壳壁即处于有应力的状态中。这种残余应力有时可能很大，特别是焊接残余应力，在个别情况下，甚至可以接近或达到材料的屈服点。残余应力不是壳体上的机械缺陷，但它常是导致缺陷的基本因素，它的存在同机械缺陷一样，对壳体安全有十分不利的影响。

焊接残余应力的产生，是因为金属熔焊时，焊缝的熔注金属是在熔融的状态下填充在焊件的接缝中的，当焊缝及其周围的母材冷却时，这些熔注金属就要收缩，但它又受到刚性焊件的限制，因而焊缝金属沿长度方向即受到拉应力，这就是焊接残余应力。焊接残余应力的大小取决于焊件对焊缝收缩变形的约束程度。焊件越厚，刚性越大，焊后残余应力越大，应力状态也越复杂。冷加工产生的残余应力则与加工变形的程度有关，冷加工变形越大，残余应力也越大。

残余应力有时可以大到使壳体产生裂纹或使裂纹扩展的程度。如果所使用材料的韧性较差，就会在没有外力的作用下使壳体自行破裂，或者是使壳体先产生裂纹，然后在承受压力时发生破裂。留存在壳体内的残余应力即使不至于产生裂纹，也会在壳体承压后增大壳壁内的应力水平，加剧壳体的疲劳破坏和应力腐蚀破坏。

第三节　制造质量控制与检查

一、锅炉压力容器制造管理的一般规定

为了确保制造质量，锅炉和压力容器应由有制造许可证的专业单位制造。许可证由制造单位提出申请，由上级主管部门和安全监察部门审批后发给。

制造锅炉和压力容器的单位，必须具备保证产品质量所必要的设备、技术力量、检验手段和管理制度；必须按照有关规定，严格执行原材料验收制度、工艺管理制度和产品质量检验制度，保证产品的质量，不合格的产品不准出厂。

锅炉、压力容器的新产品，必须经过试制和鉴定，才准批量生产。新产品的鉴定，必须有当地锅炉压力容器安全监察机构的代表参加。

锅炉压力容器承压部件的焊接必须由经过考试合格的焊工施焊。

锅炉和压力容器出厂时，必须附有与安全有关的各种技术资料，包括图纸、承压部件强度计算书、产品质量合格证明书和安装使用说明书等。

新制造的锅炉和压力容器，必须在明显的部位附有铭牌，注明产品型号、制造厂名、产品主要性能、制造日期等。对散装出厂的锅炉，还应在锅筒、集箱等承压部件上打上钢印，注明厂名、产品编号和工作压力，防止装错或散失。

二、工艺要求与合格标准

（一）加工成形与组装

1.一般要求。制造锅炉压力容器承压部件所用的材料，入厂时要按有关规定进行验收，投入使用前要先经过检查，看其是否符合设计图纸的要求，有无材料出厂合格证明书等。材质证明书不全的材料，应按证明书及图纸的要求项目进行复验，合格后方可使用。

筒节、封头的接缝坡口可采用机械加工，也允许用火焰切割，但必须将坡口面的溶渣和氧化皮等清除干净。坡口面应经过检查，不允许有裂纹、分层、夹渣等缺陷。高强度钢σ_s>400MPa）和低合金铬钼钢等钢板用火焰切割坡口时，还应对坡口表面进行无损探伤检查。

筒节、封头等经冷热加工成形后的最小壁厚不得小于图纸规定的、包括腐蚀裕量在内的计算壁厚。

为避免产生过大的内应力，装配时不应用锤击或其他方式强制组对。

2.筒身成形组装允许偏差

封头和筒体表面应避免机械损伤。如有尖锐伤痕时，应进行修磨使其圆滑过渡，修磨后的剩余壁厚不应小于设计图纸的计算壁厚（包括腐蚀裕量，不包括加工减薄量）。如修磨后的壁厚不符合要求，允许补焊，但焊后要打磨平滑。对不锈耐酸钢容器的表面损伤，如刻槽、刮痕等，必须修磨，修磨深度不应超过钢板厚度的负偏差。

装配焊接坡口用的工夹具应采用与壳体相同的材料，割除工夹具后留下的焊疤必

须打磨平滑。可焊性差的材料以及低温容器还应做宏观检查和无损探伤检查。

（二）焊接

1.焊工。锅炉和压力容器的焊接质量在很大程度上取决于焊工的技术熟练程度，因此所有承压部件的焊接都应由经过考试合格的焊工施焊。

焊工的考试依据“锅炉压力容器焊工考试规则”进行。考试合格的焊工应具有合格证明书和钢印代号。焊工在任何情况下中断焊接工作半年以上时，要经过重新考试。只经过一种材料焊接考试合格的焊工，只能焊接由本类材料制造的承压部件，改焊他种材料制造的承压部件时需另经考试合格。

焊工必须按照焊接工艺规程的规定进行焊接，并在自己所焊承压部件上打钢印，对焊接质量负责。

2.焊接工艺。锅炉、压力容器的焊接规范参数及其他工艺要求体现在焊接工艺规程中，焊接工艺规程应根据图纸技术要求以及经评定合格的焊接工艺制定。焊接工艺评定是针对锅炉压力容器的材料、结构等特点，在与产品实际制造条件相同的条件下进行的焊接试验。其目的是验证所制定的焊接工艺，包括焊接材料选择、焊接方法、焊接程序、焊接规范、预热、热处理等，能否保证焊接接头的质量，满足产品设计要求。

焊工应严格遵守通过焊接工艺评定验证合格的焊接工艺，不得随意变更。而在改变材料、改变焊接方法或修改焊接工艺时，应按有关规定重新进行焊接工艺评定。

焊接应在适宜的环境下进行，如无有效措施，不能在有下列情况之一的环境下施焊：风速达到10m/s以上；相对湿度大于90%；下雨或下雪。焊接环境温度低于0℃时，没有预热措施，不得进行焊接。

3.焊缝表面质量要求。锅炉、压力容器焊缝的内外表面应符合以下的规定：

（1）焊缝的外形尺寸应符合图纸和技术标准的规定，焊缝与母材应圆滑过渡。

（2）焊缝和热影响区表面不得有裂纹、气孔、弧坑和夹渣等缺陷。

（3）锅筒及合金钢容器的焊缝不允许存在咬边缺陷，发现有任何咬边都必须进行补，修磨部位的厚度不应小于母材的厚度。其他容器焊缝局部咬边的深度不得大于0.5mm，咬边的连续长度不得大于100mm，焊缝两侧咬边的总长不得超过该焊缝长度的10%。

（4）焊缝两侧的熔渣和飞溅金属应清除干净。

4.焊缝返修。焊缝经过宏观检查或无损探伤检查发现有不允许的缺陷时，可以进行修补。但是金属经多次熔焊以后常常会发生组织和性能的改变，使塑性和韧性降低，并重复产生缺陷，因此对焊缝的返修必须严格控制和认真进行。

对存在不允许缺陷的焊缝，修补前要先研究产生缺陷的原因，以便在补焊时采取相应的对策。对有裂纹的焊缝应认真查找裂纹的端点，并在其端点处钻孔，钻孔的深度要稍大于裂纹的深度。然后将整条裂纹铲去，并修磨成合适的坡口，经无损探伤检查确认已不再存在裂纹以后再进行补焊。补焊应采取与原焊缝相同的焊接材料和焊接工艺。锅炉压力容器的任何焊缝，在同一部位的返修次数一般不得超过两次。焊缝的返修应在焊后热处理前进行，如热处理后的焊缝需要返修时，返修后仍需进行热处理。

三、焊缝及产品质量检查

为了保证产品质量，特别是焊接接头的质量，在锅炉压力容器承压部件制造之中及制成之后，要进行全面的制造质量检查。其中主要包括外观检查、焊接试板检查、无损探伤检查、水压试验和气密性试验等。

（一）焊接试板检查

为了检查壳体焊缝的机械性能及金相组织，而又不损坏壳体焊缝，通常规定在焊接锅炉或压力容器壳体的纵缝及环缝时，必须加焊专供检查试验使用的试板（试件），在试板上切割取样进行机械性能及金相组织试验。

1.焊接试板的制备。制造焊接试板所用的材料必须与被检查壳体材料具有相同的牌号，相同的规格，相同的轧制工艺及热处理工艺。焊接试板应由从事被检查壳体焊接的焊工焊制，焊接试板所用的焊接材料、焊接设备、焊接工艺必须与被检查壳体完全一致。纵缝试板应在壳体纵焊缝的延长部位与壳体纵缝同时进行焊接；环缝试板则应严格按照壳体环焊缝的焊接工艺另行焊接。多焊工焊接的壳体，焊接试板的焊工由检验部门指定，焊接试板上应打上焊工代号钢印。要求热处理的壳体，焊接试板应与壳体一起进行热处理。

试板焊缝应经无损探伤检查合格，合格标准应与它所代表的被检查壳体焊缝完全相同。

焊接试板的数量在各有关规程和技术条件中有详细规定。原则上，每个锅筒和每台容器的纵缝、环缝都应各带一块焊接试板，只有成批生产的小型锅炉和无毒介质低压容器，在结构、材料、焊接工艺、焊工或焊机相同且产品质量稳定的条件下，才允许按小批量焊制试板，但要求每10个壳体至少有纵缝、环缝焊接试板各一块。焊接试板的尺寸应能满足制备检验和复验所需的机械性能试样和金相试样，通常宽300mm，长650mm。

2.机械性能试验。通过试板截取试样进行的焊缝机械性能试验，通常包括拉伸试验、弯曲试验和冲击试验，低温容器还应做设计温度下的冲击试验。试样应在外观检查、无损探伤检查合格的焊接试板上截取，试样的长度应垂直焊缝长度，截取方式应符合规定。

拉伸试样的数量，当板厚不大于30mm时，可为1～2个；当板厚大于30mm时，试样厚度可为30mm，数量为2～3个。为了鉴定焊接材料的性能，有时还应做熔敷金属的拉伸试验，即沿试板焊缝纵向截取所谓的“全焊缝试样”，数量为1～2个。

弯曲试样通常为两个，一个面弯，一个背弯（焊缝根部受拉）。背弯易于发现焊缝根部的缺陷。

冲击试样一般为三个。

机械性能试验合格的标准是：①焊接接头抗拉强度不低于母材规定值的下限，全焊缝试样的抗拉强度和屈服点不低于母材规定值的下限。②弯曲试样冷弯到规定的角度后，其拉伸面上不得有长度大于1.5mm的横向裂纹或缺陷，以及长度大于3mm的纵向裂纹或缺陷。③三个冲击试样冲击韧性的算术平均值，不低于母材规定值的下限。

机械性能试验有某项不合格时，可从原试板对不合格项目截取双倍试样重复进行试验，或将原试板与所代表产品一起热处理或重复热处理后进行全面复试。若复试仍不合格，则该项试验所代表的焊接接头为不合格。

3.金相检验。金相检验用以检查焊接接头的组织特点及确定内部缺陷，分为宏观金相检验及微观金相检验两种。需要进行金相检验的承压部件及焊缝有：中高压锅炉锅筒的对接焊缝；中高压锅炉锅筒及集箱管接头角焊缝；高压或高温集箱、管子、管道的对接焊缝；由于空气冷却而可能产生淬硬组织或晶间裂纹的合金钢容器焊缝等。上述焊件中，可能产生淬硬组织、裂纹、过烧等缺陷者，除了进行宏观金相检验外，还应作微观金相检验。

宏观金相检验时，在焊接试板上截取焊接接头的横断面，打磨光洁，要求其粗糙度Ra不高于1.6μm，然后用适当的酸液将被检查断面腐蚀，制成试片，用肉眼或借助于低倍（5～10倍）放大镜对试片进行观察。检验中可以清晰地看到焊缝各部分的界限及各种宏观缺陷，如裂纹、未焊透、气孔、夹渣、偏析及严重的组织不均等。

微观金相检验是在100～1500倍显微镜下观察试样的微观组织。对碳钢，其试样只需磨制不需浸蚀；对合金钢，其试样需经磨制和浸蚀。

在金相检验中，发现裂纹、过烧、疏松之一时，不允许复试，即可判定所代表的焊接接头为不合格；仅有淬硬组织者，允许试样与产品再热处理一次，之后取双倍试样复试，并同时重复进行机械性能试验。复试不合格，该试样所代表的焊接接头为不合格。

（二）焊缝无损探伤检查

无损探伤是在不损坏被检查构件的基础上，用各种方法探测构件的内部或表面缺陷。在锅炉和压力容器制造中使用的无损探伤方法很多，其中主要有射线探伤、超声波探伤、磁粉探伤及着色探伤等。

1.射线探伤。射线探伤是检查焊接接头内部缺陷的一种准确而可靠的方法，它可以显示出缺陷的形状、平面位置和大小。目前常见的射线探伤手段有X射线探伤和γ射线探伤两种，其中X射线探伤应用得更为普遍。

X射线是一种波长在0.31～0.0006mn之间的电磁波，它可以穿透不透明物体，包括金属；能使胶片发生感光作用，使某些化学物质发生萤光作用。当射线穿过焊接接头时，由于焊接接头内部不同的组织结构（包括缺陷）对射线的吸收能力不同，透过焊接接头后的射线强度也不一样，射线照射在胶片上，使胶片的感光程度也不相同，因此可以通过胶片的感光情况来判断和鉴定焊接接头的内部质量。

γ射线也是一种电磁波，其波长更短，为0.1139～0.0003nm，因而具有更强的射透物体的能力，可用来检查壁厚较厚的焊接接头。但γ射线发现缺陷的灵敏度比X射线略低，底片清晰度也较差，不适用于薄板的检验。X射线及γ射线的透视方法、评定标准大体相同。

利用射线照相获得的底片分析焊接接头缺陷具有直观性，这是射线探伤的主要优点之一。通常焊缝在底片上呈现较白颜色，较黑的斑点和条纹即是缺陷。具体说，裂纹在底片上多呈现为略带曲折的、波浪状的黑色细条纹，轮廓较分明，两端较尖细，中部稍宽，分枝不多；未焊透多呈断续或连续的黑直线，坡口形式不同，其在焊缝中的位置也不同；气孔在底片上多呈圆形、椭圆形黑点，其黑度在中心处较大并均匀地向边缘处减小；夹渣在底片上多呈不同形状的点和条状。点状夹渣呈单独黑点，外观不太规则并带有棱角，黑度较均匀；条状夹渣呈宽而短的粗线条状，形状不规则，黑度变化也没有规律。

2.超声波探伤。波是机械振动在介质中的传播。当振动频率超过20kHz时，发出的波不能为人耳所听到，叫超声波。超声波探伤是利用超声波能透入金属材料，并在由一截面进入另一截面时，可在界面边缘发生反射的特性来检查焊接接头缺陷的一种方法。当超声波束通过探头自工件表面进入内部遇到缺陷和工件底面时，分别发出反射波束，在荧光屏上形成脉冲波形。根据这些脉冲波形的不同特征可以判断缺陷的位置和大小。

超声波探伤较射线探伤具有较高的灵敏度，尤其对裂纹更为敏感，并具有探伤周期短、成本低、安全等优点。但超声波探伤之前必须将探伤表面打磨光洁，探伤时判断缺陷性质的直观性差，对缺陷尺寸判断不够准确，近表面缺陷不易发现，要求操作人员具有较高的技术水平和丰富的经验。

3.磁粉探伤。磁粉探伤是用于探测铁磁性材料表面或近表面缺陷的一种简单易行的方法。探伤时，先将工件磁化，在工件内部及周围产生磁场，工件中如有裂纹等缺陷，由于缺陷处存在空气或其他物质，其磁阻较铁磁材料本身磁阻大得多，因此在缺陷处磁力线会产生弯曲绕行现象。当缺陷位于工件表面或近表面时，一部分磁力线绕过缺陷暴露在空气中，产生所谓漏磁现象。如果此时在工件表面撒上铁磁粉或涂上磁粉混浊液，则缺陷处的漏磁场会吸住部分磁粉而把缺陷显现出来。

磁粉探伤易于发现表面或近表面的缺陷，尤其是裂纹。但缺陷的显现程度与缺陷同磁力线的相对位置有关，当缺陷与磁力线垂直时显现得最清楚，当缺陷与磁力线平行时则不易显现出来。

4.着色探伤。着色探伤是利用某些具有较强渗透性的渗透液，涂在工件被检查表面上，使之渗入工件表面的微小缺陷中，然后除去工件表面的渗透液，再在工件表面涂一薄层吸附性强的吸附剂（显示剂），隔一定时间后，渗入表层缺陷中的渗透液就会被吸附剂吸附，在工件表面显现出缺陷来。着色探伤也是检查表面缺陷，特别是表面裂纹的简单而实用的方法。着色探伤常用的渗透液是煤油、变压器油、松节油等，再加入饱和量的红色染料；常用的吸附剂是氧化镁、氧化锌等白色粉末配制成的白色涂料。

上述各种无损探伤方法的优缺点和适用范围如表6-1所示。

无损探伤的项目和数量根据承压部件及焊缝的重要性来决定，但检查项目和数量应能说明和保证焊接接头质量。从使用角度说，中高压锅炉的锅筒、高压及超高压容器、低温容器、盛装剧毒介质的容器等，由于工作条件恶劣，发生事故时危害严重，无损探伤的项目和数量就应多些。从制造角度说，钢材的可焊性差，钢板壁厚大，产生缺陷的可能性大，无损探伤的项目和数量也应多些。

表6-1 常用无损探伤方法比较

探伤方法	可探缺陷	可探厚度	灵敏度	判断缺陷方法	设备	表面要求
X射线	内部气孔、夹渣、裂纹、未焊透等	<120mm	1%～2%工件厚	看底片	较复杂	无
γ射线	内部气孔、夹渣、裂纹、未焊透等	30～150mm或更厚	3%工件厚	看底片	较复杂	无
超声波	内部气孔、夹渣、裂纹、未焊透等	可达10m	平行表面且直径>1mm的裂纹等	看荧光屏上波形	简单	需光滑
磁粉	表面及近表缺陷	表面	毛发裂纹	看磁粉分布情况	无	铁磁材料表面需光滑
着色	表面缺陷	表面	毛发裂纹	看着色溶液分布情况	简单	需光滑

一般来说，低压锅炉锅筒的纵缝、环缝及封头拼接焊缝，应作100%射线探伤检查；中高压及以上锅炉锅筒的纵缝、环缝及封头拼接焊缝，应作100%超声波探伤加至少25%射线探伤检查，其焊缝交叉部位及超声波探伤发现的质量可疑部位必须射线探伤；二类容器中的剧毒介质容器，设计压力≥5MPa的容器，易燃介质的永久气体、液化气体或有毒介质且容积大于1m³的容器和一、二类容器中采用铬钼钢焊制的容器，所有的三类容器，主要焊缝均应作100%无损探伤检查。选择超声波探伤时，还应对超探部位作射线探伤复验，复验长度为超探长度的20%，且不小于300mm；选择射线探伤时，对壁厚大于38mm的容器还应作超声波探伤复验，复验长度为射线探伤长度的20%，且不小于300mm。一、二类容器中的其他容器，锅壳锅炉炉胆，可作局部探伤检查。前者的探伤长度不应小于焊缝长度的20%，后者的探伤长度不应小于焊缝长度的25%，且均应包括焊缝交叉部位。

无损探伤的结果应符合相应探伤标准的规定。

（三）水压试验和气密性试验

1.水压试验。水压试验是综合检查产品质量的一种方法，它不但应用在产品制造中，也用于锅炉、压力容器的安装、修理和定期检验中。水压试验的目的是检查产品质量（主要是焊接质量）的完善程度，暴露缺陷，以避免带有严重缺陷的锅炉压力容器承压部件投入运行或继续运行。由于水压试验是通过向设备或系统中充水加压，在加压中及加压后观察设备或系统有无渗漏破裂或明显变形的一种检验方式，所以它主要是检查承压部件的强度和严密性。

水压试验应该在无损探伤合格和热处理以后进行。

整装出厂的锅炉，可在制造厂内对锅炉总体进行水压试验。散装出厂的锅炉，可在制造厂内对锅筒、集箱、管子等部组件进行水压试验。夹套容器的水压试验应分两次进行，即先对内筒进行水压试验，经检验合格后再与外筒连接，然后进行夹套内的水压试验。有开孔补强圈的容器，必须先焊上补强圈，并对补强圈的焊缝进行气密试验以后方可对容器进行水压试验。水压试验压力应以能考核承压部件的强度，暴露其缺陷，但又不损害承压部件为佳。通常规定，承压部件在水压试验压力下的薄膜应力不得超过材料在试验温度下屈服点的90%。具体的水压试验压力规定见表6-2。注意表中 $[\sigma]$ 及 $[\sigma]^t$分别为容器材料在水压试验温度及设计温度下的许用应力。

表6-2 锅炉总体和压力容器水压试验压力

名称	锅筒工作压力及容器设计压力P/MPa	水压试验压力 P_{sw}/MPa
锅炉总体	$p<0.8$	1.5p，但不小于0.2
	$0.8\leqslant p\leqslant 1.6$	p+0.4
	$p>1.6$	1.25p
压力容器（铸铁容器除外）	外压及真空容器	1.25p
	内压容器	125p $1.25p\times([\sigma]/[\sigma]^t)$
	气瓶	1.5p

水压试验应在周围环境温度高于5℃时进行，否则应采取防冻措施。试验用水温度应高于空气露点的温度，以防锅炉或容器表面结露，但水温也不宜过高，以防汽化及造成过大的温差应力。为了防止合金钢制造的承压部件在水压试验时造成脆性破裂，水压试验水温应高于该钢种的韧脆转变温度。

对奥氏体不锈钢制造的承压部件进行水压试验时，应严格控制水中的氯离子含量，以防止产生严重的晶间腐蚀。一般要求试验用水的氯离子含量不超过25mg/L，试验合格后应立即将水渍清除干净。

水压试验时，压力升降应缓慢进行。当压力升至0.3～0.5MPa时，应停止升压进行初步检查；当压力升至工作压力时，应停止升压检查有无异常情况，无异常时方可升压至试验压力。在试验压力下，任何人不得靠近试验部件。对焊制锅炉和压力容器，在试验压力下至少应保持5min，然后降至工作压力进行全面检查。

水压试验检查合格的标准是：在承压部件金属壁和焊缝上没有水珠；水压试验后，用肉眼观察不到残余变形。对设计要求测定水压试验残余变形的容器，径向残余变形不超过0.03%，或容积残余变形不超过容积全变形的10%；对铆缝和胀口来说，在降到工作压力时不漏水。材料抗拉强度≥540MPa的容器，应经表面无损探伤抽查无裂纹。

2.残余变形的测定。在制造及检验中，对比较重要的容器，特别是不能进入内部进行检查的高压容器，应在水压试验中测定它的残余变形，以验证在试验压力下器壁上的应力是否在弹性极限内。

测定容器的残余变形通常有以下几种方法：

（1）直径变形测量法。对圆筒形容器，可用内径千分卡或位移千分表测量容器直径在水压试验前后的变化，进而计算出容器圆周方向的残余变形。此法测量误差较大，因而很少采用。

（2）电阻应变测量法。电阻应变测量通常用于构件承载后的应变和应力测量。它是把构件的变形转换为电阻丝的变形，通过测定电阻丝变形前后电阻的变化，来确定构件的变形。它同样可以测定构件的残余变形。

（3）容积变形测量法。水压试验时，容器器壁的残余变形必然会引起容器容积发生变化。精确地测定容器在水压试验前后容积的变化，也可以确定它的残余变形。用容积变形法来测量容器的残余变形，被广泛用于小型高压容器，特别是气瓶的水压试验中。该法又分为内测法和外测法两种。

内测法：通过测定在试验压力下气瓶内所进入的水量及卸压后由气瓶内所排出的水量来计算气瓶的容积全变形和容积残余变形。内测法过去在国内广为采用，其优点是装置比较简单，缺点是误差较大。

外测法：在瓶内加压进行水压试验时，将整个气瓶浸没在一个水套中，通过水压试验前后水套溢出水量的变化，测定气瓶的容积残余变形，因而也叫水套测量法。外测法试验装置较为复杂，但操作简便，测量误差较小，正在我国得到日益广泛的应用。

3.气密性试验。锅炉承压部件一般不进行专门的气密性试验。设计规定作气密性试验的容器，试验目的主要是检查容器各连接部位（包括焊缝、铆缝及可拆连接处）的密封性能，以保证容器在使用压力下保持严密不漏。

气密性试验使用的加压介质应是空气、氮气或其他惰性气体。为了保证容器不会在气密性试验中发生破裂爆炸，引起大的危害，气密性试验必须在容器水压试验合格以后进行。试验的温度最好不低于15℃。气密性试验压力通常为容器的设计压力。容器在试验压力下保持lOmin，检查容器各连接部位有无渗漏。小型容器则可在试验时浸入水中进行渗漏检查。

气密性试验发现焊缝有渗漏需要补焊时，补焊后要重新进行水压试验和气密性试验。要求焊后热处理的容器，补焊后还应先重做热处理。

第七章　锅炉压力容器安全装置

第一节　概述

一、安全装置分类

锅炉压力容器的安全装置，是为保证承压设备安全运行而装设在设备上的一种附属装置，也叫安全附件。锅炉压力容器的安全装置，按其使用性能或用途可以分为以下四大类型：

（一）连锁装置

连锁装置是指为了防止操作失误而装设的控制机构，如联锁开关、联动阀等。锅炉中的缺水联锁保护装置、熄火联锁保护装置、超压联锁保护装置等均属此类。

（二）警报装置

警报装置是指设备在运行过程中出现不安全因素致使其处于危险状态时，能自动发出声光或其他明显报警信号的仪器，如高低水位报警器、压力报警器、超温报警器等。

（三）计量装置

计量装置是指能自动显示设备运行中与安全有关的参数或信息的仪表、装置，如压力表、温度计等。

（四）泄压装置

泄压装置是指设备超压时能自动排放介质降低压力的装置。

在承压设备的安全装置中，最常用、最关键的是安全泄压装置，因此本章将作重点介绍。对其他使用较多的安全装置，如压力表、水位表等也作适当介绍。

二、安全泄压装置分类

为了确保锅炉、压力容器的安全运行，防止设备由于过量超压而发生事故，除了从根本上采取措施消除或减少可能引起锅炉或压力容器产生超压的各种因素以外，在锅炉或压力容器上还需要装设安全泄压装置。

安全泄压装置是为保证锅炉压力容器安全运行，防止其超压的一种附属装置。它具有下列功能：当容器在正常的工作压力下运行时，保持严密不漏；一旦器内的压力超过规定，就能自动地、迅速地排泄出器内的介质，使设备内的压力始终保持在最高允许用压力范围之内。实际上，安全泄压装置除了具有自动泄压这一主要功能外，还有自动报警的作用。因为当它启动排放气体时，由于气体以高速喷出，发出较大的声响，相当于发出了设备压力过高的报警音响信号。

锅炉及各种内部压力在运行过程中有可能自行升高的容器，均需要装设安全泄压装置。这些容器主要有：1.液化气体贮存容器；2.压气机附属气体贮罐；3.器内进行放热或分解等化学反应，能使压力升高的反应容器；4.高分子聚合设备；5.由载热物料加热，使器内液体蒸发气化的换热容器；6.用减压阀降压后进气（汽），且其许用压力小于压源设备（如锅炉、压气机贮罐等）的容器。

安全泄压装置按其结构形式分为阀型、断裂型、熔化型和组合型等几种。

（一）阀型安全泄压装置

阀型安全泄压装置即安全阀。设备超压时，通过阀自动开启排出介质降低设备内的压力。这种安全泄压装置的优点是：仅仅排泄压力设备内高于规定的部分压力，而当设备内的压力降至正常操作压力时，它即自动关闭。所以可以避免一旦出现设备超压就得把全部介质排出而造成的浪费和生产中断。装置本身可重复使用多次，安装调整也比较容易。这类安全泄压装置的缺点是密封性能较差，即使是合格的安全阀，在正常的工作压力下也难免有轻微的泄漏；由于弹簧等的惯性作用，阀的开放有滞后现象，泄压反应较慢。另外，安全阀所接触的介质不洁净时，有被堵塞或粘住的可能。

阀型安全泄压装置适用于介质比较洁净的气体，如空气、水蒸气等的设备，不宜用于介质具有剧毒性的设备，也不能用于器内有可能产生剧烈化学反应而使压力急剧升高的设备。

（二）断裂型安全泄压装置

常见的有爆破片和爆破帽，前者用于中低压容器，后者多用于超高压容器。这类安全泄压装置是通过爆破元件（爆破片）在较高压力下发生断裂而排放介质的。其优点是密封性能较好，卸压反应较快，气体中的污物对装置元件的动作压力影响较小。缺点是在完成降压作用以后，元件即不能继续使用，容器也得停止运行；爆破元件长期在高压作用下，易产生疲劳损坏，因而元件寿命短；此外，爆破元件的动作压力也不易控制。

断裂型泄压装置宜用于器内因化学反应等升压速率高或介质具有剧毒性的容器，不宜用于液化气体贮罐。对于压力波动较大，即超压的机会较多的容器也不宜采用。

（三）熔化型安全泄压装置

熔化型安全泄压装置即易熔塞。它是利用装置内的低熔点合金在较高的温度下熔化，打开通道，使气体从原来填充有易熔合金的孔中排放出来而泄故压力的。其优点是结构简单，更换容易，由熔化温度而确定的动作压力较易控制。缺点是在完成降压作用后不能继续使用，容器得停止运行，而且因易熔合金强度的限制，泄放面积不能太大。这类装置还可能在不应该动作时脱落或熔化，致使发生意外事故。

熔化型泄压装置仅用于器内介质压力完全取决于温度的小型容器，如气瓶等。

（四）组合型安全泄压装置

组合型安全泄压装置同时具有阀型和断裂型或阀型和熔化型的泄放结构。常见的是弹簧式安全阀与爆破片的串联组合。这种类型的安全泄压装置同时具有阀型和断裂型优点，它既可以防止阀型安全泄压装置的泄漏，又可以在排放过高的压力以后使容器继续运行。组合装置的爆破片，可以根据不同的需要设置在安全阀的入口侧或出口侧。前者可以利用爆破片把安全阀与气体隔离，防止安全阀受腐蚀或被气体中的污物堵塞或黏结。当容器超压时，爆破片断裂，安全阀开放后再关闭，容器可以继续暂时运行，待设备检修时再装上爆破片。这种结构要求爆破片的断裂不妨碍后面安全阀的正常动作，而且要在爆破片与安全阀之间设置检查仪器，防止其间有压力，影响爆破片的正常动作。后一种（即爆破片在安全阀出口侧）可以使爆破片免受气体压力与温度的长期作用而产生疲劳，而爆破片则用以防止安全阀的泄漏。这种结构要求及时将安全阀与爆破片之间的气体排出（由安全阀漏出），否则安全阀即失去作用。

由于结构复杂，组合型安全泄压装置一般用于剧毒或稀有介质容器；又因为安全阀的滞后作用，它不能用于器内升压速度极高的反应容器。

三、压力容器的安全泄放量

压力容器的安全泄放量，是指压力容器在超压时为保证它的压力不再升高在单位时间内必须泄放的介质量。

压力容器的安全泄放量应该是：容器在单位时间内由产生气体压力的设备（如压缩机、蒸汽锅炉等）所能输入的最大气量；或容器在受热时单位时间内器内所能蒸发、分解的最大气量；或容器内部的工作介质发生化学反应，在单位时间内所能产生的最大气量。因此，对于各种不同的压力容器应该分别按不同的方法来确定其安全泄放量。

确定容器的安全泄放量，是选用适当的安全泄压装置的必要条件之一，即安全泄压装置必须有足够的口径和泄放面积，使其排量不小于容器的安全泄放量，才能在泄放介质后有效降压。

（一）永久气体及蒸汽贮罐的安全泄放量

用以贮存或处理永久气体或水蒸气的压力容器，其安全泄放量主要决定于容器的气体输入量。

1.单机附属贮罐。压力机贮气罐、废热锅炉汽包等的安全泄放量按下式计算：

$$G'=H \tag{7-1}$$

式中：G'——容器的安全泄放量，kg/h；

H——压气机排气量或锅炉最大蒸发量，kg/h。

2.集气罐或分气罐。在由两台或两台以上的设备集中输气到一个贮罐（集气罐），或由一台设备分别输气到几个贮罐（分气罐）时，贮罐的安全泄放量按下式计算：

$$G'=7.55\rho_0 Vd^2\frac{p_d}{T} \tag{7-2}$$

或 $$G'=2.83\times10^{-3}\rho Vd^2 \tag{7-3}$$

式中：ρ——气体在排放状态下的密度，kg/m^3；

ρ_0——气体在标准状态下的密度，kg/m^3；

ρ_d——容器的排放压力，MPa（绝对）；

T——容器的排放温度，K；

d——容器的总进气管内径，mm；

V——管内气体流速，m/s，对于一般气体，V=10～15m/s，饱和蒸汽，V=20～30m/s，过热蒸汽，V=30～60m/s。

（二）液化气体贮罐的安全泄放量

液化气体受热蒸发，体积即迅速增大，因此用以贮存或处理液化气体的压力容器，应该按它在可能遇到的最不利的受热情况下的蒸发量来确定安全泄放量。

1.周围环境有火灾可能的液化气体贮罐。介质为可燃液化气体的压力容器或介质虽是非可燃的液化气体，而周围环境有发生火灾可能（如周围有燃料罐等）的压力容器，安全泄放量要按容器周围发生火灾的情况下的吸热量及蒸发量来考虑。

（1）对没有绝热材料保温层的液化气体容器，其安全泄放量为：

$$G'=\frac{2.55FA^{0.82}}{q}\times10^5 \tag{7-4}$$

式中：G'——贮罐的安全泄放量，kg/h；

q——在泄放压力下液化气体的汽化潜热，kj/kg；

F——系数，容器装设在地面下用砂土覆盖时，F=0.3；容器在地面上时F=1；对设置在大于10L/（$m^2\cdot min$）的喷淋装置下时，F=0.6；

A——容器的受热面积，m^2。

各种形式的压力容器的受热面积A，可以按下列方法选取：

□ 封头为半球形的卧式容器：

$$A=\pi D_0 L$$

□ 封头为椭球形的卧式容器：

$$A=\pi D_0(L+0.3D_0)$$

□ 立式容器：

$$A=\pi D_0 L'$$

□ 球形容器：

$$A=\frac{1}{2}\pi {D_0}^2$$

或从地面起到7.5m高度以下所包含的球壳外表面积，取二者中较大者。

以上各式中D_0为容器外径；L为容器总长；L’为器内最高液位。

（2）具有完善的绝热材料保温层的液化气体（可燃液化气体或有火灾可能的非可

燃液化气体）容器，安全泄放量可以按下式计算：

$$G' = \frac{2.61(650-t)\lambda A^{0.82}}{\delta q} \tag{7-5}$$

式中：G'——容器的安全泄放量，kg/h；

t——泄放压力下介质的饱和温度，℃；

λ——常温下绝热材料的导热系数，W/（m·℃）；

A——容器的受热面积，m^2；

δ——保温层的厚度，m；

q——泄放压力下液化气体的汽化潜热，kJ/kg。

2.无火灾危险环境下的液化气体贮罐。介质为非可燃液化气体而且装设在不存在火灾危险的环境下（例如周围不存放燃料，或用耐火建筑材料与其他可燃物料隔离）的压力容器，安全泄放量可以根据其有无保温层分别选用不低于式（7-5）或（7-4）计算值的30%。

（三）蒸发、反应容器的安全泄放量

由于器内液体受热蒸发而产生（或增大）压力，或由于介质的化学反应而使气体的体积增大（反应后器内压力升高）的压力容器，其安全泄放量应分别根据输入载热体的最大热量或器内化学反应可能生成的最大气量，以及反应所需的时间来决定。

第二节　安全阀

一、安全阀的工作原理及对安全阀的基本要求

（一）工作原理

安全阀主要由阀座、阀瓣（阀芯）和加载机构三部分组成。阀座有的和阀体是一个整体，有的是和阀体组装在一起的，它与设备连通。阀瓣常连带有阀杆，它紧扣在阀座上。阀瓣上面是加载机构，载荷的大小可以调节。当设备内的压力在规定的工作压力范围之内时，内部介质作用于阀瓣上面的力小于加载机构加在阀瓣上面的力，两者之差构成阀瓣与阀座之间的密封力，使阀瓣紧压着阀座，设备内的介质无法排出。当设备内的压力超过规定的工作压力并达到安全阀的开启压力时，内部介质作用于阀瓣上面的力大于加载机构施加在它上面的力，于是阀瓣离开阀座，安全阀开启，设备内的介质即通过阀座排出。如果安全阀的排量大于设备的安全泄放量，设备内压力即逐渐下降，而且通过短时间的排气后，压力即降回至正常工作压力。此时内压作用于阀瓣上面的力又小于加载机构施加在它上面的力，阀瓣又紧压着阀座，介质停止排出，设备保持正常的工作压力继续运行。所以，安全阀是通过阀瓣上介质作用力与加载机构作用力的消长，自行关闭或开启以达到防止设备超压的目的。

（二）对安全阀的基本要求

为了使锅炉压力容器正常安全地运行，安全阀应符合以下基本要求：

1.动作灵敏可靠。当压力达到开启压力时，阀瓣即能自动地迅速跳开，顺利地排出气体；

2.在排放压力下，阀瓣应达到全开位置，并能排放出规定的气量；

3.密封性能良好，即不但在正常工作压力下应保持不漏，而且要求在开启排气并降低压力后能及时关闭，关闭后继续保持密封。

作为一个品质优良的安全阀，除了符合动作灵敏可靠和密封性能良好等基本要求以外，还应具有结构紧凑、调节方便等性质特点。

二、安全阀的分类及结构

安全阀按其整体结构及加载机构的不同可以分为重锤杠杆式、弹簧式和脉冲式三种。

（一）重锤杠杆式安全阀

重锤杠杆式安全阀是利用重锤和杠杆来平衡作用在阀瓣上的力。根据杠杆原理，它可以使用质量较小的重锤通过杠杆的增大作用获得较大的作用力，并通过移动重锤的位置（或变换重锤的质量）来调整安全阀的开启压力。

重锤杠杆式安全阀结构简单，调整容易而又比较准确，所加的载荷不会因阀瓣的升高而有较大的增加，适用于温度较高的场合，过去用得比较普遍，特别是用在锅炉和温度较高的压力容器上。但重锤杠杆式安全阀结构比较笨重，加载机构容易振动，并常因振动而产生泄漏；其回座压力较低，开启后不易关闭及保持严密。

（二）弹簧式安全阀

弹簧式安全阀是利用压缩弹簧的力来平衡作用在阀瓣上的力。

螺旋圈形弹簧的压缩量可以通过转动它上面的调整螺母来调节，利用这种结构就可以根据需要校正安全阀的开启（整定）压力。弹簧式安全阀结构轻便紧凑，灵敏度也比较高，安装位置不受限制，而且因为对振动的敏感性小，所以可用于移动式的压力容器上。这种安全阀的缺点是所加的载荷会随着阀的开启而发生变化，即随着阀瓣的升高，弹簧的压缩量增大，作用在阀瓣上的力也跟着增加。这对安全阀的迅速开启是不利的。另外，阀上的弹簧会由于长期受高温的影响而使弹力减小。用于温度较高的容器上时，常常要考虑弹簧的隔热或散热问题，从而使结构变得复杂起来。

（三）脉冲式安全阀

脉冲式安全阀由主阀和辅阀构成，通过辅阀的脉冲作用带动主阀动作。其结构复杂，通常只适用于安全泄放量很大的锅炉和压力容器。

上述三种形式的安全阀中，用得比较普遍的是弹簧式安全阀。

按照介质排放方式的不同，安全阀又可以分为全封闭式、半封闭式和开放式等三种。全封闭式安全阀排气时，气体全部通过排气管排放，介质不能向外泄漏，主要用于介质为有毒、易燃气体的容器。半封闭式安全阀所排出的气体一部分通过排气管，也有一部分从阀盖与阀杆之间的间隙中漏出，多用于介质为不会污染环境的气体的容器。开放式安全阀的阀盖是敞开的，使弹簧腔室与大气相通，这样有利于降低弹簧的温度，主要适用于介质为蒸汽，以及对大气不产生污染的高温气体的容器。

按照阀瓣开启的最大高度与安全阀流道直径之比来划分，安全阀又可分为微启式安全阀和全启式安全阀两种。微启式安全阀的开启高度小于流道直径的1/4，通常为流道直径的1/40～1/20；全启式安全阀的开启高度大于或等于流道直径的1/4。

三、安全阀的排量

安全阀开启排气时，其阀座的排气通道相当于一个渐缩喷管，可依据热力学中喷管流动的理论对安全阀的排气量进行分析计算。由于安全阀阀前与锅炉筒体或容器相连，阀后直通大气或背压很低，安全阀排气时阀后与阀前的压力比一般小于临界压力比（$\left(\frac{2}{K+1}\right)^{\frac{K}{(K-1)}}$，K为绝热指数），因而安全阀排气时，理论上可达喷管临界流速及最大流量。但安全阀与理想喷管不同的是：安全阀排放的是真实气体或蒸汽，而不是理想气体；安全阀阀内流动阻力较大，不同于理想喷管中的无阻力流动。因而安全阀的排气量小于相同流道直径喷管的理论排气量。

（一）一般安全阀排量计算公式

考虑上述差别，在喷管流量计算式中引入一个额定排量系数C，并用阀的排放压力p为计算压力，则安全阀的排量可按下式计算：

$$G = CpAX\sqrt{\frac{M}{ZT}} \tag{7-6}$$

式中p——安全阀的排放压力，MPa（绝对），一般取p为整定（开启）压力的1.10倍；

T——排气温度，K；

M——气体分子量，对于多种气体组成的混合气体，可根据其组成百分比取平均值作分子量；

A——安全阀的排放面积（阀排放时流体通道的最小截面积），mm^2；

X——气体特性系数；

Z——气体压缩系数。

对于全启式安全阀，排放面积A等于流道面积，即$A=\frac{\pi d_0^2}{4}$（d_0为流道直径即喉径）。对微启式安全阀，排放面积A等于帘面积，即$A=\pi d_0 h\sin\phi$（其中h为开启高度；Φ为锥形密封面的半锥角。平面形密封，$\phi=\frac{\pi}{2}$，$\sin\phi=1$）。微启式安全阀的开启高度h按制造厂提供或实际测定的数据确定。无数据时，有调节圈者，取$h=\frac{d_0}{20}$，无调节圈者，取$h=\frac{d_0}{40}$。

式（7-6）中的额定排量系数C，一般取试验实测排量系数（实际排量与渐缩型喷管的理论流量之比）的90%。无法取得确实数据时，对全启式安全阀可取C=0.60～0.70；对微启式安全阀，可取C=0.40～0.50（带调节圈）或C=0.25～0.35（不带调节圈）。

气体的特性系数X是气体绝热指数k的函数，即：

$$X=39.48\sqrt{k\left(\frac{2}{k+1}\right)^{\frac{(k+1)}{(k-1)}}}$$

为便于使用，将具有不同绝热指数k值的各种气体的特性系数X值列于表7-1中。

表7-1 不同k值气体的特性系数X值

k	1.06	1.10	1.14	1.18	1.22	1.26	1.30	1.34	1.38
X	24.5	24.8	25.1	25.5	25.8	26.1	26.3	26.6	26.9
k	1.40	1.42	1.46	1.50	1.54	1.58	1.62	1.66	1.70
X	27.0	27.2	27.4	27.7	27.9	28.2	28.4	28.6	28.9

式（7-6）中的Z是气体的压缩系数，它反映了真实气体和理想气体的差异。各种气体在不同压力和温度下具有不同的压缩系数，其值可在有关热工手册中查找。

（二）中低压双原子气体用安全阀排量计算公式

在常温及压力不太高的情况下，真实气体与理想气体的差异不大，即压缩系数Z≈1。一般常用的二原子气体，如空气、氧气、氮气、氢气及一氧化碳气等的绝热指数k均约为1.4。因此，对于工作介质为双原子气体的中、低压安全阀，可以用Z≈1，X≈27（k=1.4时）之值代入式（7-6），即可得简化的安全阀排量计算公式：

$$G=27CpA\sqrt{\frac{M}{T}}\ (\mathrm{kg/h}) \tag{7-7}$$

（三）蒸汽锅炉安全阀排量计算公式

规程规定蒸汽锅炉用安全阀必须是全启式安全阀。装于锅筒、锅壳上的安全阀，所排放介质为饱和水蒸气；装于过热器集箱的安全阀，所排放介质为过热蒸汽。排放水蒸气介质的全启式安全阀，其排量按下式计算：

$$G=0.235A(10.2p+1)K \tag{7-8}$$

式中：G——蒸汽锅炉安全阀排量，kg/h；

p——安全阀入口处的蒸汽压力，MPa，表压；

A——安全阀的流通面积，mm^2，$A=\frac{\pi}{4}d^2$，其中d为安全阀的流道直径（喉径）；

K——安全阀入口处蒸汽比容修正系数，$K=K_p \cdot K_g$）其中K_p为压力修正系数；K_g为过热修正系数，K，K_p，K_g的选值见表7-2。

表 7-2 安全阀入口处各修正系数

		K_p	K_g	$K=K_p \cdot K_g$
$p \leqslant 12$	饱和	1	1	1
	过热	1	$\sqrt{V_b/V_g}$	$\sqrt{V_b/V_g}$
$p > 12$	饱和	$\sqrt{2.1/(10.2p+1)V_b}$	1	$\sqrt{2.1/(10.2p+1)V_b}$
	过热		$\sqrt{V_b/V_g}$	$\sqrt{2.1/(10.2p+1)V_g}$

注：1.$\sqrt{V_b/V_g}$ 亦可用以 $\sqrt{1000/(1000+2.7T_g)}$ 代替。

2.各式中 V_g——过热蒸汽比容，m^3/kg；

V_b——饱和蒸汽比容，m^3/kg：

T_g——过热度，℃。

压力容器上所有安全阀的总排量，必须大于或等于压力容器的安全泄放量。锅炉上所有安全阀的总排量，必须大于锅炉的最大连续蒸发量。

四、安全阀的安装、调试和维护

（一）安全阀的安装

安全阀能否正常工作与它的安装是否正确有很大的关系。安装位置、方式以及排放管道等不适当的安全阀，不但会失去应有的作用，而且还会导致意外的事故。

蒸发量大于0.5t/h的锅炉，至少应该装设两个安全阀（不包括省煤器安全阀），蒸汽过热器出口处和可分式省煤器出口（或入口）处也必须装设安全阀。

安全阀应该垂直地装在锅筒、集箱的最高位置；压力容器的安全阀最好直接装设在容器本体上；液化气体贮罐上的安全阀还必须装设在贮罐的气相部位。在特殊情况下，当安全阀确实不便装设在容器本体上而装在它的出口管上时，安全阀与容器之间的管路应尽量减小阻力，且不能在此连接管道上装设截止阀或其他引出管。锅炉上的安全阀与锅筒或集箱之间不得装接取用蒸汽的出汽管和阀门。安全阀与锅炉或容器的连接管，其截面积必须大于安全阀的进口截面积。如果有几个安全阀共同装设在一根与锅筒直接相连的短管上，短管的截面积不应小于所有安全阀流通面积的1.25倍。

锅炉和压力容器上装设的封闭式安全阀应配置排放管，以便将介质排放到室外或其他安全场所。排放管应尽量避免曲折和急转弯，以减小阻力，它的直径应不小于安全阀出口的公称直径。排放管要适当地支承，以免使安全阀产生过大的附加应力或引起振动。排放管如有可能积聚冷凝液体或雨水等时，则应在能够将其全部排净的地方装设能接到地面的泄水管。排气管和泄水管上都不应装设阀门。两个以上的安全阀若共用一根排放管，则排放管的截面积不应小于所有安全阀出口截面积的总和，但氧气和可燃气体以及其他能相互产生化学反应的两种气体不能共用一根排放管。

可燃气体可以排入大气中，也可以采取火炬排放。排入大气时，必须引至远离明火或易燃物，而且是良好通风的地方。排放管必须逐段用导线接地以消除静电的作用。如果可燃气体的温度高于它的自燃点，则应考虑气体排放后的防火措施，或者将气体冷却到温度低于它的自燃点以下再排入大气。用火炬排放的可燃液化气体只能是经过气液分离后的气体，如果是腐蚀性可燃气体则还应采取防腐蚀措施。

安装杠杆式安全阀时，必须使它的阀杆严格保持在铅垂的位置。弹簧式安全阀也应垂直安装，以免它的动作受到影响。安全阀与它的连接管路上的连接螺栓必须均匀地上紧，以免阀体产生附加应力，破坏阀零件的同心度，妨碍安全阀的正常工作。

对于排量大的安全阀，要注意它排气时的反作用力以及由此而使接管产生的过大的弯曲应力，防止因安全阀选用和安装不当而导致接管断裂，造成人身伤亡事故。

（二）安全阀的试验和调整

1.安全阀的试验。安全阀在安装前以及在锅炉压力容器定期检验时应进行耐压试验和密封试验。

安全阀耐压试验的目的是检验它是否具有足够的强度。安全阀在试验压力下无变形或阀体渗漏等现象，即认为耐压试验合格。

安全阀的密封试验是检验它密封机构的严密程度。空气或其他气体用安全阀的密封试验压力为：当整定压力（开启压力）小于0.3MPa时，比整定压力低0.03MPa；当整定压力大于或等于0.3MPa时，是整定压力的90%。蒸汽用安全阀的密封试验压力为90%整定压力或为回座压力最小值，取二者中较小者。用于空气或其他气体的安全阀，密封试验介质为空气；用于蒸汽的安全阀，试验介质为饱和蒸汽。进行空气或其他气体用安全阀密封试验时，在阀的出口处堵上盲板，并接一根内径为6mm的漏气引出管，插入水面下13mm（其他部位应同外界处于完全密闭状态）。对一般安全阀（无背压），检查其泄漏率（以每分钟泄漏气泡数表示）在规定范围内为密封性合格。对用于蒸汽的安全阀，则用目视或听音的方法检查阀的出口端，如未发现泄漏现象，则认为密封性合格。

2.安全阀的调整。安全阀经过耐压试验和气密性试验以后，还应进行校正和调整。即通过调节施加在阀瓣上的载荷（对于杠杆式安全阀就是调节重锤的位置，对于弹簧式安全阀就是调节弹簧的压缩量）来校正安全阀的整定压力，使安全阀在规定的整定压力下开启排气。

装设在蒸汽锅炉锅筒和过热器上的安全阀，其整定压力应符合表7-3的规定。

表7-3 锅筒、过热器安全阀的整定压力

额定工作压力/MPa	阀的整定压力
<0.8	工作压力+0.03MPa 工作压力+0.05MPa
>0.8，≤5.9	1.04倍工作压力 1.06倍工作压力
>5.9	1.05倍工作压力 1.08倍工作压力

表中的额定工作压力是指装设安全阀处的工作压力。一般装设有两个安全阀的锅

炉，其中一个安全阀应按表中较低的整定压力校正。对有过热器的锅炉，过热器上的安全阀应在较低压力下开启。省煤器安全阀的整定压力应为工作压力的1.1倍。

装设在压力容器上的安全阀，其整定压力应该根据下列原则确定：整定压力不应大于容器的设计压力，以防止容器在超压状态下运行；整定压力又应该使阀的密封试验压力不小于容器的工作压力，以保证容器在正常工作条件下具有良好的密封性。这样，整定压力应是工作压力的1.05～1.10倍，并且应高于工作压力0.03MPa。

经过整定压力的校正后，安全阀还应调整其排放压力和回座压力。蒸汽用安全阀的排放压力应小于或等于整定压力的1.03倍；空气或其他气体用安全阀的排放压力应小于或等于整定压力的1.10倍。一般蒸汽设备用安全阀的启闭压差（整定压力与回座压力之差）应不大于整定压力的10%；空气或其他气体用安全阀，启闭压差应不大于整定压力的15%。

经过校正调整的安全阀，应进行铅封，使其调整加载的装置以及固定调节圈的螺钉都不可能受到意外的变动。

（三）安全阀的维护

要使安全阀经常处于良好的状态，保持灵敏正确，必须在锅炉和压力容器运行过程中加强对它的维护和检查。

1.要经常保持安全阀的清洁，防止阀体弹簧等被油污、垢物等所粘满或被锈蚀，防止安全阀排放管被油垢或其他异物堵塞。设置在室外露天的安全阀，冬季气温过低时应检查它有无冻结的可能性。

为了防止安全阀的阀瓣和阀座被气体中的油垢、水垢或结晶物等粘住或堵塞，用于空气、水蒸气以及带有黏滞性物质而排气又不会造成危害的其他气体的安全阀，应定期作手提排气试验。试验时应缓慢操作，轻轻地将提升扳手（弹簧式安全阀）或重锤慢慢抬起，听到阀内有气体排出时，即慢慢放下。安全阀手提排气试验的间隔期限可根据气体的洁净程度确定。

2.要经常检查安全阀的铅封是否完好，检查杠杆式安全阀的重锤是否有松动、被移动以及另挂重物的现象。

3.发现安全阀有渗漏迹象时，应及时进行更换或检修。禁止用增加载荷的方法减除阀的泄漏。安全阀产生渗漏的原因一般是：有脏物粘在密封面上或密封面被腐蚀、磨损因而产生凹坑沟痕；阀瓣及阀座等零件的同心度由于安装不正确或其他原因而被破坏；弹簧长期受高温作用而失去原有的弹性；安全阀装配质量不良等。

4.安全阀必须实行定期检验，包括清洗、研磨、试验和校正调整。安全阀的定期检验间隔期可以与锅炉或压力容器的检验间隔期相同。

第三节 爆破片装置

一、爆破片装置在压力容器中的使用

爆破片装置是断裂型安全泄压装置，由爆破片和夹持器两部分组成。爆破片是在

标定爆破压力及温度下爆破泄压的元件；夹持器则是在容器的适当部位装接夹持爆破片的辅助元件。夹持器的作用：一是提供一个与容器安全泄放量相当的介质泄放管口；二是保证爆破片周边夹持牢靠、密封严密；三是与爆破片元件匹配，使之在标定爆破压力爆破泄压。

爆破片装置适用于下列场合：

第一，工作介质具有粘性或易于结晶、聚合，容易将安全阀阀瓣与阀座粘住或堵塞安全阀；

第二，由于化学反应或其他原因，器内压力可瞬间急剧上升，用安全阀由于惯性影响不能及时开启及泄放压力；

第三，工作介质为剧毒气体或昂贵气体，用安全阀难免泄漏造成环境污染或浪费；

第四，气体排放口小于12mm或大于150mm，要求全量泄放或全量泄放时要求毫无阻碍的场合；

第五，其他不适用安全阀而适用爆破片的场合。

二、嫌破片的类型

（一）平板型爆破片

平板型爆破片由塑性金属或石墨制成，前者因壁薄受载后呈凸形引起拉伸破坏，后者则引起剪切或弯曲破坏。用于压力不高及压力较稳定的场合，目前已较少使用。

（二）普通正拱型爆破片

普通正拱型爆破片由单层塑性金属材料制成，凹面侧向着介质，容器超载后爆破片拉伸破坏。适用于静载中压或高压容器。

（三）开缝正拱型爆破片

开缝正拱型爆破片由两片曲率相同的普通正拱型爆破片组合而成，凹面侧向着介质。与介质接触的一片由耐介质腐蚀的金属或非金属材料制成，不开缝槽；另一片由金属材料制成，拱型部分开设若干条穿透的槽隙，槽隙沿径向分布，两端为小孔，通过变动槽孔的疏密可调节爆破片的爆破压力。这种爆破片适用于中高压静载荷，介质有腐蚀性的容器。

（四）反拱型爆破片

反拱型爆破片由单层塑性金属材料制成，凸面侧向着介质，受载后引起失稳破坏。失稳翻转后被装设在原凹面的刀具切破或整片脱落弹出。由于其失稳爆破压力对疲劳不敏感，适用于承受脉动载荷的压力容器。

三、爆破片的爆破压力与容器的设计压力

爆破片是人为设置在压力容器上的一个薄弱环节。当容器内的介质压力处于容器正常工作压力以内时，爆破片不应爆破，以免影响容器正常工作。但当器内介质压力

超过正常工作压力一定值，尚未达到容器设计压力时，爆破片即应爆破泄压，以保证容器的安全。因而，爆破片的爆破压力应大于容器的正常工作压力而小于容器的设计压力。

（一）爆破片爆破压力的影响因素

爆破片实际上在什么压力下爆破，其影响因素很多，其中主要是爆破片的材料、厚度、直径、类型、夹持情况、开缝情况和制造工艺等。一般来说，爆破压力正比于爆破片的材料强度与膜片厚度，反比于膜片直径。对各种类型的爆破片，虽有多种计算爆破压力或厚度的公式，但因影响因素较多，计算结果常常是近似的，而以同材料、同厚度、同工艺、同夹持条件的批量抽查试样实测的爆破压力为准。

（二）爆破压力与容器设计压力

每一个爆破片装置在设计爆破温度下都应有一标定的爆破压力。爆破片的标定爆破压力——铭牌标定压力——是其在爆破温度下进行批量抽样爆破试验，所得实际爆破压力的算术平均值。同批量爆破片的标定爆破压力有一个标准允许的压力变动范围，通常称作制造范围。

爆破片的最低标定爆破压力 p_{bmin}，可根据容器的最大工作压力 p_W 由表 7-4 确定。

表 7-4 爆破片的最低标定爆破压力

爆破片类型	载荷性质	p_{bmin}/MPa
普通正拱型	静载	$\geqslant 1.43p_W$
开缝正拱型	静载	$\geqslant 1.25p_W$
正拱型	脉动载荷	$\geqslant 1.27p_W$
反拱型	静载或脉动载荷	$\geqslant 1.1p_W$

爆破片的设计爆破压力 p_b，等于最低标定爆破压力 p_{bmin} 加上其制造范围的下限（取绝对值）。

容器的设计压力 p，等于 p_b 加上相应爆破片制造范围的上限。

爆破片的厚度由设计爆破压力预算确定。批量设计制造出的爆破片，其实际爆破压力——标定爆破压力，由抽样爆破试验验证和确定。

四、爆破片泄放面积的确定

为了保证爆破片破裂时能及时泄放容器内的压力，防止容器继续升压爆炸，爆破片必须具有足够的泄放面积。与对安全阀的要求一样，爆破片的排泄量应不小于容器的安全泄放量，由此即可得到爆破片的泄放面积为：

$$A \geqslant \frac{C'}{CpX\sqrt{M/ZT}} \tag{7-9}$$

式中：A—— 爆破片的泄放面积，mm^2；

G'——容器的安全泄放量，kg/h；

p——爆破片设计爆破压力，MPa，（绝对）；

X——气体介质的特性系数，见表 7-1；

M——容器内气体的分子量；

T——排放情况下气体的热力学温度，K；

Z——气体的压缩系数；

C——流量系数，$C=C_1 \cdot C_2$；

C_1——爆破片接口管（与容器连接）流量系数，具有喇叭形渐缩口者，$C_1=0.87$，一般直圆管，$C_1=0.71$；

C_2——膜片排放口流量系数，剪切破坏型及脱落式失稳型爆破片，$C_2=1$，其他类型，$C_2=0.8\sim0.9$。

五、爆破片装置的质量要求

爆破片作为一种安全泄压装置，必须保证能在规定的压力范围内爆破。爆破片实际动作压力的准确与否，在很大程度上取决于膜片的制造质量。因此，要得到符合要求的爆破片，必须有严格的质量要求。

（一）一般要求

爆破片装置应定点生产，制造爆破片的材料应具有质量证明书或合格证，并应经过能复验。为了使制造膜片的材料具有均匀的强度和相同的机械性能，制造同批膜片的材料必须严格保持相同的成分和相同的热处理条件。膜片的每一个坯片都应按规定进行外观检查与实际厚度测定，每一测点的厚度偏差都应在规定的范围内。

（二）产品外观质量

爆破片产品的外观质量应符合以下要求：

1.外观形状与尺寸应符合设计图纸要求，加工表面应光洁。

2.爆破片的内外表面无裂纹、锈蚀、微孔、气泡、划痕和夹渣，不存在可能影响爆破性能的划伤等。开缝型或刻槽型爆破片的孔或缝应无毛刺，其形状尺寸应符合设计要求。

3.表面有防涂层的膜片，涂层必须致密，不得有气孔等缺陷；有密封膜的膜片，密封膜厚度应均匀。

（三）爆破性能

为了验证爆破片的实际爆破压力，每批产品都应按下列规定进行爆破试验：

1.同批次（同规格、同材料、同工艺、同炉号）的爆破片产品，应按表7-5规定的数量抽取样品进行爆破试验。

表7-5 爆破片产品抽样数量

同批次嫌破片成品总数	爆破试验抽样数量
<10	2
10～15	3
16～30	4
31～100	6
101～250	4%，但不少于6
251～1000	3%，但不少于10

2.整个爆破试验系统应配置两个压力表，其中一个应尽量靠近试验爆破片；另一个可置于压力源出口的可见部位。

3.测定爆破压力的压力表，其最大量程应是爆破片设计压力的1.5～3倍。设计爆破压力为0.1～2.5MPa的测试用弹簧管式压力表，精度等级为0.4级；设计爆破压力大于2.5MPa的，精度等级为1级。试验前所用压力表应该经过校验，或者在有效期内使用。为了避免目测压力产生的误差，应采用带有定针的压力表或装设压力自动记录仪。

抽样试验的爆破片，实际爆破压力的允许偏差应在表7-6规定范围内。

表7-6 爆破片爆破压力允许偏差

爆破片类型	爆破压力/MPa	允许偏差
正拱型	<0.2	+0.010MPa
	≥0.2	±5%
反拱型	<0.3	±0.015MPa
	≥0.3	±5%

爆破片的抽样试验应在设计温度下进行，如果在常温下的试验结果能够保证设计爆破温度下的爆破性能，则可以在常温下进行。

六、爆破片的使用与检验

第一，容器介质有腐蚀性、易燃性或剧毒性而装设爆破片装置时，应在图纸上注明爆破片的材料和设计时所确定的爆破压力。

第二，爆破片与容器的连接管应为直管，阻力要小，管路通道截面积不得小于爆破片泄放面积。

第三，爆破片的泄放管线应尽可能垂直安装；应避开邻近设备及操作人员所能接近的空间。介质为易燃、有毒或剧毒时，应将其引至安全地点妥善处理。泄放管内径应不小于爆破片泄放口径，并有不被爆破片碎片堵塞的措施。

第四，爆破片一般应与容器气相空间相连；装夹应牢固，夹紧装置和密封垫圈表面不得有油污，夹持螺栓应拧紧。

第五，运行中应经常检查爆破片装置有无渗漏和异常。

第六，爆破片应定期更换，更换期限由使用单位根据本单位的实际情况决定。超过爆破片标定爆破压力而未爆破的，应予以更换。

第四节　其他安全装置

一、压力表

（一）压力表的分类与结构

压力表是用以测量介质压力大小的仪表。锅炉及需要单独装设安全泄压装置的压力容器，都必须装有压力表。压力表的种类很多，按其结构和工作原理的不同可以分为液柱式、弹性元件式、活塞式和电量式四大类。

1.液柱式压力表。它是根据液柱的高度差来确定所测的压力值。其结构简单、使用方便、测量准确。但因为受液柱高度的限制，它只适用于测量较低的压力，例如锅炉燃烧系统的烟风压力测量。在压力容器中一般不使用这类压力表。

2.弹性元件式压力表。它是利用弹性元件的弹力与被测压力的平衡，根据元件变形程度来测定被测的压力值。有单圈弹簧管式、多圈弹簧管式、薄膜式、波纹筒式和远距离传送式等多种形式。这类压力表结构坚固，不易泄漏，具有较高的准确度，对使用条件的要求也不高。但使用期间必须经常检验，不宜用于测定频率较高的脉动压力。

3.活塞式压力表。它是利用加在活塞上的力与被测压力的平衡，根据活塞面积和加在其上的力来确定所测的压力。它的优点是准确度很高，测定范围较广。但不能连续测量，所以只适宜作检验用的标准仪表。

4.电量式压力表。它是利用物体在不同压力下产生物理量（电量）的变化来确定所测的压力值。有电阻式、电容式、压电式、电磁式等多种形式。这类压力表可以测量快速变化的压力和超高压压力，应用逐渐广泛。

在锅炉和压力容器介质压力的测量中，广泛应用的是单弹簧管压力表。

单弹簧管压力表是利用中空的弹簧弯管在内压作用下产生变形的原理制成的。按位移量转换机构的不同，这种压力表又可以分成扇形齿轮式和杠杆式两种。带有扇形齿轮机构的单弹簧管压力表的结构中，主要元件是一根横断面呈椭圆形或扁圆形的中空弯管，通过压力表的接头与承压设备相连接。当有压力的流体进入弯管时，由于内压的作用，弯管向外伸展，发生位移变形。这些位移通过拉杆和扇形齿轮的传动，带动压力表的指针转动。流体压力越高，弯管的位移量越大，指针转动的角度也越大。压力即由指针在刻度盘上指示出来。

（二）压力表的选用

1.装在锅炉和压力容器上的压力表，其最大量程（表盘上的刻度极限值）应与设备的工作压力相适应。压力表的量程最好为设备工作压力的2倍，最小不应小于1.5倍，最大不应高于3倍。

2.锅炉和压力容器用压力表应具有足够的精度。压力表：的精度是以它的允许误差占表盘刻度极限值的百分数按级别来表示的，精度等级一般都标在表盘上。工作压力小于2.5MPa的锅炉和低压容器所用压力表，其精度一般不应低于2.5级；工作压力大于或等于2.5MPa的锅炉和中、高压容器的压力表，精度不应低于1.5级。

3.为了使操作工人能准确地看清压力值，压力表的表盘直径不应过小。在一般情况下，锅炉和压力容器所用压力表的表盘直径不应小于100mm。如果压力表装得较高或离岗位较远，表盘直径还应增大。

（三）压力表的装设

1.压力表的接管应直接与承压设备本体相连接；装设压力表的地方应有足够的照

明并便于观察和检验；要防止压力表受到高温辐射、冰冻或振动。

2.为了便于更换和校验压力表，压力表与承压设备接管中应装有旋塞，旋塞应装在垂直的管段上。

3.锅炉或工作介质为高温蒸汽的压力容器，压力表的接管上要装有存水弯管，使蒸汽在这一段弯管内冷凝，以避免高温蒸汽直接进入压力表的弹簧管内，致使表内元件过热而产生变形，影响压力表的精度。钢制存水弯管，内径不应小于10mm；铜制则不应小于6mm。为了便于冲洗和校验压力表，在压力表与存水弯管之间应装设三通阀门或其他相应装置。

4.如果压力容器中的工作介质对压力表零件的材料有腐蚀作用，则应在弹簧管式压力表与容器的连接管路上装置充填有液体的隔离装置。充填液不应与工作介质起化学反应或生成混合物。如果限于操作条件不能采取这种保护装置时，则应选用抗腐蚀的压力表，如波纹平膜式压力表等。

5.应根据锅炉或压力容器的最高许用压力，在压力表的刻度盘上划上警戒红线。

（四）压力表的维护

要使压力表保持灵敏准确，除了合理选用和正确安装以外，在锅炉和压力容器运行过程中还应加强对压力表的维护和检查。

1.压力表应保持洁净，表盘上的玻璃要明亮清晰，使表盘内指计指示的压力值能清楚易见。表盘玻璃破碎或表盘刻度不清的压力表应停止使用。

2.压力表的连接管要定期吹洗，以免堵塞。用于含有较多油污或其他黏性物料气体的压力表连接管，尤应勤于吹洗。

3.经常注意检查压力表指针的转动与波动是否正常，检查连接管上的旋塞是否处于开启状态。

4.压力表必须定期进行校验，已经超过校验期限的压力表应停止使用。在锅炉和压力容器正常迠行过程中，如发现压力表指示不正常或有其他可疑迹象，应立即检验校正。

二、水位表

水位表（液位计）是用来显示锅筒（锅壳）内水位高低的仪表。运行操作人员可以通过水位表观察并相应调节水位，防止发生锅炉缺水或满水事故，进而避免由水位不正常造成的受热面损坏及其他事故，保证锅炉安全运行。压力容器上显示工作介质液位的液位计，其作用及工作原理与水位表相同。

水位表是按照连通器内液位高度相等的原理装设的。水位表的水连管和汽连管分别与锅筒的水空间和汽空间相连，水位表和锅筒构成连通器，水位表显示的水位即是锅筒内的水位。

锅炉上常用的水位表，有玻璃管式和玻璃板式两种。

（一）玻璃管式水位表

玻璃管式水位表由玻璃管、汽连管、水连管、汽旋塞、水旋塞、放水旋塞等部分组成。汽连管和水连管通过法兰或螺纹连接在锅筒的水位表管接头上。玻璃管由耐热玻璃制作，直径一般有Φ15mm、Φ20mm两种。

玻璃管式水位表结构简单，价格低廉，在低压小型锅炉上应用得十分广泛。但玻璃管的耐压能力有限，使用工作压力不宜超过1.6MPa。为防止玻璃管破碎喷水伤人，玻璃管外通常装设有耐热的玻璃防护罩。

（二）玻璃板式水位表

玻璃板式水位表与玻璃管式水位表的区别在于用玻璃板代替了玻璃管，并且有安装玻璃板的金属框盒和压盖。玻璃板由耐热、耐压的玻璃平板制作，玻璃平板一侧沿纵向刻有三棱形沟槽。装置时，将玻璃平板嵌在金属框盒中，刻有沟槽的一面朝内，玻璃平板与框盒间垫有石棉橡胶板，同时用螺栓将压盖紧压在框盒中，使框盒、玻璃板、压盖三者严密配合以防泄漏。玻璃板上的纵向沟槽可以有效地防止玻璃板横向断裂，并有助于水位显示。因为由于光线在沟槽中的折射，水位表中的蒸汽部分呈银白色，水的部分呈暗黑色，汽水界限非常明显，水位清晰可见。

玻璃板式水位表与玻璃管水位表相比，能耐受更高的压力和温度，不易泄漏。但结构较为复杂，多用于中高压锅炉。

双色水位表由玻璃板式水位表改进发展而成。利用棱镜对水、汽介质穿透、反射及折射情况的不同，以红绿两色分别显示水和汽，使水位表内界限清晰，监视方便。

（三）低地位水位表

当水位表高于司炉操作平台6m时，应在司炉操作平台上加装低地位水位表。

低地位水位嘉是一个水位转换器和一个差压计的组合。它先通过凝汽室将水位转化为压差，然后用平衡这一压差的轻液或重液U形管液位差来显示水位。轻液指密度比水小的显示液体，通常采用机油、煤油和汽油的混合液，密度约为0.7～0.8g/m^3；重液指密度比水大的显示液体，通常采用四氯化碳、三氯甲烷等有机液，密度约为1.6～2.0g/cm^3。

重液式低地位水位表的构造主要由U型管、连通管、冷凝器、膨胀器、溢流管等部分组成。U形管是低地位水位表的主要部分，内装重液；U形管上部用连通管分别与锅筒汽空间及水空间连通。在通向蒸汽空间连通管的上端装有冷凝器，由锅筒进入冷凝器的蒸汽被冷凝成水并达到一定高度，多余的水经溢流管流入水连管，使冷凝器内水位保持不变，即与蒸汽空间相连的连通管中水柱高度保持不变，而和锅筒水空间相连的连通管中水柱高度却是随锅筒水位变化而变化。两个连通管内水位高度之差，反映了锅炉的水位。由于作用于U形管重液上的水柱高度不同，因而U形管两边重液液面高度不同。重液液位差取决于重液液面之上两边水柱高度之差，即取决于锅筒水位的高低。同时，重液液面在U形管中所处的部位，一边是膨胀器；另一边是低地位水位指示计。由于膨胀器的横截面比水位指示计横截面大得多，在两边重液液柱差随水位变化时，可以近似地认为膨胀器中重液液面不变，而只是水位指示计中重液液面改变，即低地位水位指示计中的重液液面是随锅筒水位变化而相应变化的。

轻液式低地位水位表的工作原理与重液式基本相同，但其U形管必须倒置，以使轻液浮在水面之上的U形管上部。

（四）对水位表的安全要求

每台锅炉至少应装设两个彼此独立的水位表。蒸发量小于等于0.5t/h的锅炉，可以装设一个水位表。

水位表应装在便于观察、冲洗的地方，并要有足够的照明；水连接管和汽连接管应水平布置，以防止形成假水位；连接管的内径不得小于18mm，连接管应尽可能地短，如长度超过500mm或有弯曲时，内径应适当放大；汽水连接管上应装设阀门，并在运行中保持全开；水位表应有放水旋塞和接至安全地点的放水管，汽旋塞、水旋塞、放水旋塞的内径及水位表玻璃管的内径，都不得小于8mm。

水位表应有指示最高、最低安全水位的明显标志。水位表玻璃管（板）的最低可见边缘应比最高至少高50mm，且应比最低安全水位低25mm，最高可见边缘应比最高安全水位高25mm。

为防止水位表损坏伤人，玻璃管式水位表应装有防护装置，但不得妨碍观察真实水位。

锅炉运行中要随时监视并定期冲洗水位表。

三、锅炉排污装置

排污是锅炉水质监控的三个基本环节之一。在锅炉运行中，由于锅水不断蒸发浓缩，加上向锅水中投放防垢防腐药剂，锅水中的杂质含量会不断增加。为降低锅水中盐碱的含量，保证锅水的质量，必须经常从锅炉中排放一部分浓缩后的污水、锅水中的水渣和其他杂质，这就是排污。

锅炉中的排污分定期排污和连续排污两种，相应的排污装置分别是定期排污装置和连续排污装置。

各种蒸汽锅炉及热水锅炉，都应装设定期排污装置，在运行中定期排污。有过热器的蒸汽锅炉，除定期排污外还应连续排污。

（一）定期排污装置

定期排污装置装设在锅筒（锅壳）、立式锅炉下脚圈、水冷壁下集箱的最低处，一般由两只串联的排污阀和排污管组成。

常用的排污阀有旋塞式、齿条闸门式、摆动闸门式、慢开闸门式和慢开斜置球形等多种形式。由于反复排放污水及污物，排污阀应该启闭方便，开启后流道畅通，关闭后密封完好。

1.旋塞式排污阀。它主要由阀瓣和阀体两部分组成，阀瓣上大下小呈圆锥形，中间开有长圆形贯穿孔，是污水通道。阀瓣随阀杆沿自身轴线转动90°，即可完成阀门启闭。属快开式排污阀，结构简单，维修方便，但受热膨胀后转动困难，使其使用受到限制。可用于低压小型锅炉。

2.齿条闸门式排污阀。它主要由齿条、闸板、阀座和阀体等部分组成。在手柄的摆动轴上有一个小齿轮与齿条啮合，齿条的下部与闸板相连。闸板由两个套筒合成，中间的弹簧向两侧推压套筒，使之紧贴阀座，保持接触面严密。当手柄转动180°时，小齿轮转动，同时带动齿条和闸板上移，使阀门快速开启。

3.摆动闸门式排污阀。它主要由手柄、传动轱、闸板和阀体等部分组成。闸板由两个阀片合成，中间的弹簧向两侧推压阀片，使闸板紧贴阀座，保持接触面严密。闸板的一端与传动轴相连，二者中心线不在同一直线上。当摆动手柄时，传动柚转动，闸板相随摆动，从而使阀门启闭。这种阀门动作灵便，排污效果好，应用广泛。

慢开排污阀。上述几种排污阀均属于快开式。慢开式排污阀常见的有闸门式及斜置球形截止阀等几种。

慢开闸门式排污阀的构造与齿条闸门式大体相同，仅以手轮和带螺纹的阀杆代替了齿轮和齿条，通过旋转手轮使阀门启闭。

斜置球形截止阀的结构中其阀瓣呈球形，阀杆与介质通路成一定角度。当转动手柄将阀瓣提起时，阀门打开，介质基本上沿直线流动，阻力较小，且不会积存污物。

（二）连续排污装置

连续排污装置装设在上锅筒内水面附近，一般包括截止阀、节流阀、排污管、吸污短管等部分。在上锅筒内沿轴向布置直径约为75～100mm的排污管，其上立置均布敞口吸污短管多根，短管上端低于锅筒正常水位30～40mm，倾斜开成锥形敞口；锅水中高浓度的盐分及漂浮性污物可由短管吸入，经排污管汇合后流至炉外。截止阀及节流阀装在伸出锅筒的排污管上，用以启闭管路和调节连续排污量。

（三）对排污装置的安全技术要求

1.锅筒、锅壳及每组水冷壁下集箱的最低处，都应装排污阀。排污阀的公称通径为20～65mm，卧式锅壳锅炉的锅壳上的排污阀的公称通径不得小于40mm。

2.额定蒸发量D≥ t/h或额定蒸汽压力p≥0.7MPa的锅炉，排污管应装两个串联的排污阀。

3.每台锅炉应装设独立的排污管，排污管应尽量减少弯头，保证排污畅通并接到室外安全地点或排污膨胀器。采用有压力的排污膨胀器时，赚器上应装安全阔。

几台锅炉排污合用一根总排污管时，不应有两台或两台以上的锅炉同时排污。

4.锅炉的排污阀、排污管不应采用螺纹连接。

四、锅炉保护装置

（一）装设要求

根据蒸汽锅炉安全技术监察规程的规定，蒸汽锅炉上必须装设必要的保护装置：

1.额定蒸发量D≥2t/h的锅炉，应装设高低水位报警器，并应能区分高低水位警报信号；还应装设低水位联锁保护装置，当锅炉水位降低到预定值时，自动停炉。额定蒸发量D≥6t/h的锅炉，还应装设蒸汽超压的报警和联锁保护装置。

2.用煤粉、油或气体作燃料的锅炉，应装设有下列功能的联锁装置：

（1）全部引风机断电时，自动切断全部送风和燃料供应；

（2）全部送风机断电时，自动切断全部燃料供应；

（3）燃油、燃气压力低于规定值时，自动切断燃油或燃气的供应。

3.用煤粉、油或气体作燃料的锅炉，必须装设可靠的点火程序控制和熄火保护装置。在点火程序控制中，点火前的总通风量应不小于3倍的从炉膛到烟囱入口烟道总容积，且通风时间对于锅壳锅炉至少应持续20s；对于水管锅炉至少应持续60s；对于发电锅炉一般应持续3min以上。

热水锅炉则应装设超温报警、停泵保护等装置。

保护装置一般是机电一体的装置，其结构和原理均较复杂。这里仅简要介绍水位报警器及蒸汽超压保护装置。

（二）水位报警器

水位报警器用于在锅炉水位异常时发出警报，提醒运行人员采取措施，消除险情。水位报警器的种类很多，常见的有水柱浮子式、磁铁式、电极式等。

1.水柱浮子式水位报警器。这是装在与锅筒连通的圆筒形水柱内的水位报警器，主要由低水浮筒、高水浮筒、吊杆、传动杆、汽阀、警报汽笛等部分组成。正常水位时，低水浮筒浸没于水中，由于水的浮力，通过环形吊杆、左传动杆和支点的传递，使左汽阀处于关闭状态；高水浮筒在水面之上，通过吊杆、右传动杆和支点的传递，使右汽阀也处于关闭状态。

高水位时，高水浮筒被水淹没，由于浮力使之上升，通过吊杆使右传动杆抬起，打开右汽阀，鸣响高水位警报。

低水位时，低水浮筒露出水面，由于自重下沉并带动吊杆使左传动杆下落，打开左汽阀，鸣响低水位警报。

这种报警器体积小，比权灵敏，高低水位时警报声响不同，运行人员可根据声响判别缺水或满水，快速处理。但结构比较复杂，容易泄漏。

2.磁铁式水位报警器。它主要由筒体、浮球、磁铁、水银开关等部分组成。报警器筒体与锅筒连接成连通器。浮球在筒体内随水位变化上下浮动，浮球上端装有连接杆，连接杆上部放置永久磁铁，磁铁随浮球浮动而上下移动。水银开关由永久磁铁和玻璃管组成，管内装有一定量水银，管两端各有一对触点。管子可随磁铁摆动。当锅炉水位变化，带动连接杆上的磁铁上下移动至限定位置时，与之靠近的水银开关磁铁发生摆动而使玻璃管倾斜，管中水银流向一端，接通触点所连接电路，发出警报。其水银开关有3组，可以发出高水位、低水位、极限低水位3种警报信号。并在极限低水位时切断燃料，停止锅炉运行。

3.电极式水位报警器。它是利用锅水导电的原理，在与锅筒相连通的圆筒体（水表柱）内，装设2～3个位于高水位、低水位及极限低水位之处的电极，当水位上升或下降至限定位置时，锅水与相应电极接通或断开，使相应电路中电源接通或切断，从而发出警报或完成保护动作。

电极式水位报警器的电极端头附着水垢后，可能导致其失效。因此应加强水质监控，并定期清理电极端头。

（三）蒸汽超压保护装置

锅炉蒸汽超压保护装置在锅炉出现超压时，能发出声、光警报信号，促使运行人员及时采取措施，并能通过联锁装置减弱或中断燃烧，从而避免超压爆炸事故。

常用的能发出电信号的压力测量仪表是电接点压力表，它有上、下限压指针和实际被测压力指针。事先把上、下限压指针调到规定的上、下压力界限值，当锅炉运行中蒸汽实际被测压力达到上限值或下限值时，示值指针和限压指针重合，动接点和上限（或下限）接点接触，使电路接通，发出信号及动作，达到超压报警和联锁保护的目的。

对小型锅炉，上述超压报警和联锁保护是与燃烧控制紧密相关的，有时也与水位保护联系在一起，用一套保护装置完成。

第八章　锅炉压力容器安全管理

第一节　安全管理要点

一、安全法规及制度

安全管理是锅炉压力容器使用管理的重点。由于国家依据法规对锅炉压力容器进行安全监察和控制，因此有关锅炉压力容器的各种安全法规也是用户及操作者对设备进行安全管理和安全操作的依据。

（一）锅炉压力容器主要安全法规、标准

目前已颁发和实施的法规、标准有：

1.锅炉压力容器安全监察暂行条例及实施细则；

2.蒸汽锅炉安全技术监察规程；

3.热水锅炉安全技术监察规程；

4.锅炉压力容器焊工考试规则；

5.压力容器安全技术监察规程；

6.气瓶安全监察规程；

7.水管锅炉受压元件强度计算；

8.锅壳锅炉受压元件强度计算；

9.钢制压力容器；

10.低压锅炉水质标准。

（二）锅炉及锅炉房管理制度

根据锅炉房安全管理规则，锅炉房应有下列管理制度：

1.锅炉房各岗位的岗位责任制；

2.锅炉及辅机操作规程；

3.巡回检查制度；

4.设备维护保养制度；

5.交接班制度；
6.水质管理制度；
7.运行记录制度；
8.事故报告制度。

二、安全管理要点

（一）使用定点厂家合格产品

国家对锅炉压力容器的设计制造有严格要求，实行定点生产制度，锅炉压力容器的制造单位，必须具备保证产品质量所必需的加工设备、技术力量、检验手段和管理水平。购置、选用锅炉压力容器应是定点厂家的合格产品，并有足够的产品图纸、技术文件和质量证明文件。

（二）登记建档

锅炉压力容器在正式使用前，必须到当地安全监察部门登记，经审查批准入户建档、取得使用证，方可启用。在使用单位，也应建立锅炉压力容器的设备档案，保存设备的设计、制造、安装、使用、修理、检验、改造等过程的技术资料。

（三）专责管理

使用锅炉压力容器的单位，应对设备实行专责管理，即设置专门机构、责成专门的领导和技术人员管理设备。

（四）持证上岗

锅炉司炉、水质化验人员及压力容器操作人员，应分别接受专业安全技术培训并考试合格，持证上岗，操作相应的设备。

（五）照章运行

锅炉压力容器必须严格依照操作规程及其他法规操作运行，任何人在任何情况下都不得违章作业。

（六）定期检验

定期对锅炉压力容器进行检验，认真处理缺陷。

（七）监控水质

水中杂质可使锅炉结垢、腐蚀及产生汽水共腾，降低锅炉效率、寿命及供汽质量。必须严格监督、控制锅炉给水及锅水水质，使之符合锅炉水质标准的规定。

（八）报告事故

锅炉压力容器在运行中发生事故，除紧急妥善处理外，应按规定及时、如实上报主管部门及当地锅炉压力容器安全监察部门。

（九）优化环境

锅炉房及压力容器操作间均为生产重地，必须按规定进行建造，精心管理，使设备及操作人员经常处于良好的环境与氛围之中。

第二节 锅炉启动、运行与停炉

锅炉启动指锅炉由非使用状态进入使用状态，一般包括冷态启动与热态启动两种。冷态启动指新装、改装、修理、停炉待用等锅炉的生火启动；热态启动指压火备用锅炉的启动。本节介绍的是蒸汽锅炉的冷态启动。

锅炉启动过程中，其部件、元件、附件等由冷态（室温）转变为受热状态，由不承压转变为承压，其物理形态、受力情况等产生很大变化，最易发生各种事故。据有关部门统计，锅炉事故约有半数是在启动过程中发生的，因而对锅炉启动必须进行认真的准备和组织。

一、锅炉启动的步骤

（一）检查准备

对新装、迁装和检修后的锅炉，启动之前要进行全面检查。主要内容有：

1.检查受热面、承压部件的内外部，看其是否处于可投入运行的良好状态；

2.检查燃烧系统各个环节是否处于完好状态；

3.检查各类门孔（包括人孔、手孔、看火孔、防爆门及各类阀门）、挡板是否正常，使之处于启动所要求的位置；

4.检查安全附件和测量仪表是否齐全、完好并使之处于启动所要求的状态；

5.检查锅炉构架、楼梯、平台等钢结构部分是否完好；

6.检查各种辅机特别是转动机械是否完好，转动机械应分别进行试运转。

各个被检项目都符合启动要求后，才能进行下一步的操作。

（二）上水

从防止产生过大热应力出发，上水水温最高不应超过90℃，水温与筒壁温度之差不超过50℃。对水管锅炉，全部上水时间在夏季不小于1h，在冬季不小于2h。冷炉上水至最低安全水位时应停止上水，以防受热膨胀后水位过高。

（三）烘炉

新装、迁装、大修或长期停用的锅炉，其炉膛和烟道的墙壁非常潮湿，一旦骤然接触高温烟气，就会产生裂纹、变形，甚至发生倒塌事故。为了防止这种情况，这类锅炉在上水后启动前要进行烘炉。

烘炉就是在炉膛中用文火缓慢加热锅炉，使炉墙中的水分逐渐蒸发掉。烘炉的第一阶段是在炉排中央（对室燃炉则设置临时炉排）燃烧木柴，适当打开烟气挡板进行自然通风，维持锅水温度在70～80℃左右。时间长短因炉型而异，约为3～6d。烘炉的第二阶段是在木柴燃烧的基础上适当加煤燃烧，并逐渐用煤代替木柴；烟气挡板可适当开大，并开动引风机适当加强通风；允许锅水沸腾并升压到适当压力，但燃烧和沸腾都不应太强烈。

整个烘炉时间对轻型炉墙锅炉为3～7d，对重型炉墙锅炉为7～15d。在烘炉后期，可通过检查炉墙内部材料含水率或温度，判定烘炉是否合格。

（四）煮炉

新装、迁装、大修或长期停用的锅炉，在正式启动前必须进行煮炉。煮炉可以单独进行，也可以在烘炉后期和烘炉一道进行。煮炉的目的是清除蒸发受热面中的铁锈、油污和其他污物，减少受热面腐蚀，提高锅水和蒸汽的品质。

煮炉时，一般是在锅水中加入碱性药剂，如NaOH、Na_3PO_4或Na_2CO_3等。步骤为：上水至最高水位；加入药剂适量（每吨水2～4kg）；燃烧加热锅水至沸腾但不升压（开启空气阀或抬起安全阀排汽），维持10～12h；减弱燃烧，排污之后适当放水；加强燃烧并使锅炉升压到25%～100%工作压力，运行12～24h；停炉冷却，排除锅水并清洗受热面。

煮炉合格的标准是锅筒和集箱内壁无油垢，擦去附着物后金属表面无锈斑。

在烘炉和煮炉中，锅炉已经开始承受温度和压力，必须认真按规定的程序进行。

（五）点火与升压

一般锅炉上水后即可点火升压。进行烘炉和煮炉的锅炉，待煮炉完毕、排水清洗后，再重新上水，然后点火升压。点火方法因燃烧方式和燃烧设备而异。层燃炉一般用木柴引火，严禁用挥发性强烈的油类或易燃物引火，以免造成爆燃事故。

对于常用的自然循环蒸汽锅炉来说，其升压过程与日常的压力锅升压相似，即锅内压力是由烧火加热产生的，升压过程与受热过程紧紧地联系在一起。由于锅炉升压对其安全有直接影响，所以有必要在此对升压过程加以说明。

点火前上水时，通常在上锅筒中加约半锅筒水，水上部的锅内空间充满空气。点火加热到一定程度，水即开始沸腾，由于水面上的压力是大气压力，水开始沸腾的温度接近100℃。如果水面之上是敞口的，锅筒内产生的蒸汽全都跑到大气中去，则锅筒内维持大气压力，不会升压。如果水面之上的锅筒空间完全是封闭的，锅内产生的蒸汽将全部聚积起来。由于水变成蒸汽时体积大大增加，而锅筒容纳气体的空间有限，筒锅内水面上的汽压将急剧升高。由于压力的升高。相应的水的饱和温度也提高，水中贮存的热量不断增加，水在更高的温度水平下汽化。如果燃烧和传热过程在继续，这个压力升高的过程也随之继续下去，直至压力超过锅体承载能力，酿成破坏事故。实际上，锅炉的点火升压过程介于上述两种情况之间，并接近于后一种情况。

锅筒存汽空间接有排汽管，排汽管上有控制阀门。升压时，将阀门开到适当开度，使锅筒内产生的蒸汽只排掉一部分，或者说使锅内产生的蒸汽量大于排出的蒸汽量，则锅筒上部的压力会逐步上升，直至所要求的蒸汽压力。此时调整排气阀门的开度，维持锅内产生的蒸汽量等于排出的蒸汽量，锅内压力则大体维持不变，锅炉即进入正常的运行状态——定压加热过程。

锅炉升压过程是锅炉通过燃烧传热而贮存蒸汽与贮积热能的过程。生活用的非承压锅炉，虽有燃烧传热但无蒸汽贮存，所以没有产生压力。一旦在锅炉内积存蒸汽，非承压锅炉也会急剧升压，并造成爆炸事故。

强制流动的热水锅炉、直流锅炉等，在启动的初始阶段，首先由水泵对水加压使水在锅炉管子中强制流动，然后再受热升温。即启动初期水的受压是机械加压，而与受热过程无关。但在水受热后，水的体积变化会导致压力的改变，特别是水受热汽化且不能充分排放时，水的受热过程同样是引起压力升高的主要因素。可以说，各种锅炉的压力升降变化都与受热过程直接相关。

从锅炉点火至锅炉蒸汽压力上升到工作压力，这是锅炉启动过程中的关键环节，其间需要注意的安全问题很多，这将在下面专门讨论。

（六）暖管与并汽

1.暖管，即用蒸汽缓慢加热管道、阀门、法兰等部件，使其温度缓慢上升，避免向冷态或较低温度的管道突然供入蒸汽，以防止热应力过大而损坏管道、阀门等部件；同时将管道中的冷凝水驱出，防止在供汽时发生水击。

锅炉蒸汽管道的暖管，一般与锅炉升压同时进行，也可以在升压至2/3工作压力时开始进行。几台锅炉共用一条蒸汽母管时，暖管的范围是新启动锅炉主汽阀之后到蒸汽母管之前的管段及管道附件。锅炉正式运转之前的停炉及启动阶段，这段管道与蒸汽母管之间是用隔绝阀隔断的。点火时或刚升压时，开启锅炉主汽阀及隔绝阀前的疏水阀，用锅炉产生的蒸汽不断加热蒸汽管道直至并汽。单台运行的锅炉，其暖管范围是主汽阀出口至用汽设备之前的蒸汽管道。

冷态蒸汽管道的暖管时间一般不少于2h，热态蒸汽管道的暖管一般为0.5～1h。暖管时，应检查蒸汽管道的膨胀是否良好，支吊架是否正常。如有不正常现象，应停止暖管，查明原因、消除故障。

2.并汽。并汽也叫并炉、并列，即新投入运行锅炉向共用的蒸汽母管供汽。并汽前应减弱燃烧，打开蒸汽管道上的所有疏水阀，充分疏水以防止水冲击；冲洗水位表，并使水位维持在正常水位线以下；使启动锅炉的蒸汽压力稍低于蒸汽母管内汽压（低压锅炉低0.02～0.05MPa，中压锅炉低0.1～0.2MPa)，缓慢打开主汽阀及隔绝阀，使新启动锅炉与蒸汽母管联通。

单台运行的锅炉，在暖管之后即可向用汽设备供汽，其操作注意事项与并汽相似。

二、点火升压阶段的安全注意事项

（一）防止炉膛爆炸

锅炉点火时，需要防止炉膛爆炸。可燃气体、油雾、煤粉等与空气的混合物中，当可燃物的量达到一定数值时，遇到明火即会猛烈爆燃，形成爆炸。锅炉点火前，锅炉炉膛中可能残存有可燃气体或其他可燃物，也可能预先送入可燃物，如不注意清除，这些可燃物与空气的混合物遇明火即可能爆炸，这就是炉膛爆炸。燃气锅炉、燃油锅炉、煤粉锅炉等必须特别注意防止炉膛爆炸。

防止炉膛爆炸的措施是：点火前，开动引风机给锅炉通风5～10min，没有风机者可自然通风5～10min，以清除炉膛及烟道中的可燃物质。气、油炉、煤粉炉点燃时，应先送风，之后投入点燃火炬，最后送入燃料，而不能先输入燃料再点火。一次点火未成功需要重新点燃时，一定要在点火前给炉膛烟道重新通风，待充分清除可燃物之后再进行点火操作。

（二）控制升温升压速度

如前所述，升压过程也就是锅水饱和温度不断升高的过程。由于锅水温度的升高，锅筒和蒸发受热面的金属壁温也随之升高，金属壁面中存在不稳定的热传导，需要注意热膨胀和热应力问题。

为了防止产生过大的热应力，锅炉的升压过程一定要缓慢进行。全部点火升压所需的时间因炉型而异：小型水管锅炉一般为3～4h；快装锅炉为1～2h；立式锅壳锅炉为1～2h；有砌砖烟道的卧式锅壳锅炉为5～6h。

在点火升压过程中，对各受热承压部件的膨胀情况应进行监督。发现有卡住现象应停止升压，待排除故障后再继续升压。发现膨胀不均匀时也应采取措施消除，如水冷壁管因受热不均而导致膨胀不均时，可在水冷壁下集箱膨胀较小的一端放水，促使水冷壁管膨胀均匀。

锅炉中的连接螺栓，受热升温后也要膨胀伸长，造成被连结构的松动泄漏。因而，当锅炉升压至0.1～0.2Mpa时，应紧固人孔、手孔及各种法兰上的螺栓。紧固时应侧身操作，所用扳手长度不得超过螺栓直径的15～20倍，且不得在更高压力下紧固螺栓。

（三）严密监视和调整指示仪表

点火升压过程中，锅炉的蒸汽参数、水位及各部件的工作状况在不断变化，为了防止异常情况及事故的出现，必须严密监视各种指示仪表，将锅炉压力、温度和水位控制在合理的范围之内。同时，各种指示仪表本身也要经历从冷态到热态、从不承压到承压的过程，也要产生热膨胀，在某些情况下甚至会产生卡住、堵塞、转动或开关不灵等无法投入运行或工作不可靠的故障。因而在点火升压过程中，保证指示仪表的准确可靠是十分重要的。

点火一段时间，当发现蒸汽从空气阀（或提升的安全阀）冒出时，即可将空气阀关闭（或将安全阀恢复原状）准备升压。此时应密切监视压力表，在一定的时间内压力表上的指针应离开原点。如锅内已有压力而压力表指针不动，则需将火力减弱或停熄，校验压力表并清洗压力表管道，待压力表正常后，方可继续升温升压。

当锅炉压力升到0.1MPa左右时，应冲洗水位表，并检查水位表指示水位的正确性；当压力升到0.2～0.3MPa时，应冲洗压力表存水弯管及其他热工仪表导管；当压力升到0.3～0.4MPa时，应试用排污装置，依次对下锅筒及下部各集箱排污放水，放水时应注意水位的变化，并检查排污阀是否正常；当压力升到工作压力时，应再次冲洗水位表，并校验安全阀。

（四）保证强制流动受热面的可靠冷却

自然循环锅炉的蒸发受热面在锅炉点火后开始受热，即产生循环流动。由于启动过程加热比较缓慢，蒸发受热面中产生的蒸汽量较少，水循环还不正常，各水冷壁受热不均匀的情况也比较严重，但蒸发受热面一般不至于在启动过程中烧坏。

由于锅炉在启动中不向用户提供蒸汽及不连续经省煤器上水，省煤器、过热器等强制流动受热面中没有连续流动的水汽介质冷却，因而可能被外部连续流过的烟气烧坏。所以，必须采取可靠措施，保证强制流动受热面在启动中不致过热损坏。

对过热器的保护措施是：在升压过程中，开启过热器出口集箱疏水阀、对空排汽阀，使一部分蒸汽流经过热器后被排除，从而使过热器得到足够的冷却。

对省煤器的保护措施是：对钢管省煤器，在省煤器与锅筒间连接再循环管。在点火升压期间，将再循环管上的阀门打开，使省煤器中的水经锅筒、再循环管（不受热）重回省煤器，进行循环流动。但在上水时应将再循环管上的阀门关闭。可分式省煤器通常设置有旁通烟道，点火升压期间应将旁通烟道打开投入使用，即让烟气不流经省煤器，而直接经旁通烟道排入烟囱，如无旁通烟道而使烟气通过省煤器时，应经省煤器向锅炉上水，必要时，可自锅炉下部集箱放水，以冷却省煤器，并保持省煤器出口水温至少比同压力下的饱和温度低20℃。

三、锅炉正常运行中的监督调节

锅炉负荷——即锅炉蒸汽用户需用蒸汽量的多少——有的比较稳定，有的则经常变化。锅炉运行时，其蒸发量必须随着负荷的变化而变化，以适应负荷的要求。锅炉负荷的变化会引起蒸汽参数的变化，为了满足用户对蒸汽参数的要求，在负荷变化时，不仅要调节锅炉的蒸发量，也要调节蒸汽参数，使之基本上维持不变。给水、燃料、送风等情况的改变，也会造成蒸汽参数和运行工况的改变，必须随时进行调节。这种调节，既是为了满足用户在数量上和品质上对蒸汽的要求，也是为了保证锅炉设备在安全、经济的条件下运行。

锅炉运行监督调节的主要任务是：

1.维持锅炉蒸发量为额定值，或者维持蒸发量与负荷相适应。

2.维持蒸汽参数在额定值，并基本上保持稳定。

3.维持锅炉水位在正常水位±50mm之内波动。

4.保证蒸汽品质。对生产饱和蒸汽的锅壳锅炉，蒸汽干度x应大于0.95；对生产饱和蒸汽的水管锅炉，蒸汽干度x应大于0.97；过热蒸汽的含盐量应小于1.0mg/L。

5.保证燃烧及传热良好，主要有：

（1）维持较高的炉膛温度，较佳的火焰颜色（麦黄色），较高的炉膛火焰充满度及适当的炉膛出口过量空气系数。

（2）控制炉膛负压为20～30Pa。

（3）控制排烟温度，对于蒸发量大于或等于lt/h的锅炉，排烟温度应在250℃以下；对于蒸发量大于或等于4t/h的锅炉，排烟温度应在200℃以下；对于蒸发量大于或等于10t/h的锅炉，排烟温度应在160℃以下。

（4）保证锅炉热效率。锅炉运行热效率，对于蒸发量大于或等于1t/h的锅炉应不小于55%；对于蒸发量大于或等于4t/h的锅炉应不小于60%；对于蒸发量大于或等于10t/h的锅炉应不小于70%。

（5）炉渣含碳量，对蒸发量大于或等于1t/h的锅炉不超过15%；对蒸发量大于或等于4t/h的锅炉不超过10%。

（6）消烟除尘，保证排烟含尘量等符合环保要求。

（7）保证人身及设备安全。

（一）锅炉水位的监督调节

锅炉运行中，运行人员应不间断地通过水位表监督锅内的水位。锅炉水位应经常保持在正常水位线处，并允许在正常水位线上下50mm之内波动。对连续供水锅炉，当负荷稳定时，如果给水量与锅炉的蒸发量（及排污量）相等，则锅炉水位就会比较稳定；如果给水量与锅炉的蒸发量不相等，水位就要变化。间断上水的小型锅炉，由于给水与蒸发量不相适应，水位总在变化，最易造成各种水位事故，更需加强运行监督和调节。

对负荷经常变动的锅炉来说，水位的变化主要是由负荷变化引起的。负荷变动引起蒸发量的变动，蒸发量的变动导致给水量与蒸发量的差异，造成水位升降。例如，负荷增加，蒸发量相应加大，如果给水量不随蒸发量增加或增加较少，水位就会下降。因而，水位的变化在很大程度上取决于给水量、蒸发量和负荷三者之间的关系。

当负荷突然变化时，由于蒸发量一时难以跟上负荷的变化，锅炉压力会突然变化，这种压力的突然变化也会引起水位改变。例如，负荷骤然增大，锅炉压力会突然下降，饱和温度随之下降，并导致部分饱和水的突然汽化，使水面以下汽体容积突然增加而造成水位的瞬时上升，形成所谓“虚假水位”。运行调整中应考虑到虚假水位出现的可能，在负荷突然增加之前适当降低水位，在负荷突然降低之前适当提高水位。但不应把虚假水位当作真实水位，不能根据虚假水位调节给水量。

由于水位的变化与负荷、蒸发量和汽压的变化密切相关，因此水位的调节常常不是孤立地进行，而是与汽压、蒸发量的调节联系在一起的。在下面汽压调节部分将对此进一步介绍。

为了使水位保持正常，锅炉在低负荷运行时，水位应稍高于正常水位，以防负荷增加时水位降得过低；锅炉在高负荷运行时，水位应稍低于正常水位，以免负荷降低时水位升得过高。

为对水位进行可靠的监督，在锅炉运行中要定期冲洗水位表，一般要求每班2～3次。冲洗时要注意阀门开关次序，不要同时关闭进水及进汽阀门，否则会使水位表内温度和压力升降过于剧烈，造成玻璃破裂事故。当水位表出现异常不能显示水位时，应立即采取措施，判断锅炉是缺水还是满水，然后酌情处理；在未判断锅炉是缺水还是满水的情况下，严禁上水。

（二）锅炉汽压的监督调节

在锅炉运行中：蒸汽压力应基本上保持稳定。锅炉汽压的变动通常是由负荷变动引起的，当锅炉蒸发量i负荷不相等时，汽压就要变动。若负荷小于蒸发量，汽压就上升；负荷大于蒸发量，汽压就下降。所以，调节锅炉汽压就是调节其蒸发量，而蒸发量的调节是通过燃烧调节和给水调节来实现的。运行人员根据负荷变化，相应增减锅炉的燃料量、风量、给水量来改变锅炉蒸发量，使汽压保持相对稳定。例如，当锅炉负荷降低使汽压升高时，如果此时水位较低，可先适当加大进水使汽压不再上升，然后酌情减少燃料量和风量，减弱燃烧，降低蒸发量，使汽压保持正常；如果汽压高时水位也高，应先减少燃料量和风量，减弱燃烧，同时适当减少给水量，待汽压、水位正常后，再根据负荷调节燃烧和给水。当锅炉负荷增加使汽压下降时，如果此时水位较高，可适当控制进水量，观察燃烧和蒸发量的情况，如果燃烧正常，蒸发量未达到额定值，则可增加燃料量和风量，强化燃烧，加大蒸发量，使汽压恢复正常；如果汽压低时水位也低，则可先调节燃烧，同时适当调节给水，使汽压水位恢复正常。

对于间断上水的锅炉，为了保持汽压稳定，要注意上水均匀。上水间隔的时间不宜过长，一次上水不宜过多。在燃烧减弱时不宜上水，手烧炉在投煤、扒渣时也不宜上水。

（三）汽温的调节

锅炉负荷、燃料及给水温度的改变，都会造成过热汽温的改变。过热器本身的传热特性不同，上述因素改变时汽温变化的规律也各不相同。小型锅炉的过热器都是对流型过热器，其调温手段主要有四种。

1.吹灰。对锅炉中水冷壁吹灰，可以增加炉膛蒸发受热面的吸热量，降低炉膛出口烟温及过热器传热温压，从而降低过热汽温；对过热器管吹灰可提高过热器吸热能力，提高过热汽温。

2.改变给水温度。当负荷不变时，增加给水温度，势必减弱燃烧才能不使蒸发量增加，燃烧的减弱使烟气量和烟气流速减小，使过热器的对流吸热量降低，从而使过热汽温下降；相反地，如果给水温度降低，过热汽温反而增高。

3.增加风量，改变火焰中心位置。适当增加引风和鼓风，使炉膛火焰中心上移，使进入过热器的烟气量增加，烟温上升，可使过热汽温增高。

4.喷汽降温。在过热蒸汽出口，适量喷入饱和蒸汽，可降低过热汽温。

（四）燃烧的监督调节

燃烧调节的任务是：

1.使燃料燃烧供热适应负荷的要求，维持汽压稳定；

2.使燃烧完好正常，尽量减少未完全燃烧损失，减轻金属腐蚀和大气污染；

3.对负压燃烧锅炉，维持引风和鼓风的均衡，保持炉膛一定的负压，以保证操作安全和减少排烟损失。

锅炉正常燃烧时，炉膛火焰应呈现麦黄色。如果火焰发白发亮，则表明风量过大；如果火焰发暗，则表示风量过小。

火焰在炉膛的分布应尽量保持均匀。当负荷变动需要调整燃烧时，应该注意风与燃料增减的先后次序，风与燃料的协调及引风与鼓风的协调。对层燃炉，燃料量的调节应主要采用变更加煤间隔时间，改变链条转速，改变炉排振动频率等手段，而不要轻易改变煤层的厚度。在增加风量的时候，应先增引风，后增鼓风；在减小风量的时候，应先减鼓风，后减引风，以使炉膛保持在负压下运行。

（五）排污和吹灰

1.排污。锅炉运行中，为了保持受热面内部清洁，避免锅水发生汽水共腾及蒸汽品质恶化，除了对给水进行必要而有效的处理外，还必须坚持排污。

锅炉排污量应根据水质要求由计算确定，小型锅炉通常约为蒸发量的5%～10%。运行中应加强对锅水品质的监督和化验，根据锅水品质适当增减排污量。

定期排污至少每班进行一次，应在低负荷时进行。定期排污前，锅炉水位应稍高于正常水位。进行定期排污必须同时严密监视水位。每一循环回路的排污持续时间，当排污阀全开时不宜超过半分钟，以防排污过分干扰水循环而导致事故。不得使两个或更多排污管路同时排污。排污时，快、慢排污阀的先后开启次序应当固定。排污应缓慢进行，防止水冲击。如果管道发生严重振动，应停止排污，在消除故障之后再进行排污。排污后应进行全面检查，必须把各排污阀关闭严密。如两台或多台锅炉使用同一排污母管，而锅炉排污管上又无逆止阀时，禁止两台锅炉同时排污。

2.吹灰。燃煤锅炉的烟气中含有许多飞灰微粒，在烟气流经蒸发受热面、过热器、省煤器及空气预热器时，一部分烟灰就沉积到受热面上，不及时吹扫清理往往越积越多。由于烟灰的导热能力很差，受热面上积灰会严重影响锅炉传热，降低锅炉效率，影响锅炉运行工况，特别是蒸汽温度，对锅炉安全也造成不利影响。

清除受热面积灰最常用的办法就是吹灰，即用具有一定压力的蒸汽或压缩空气，定期吹扫受热面，以减少和清除其上的灰尘。水管锅炉通常每班至少吹灰一次，锅壳锅炉每周至少清除火管（烟管）内积灰一次。

吹灰应在锅炉低负荷时进行。吹灰前要增加引风，使炉膛负压适当增大；操作者应位于吹灰装置侧面操作，以免喷火伤人。吹灰应按烟气流动的方向依次进行。锅炉两侧装有吹灰器时，应分别依次吹灰，不能同时使用两台或更多的吹灰器。

使用蒸汽吹灰时，蒸汽压力约为0.3～0.5MPa，吹灰前应首先对吹灰器疏水和暖管，以避免吹灰管路损坏并避免把水吹入炉膛或烟道。吹灰后应关闭蒸汽阀并打开疏水阀，防止吹灰蒸汽经常定位冲刷受热面而把受热面损坏。用压缩空气吹灰时，空气压力应为0.4～0.6MPa。

吹灰过程中，如锅炉发生事故或吹灰装置损坏，应立即停止吹灰。

四、停炉及停炉保养

（一）停炉

锅炉停炉分正常停炉和紧急停炉（事故停炉）两种。

1.正常停炉。正常停炉是预先计划内的停炉。停炉中应注意的主要问题是防止降压降温过快，以避免锅炉部件因降温收缩不均匀而产生过大的热应力。

停炉操作应按规程规定的次序进行。大体上说，锅炉正常停炉的次序应该是先停燃料供应，随之停止送风，减少引风；与此同时，逐渐降低锅炉负荷，相应地减少锅炉上水，但应维持锅炉水位稍高于正常水位。对于燃气、燃油锅炉，炉膛停火后，引风机要继续引风5min以上。锅炉停止供汽后，应隔断与蒸汽母管的连接，排汽降压。

为保护过热器，防止其金属超温，可打开过热器出口集箱疏水阀适当放汽。降压过程中司炉人员应连续监视锅炉，待锅内无汽压时，开启空气阀，以免锅内因降温形成真空。

停炉时，应打开省煤器旁通烟道，关闭省煤器烟道挡板，但锅炉进水仍需经省煤器。对钢管省煤器，锅炉停止进水后，应开启省煤器再循环管；对无旁通烟道的可分式省煤器，应密切监视其出口水温，并连续经省煤器上水、放水至水箱中，使省煤器出口水温低于锅筒压力下饱和温度20℃。

为防止锅炉降温过快，在正常停炉的4～6h内，应紧闭炉门和烟道挡板。之后打开烟道挡板，缓慢加强通风，适当放水。停炉18～24h，在锅水温度降至70℃以下时，方可全部放水。

2.紧急停炉。锅炉遇有下列情况之一者，应紧急停炉：

（1）锅炉水位低于水位表的下部可见边缘；

（2）不断加大向锅炉进水及采取其他措施，但水位仍继续下降；

（3）锅炉水位超过最高可见水位（满水），经放水仍不能见到水位；

（4）给水泵全部失效或给水系统故障，不能向锅炉进水；

（5）水位表或安全阀全部失效；

（6）设置在汽空间的压力表全部失效；

（7）锅炉元件损坏危及运行人员安全；

（8）燃烧设备损坏，炉墙倒塌或锅炉构件被烧红等，严重威胁锅炉安全运行；

（9）其他异常情况危及锅炉安全运行。

紧急停炉的操作次序是：立即停止添加燃料和送风，减弱引风；与此同时，设法熄灭炉膛内的燃料，对于一般层燃炉可以用砂土或湿灰灭火，链条炉可以开快档使炉排快速运转，把红火送入灰坑；灭火后即把炉门、灰门及烟道挡板打开，以加强通风冷却；锅内可以较快降压并更换锅水，锅水冷却至70℃左右允许排水。但因缺水紧急停炉时，严禁给锅炉上水，并不得开启空气阀及安全阀快速降压。

紧急停炉是为防止事故扩大不得不采用的非常停炉方式，有缺陷的锅炉应尽量避免紧急停炉。

（二）停炉保养

锅炉停炉以后，本来容纳水汽的受热面及整个汽水系统，往往依旧是潮湿的或者残存有剩水。由于受热面及其他部件置于大气之中，空气中的氧有充分的条件与潮湿的金属接触或者更多地溶解于水，使金属的电化学腐蚀加剧。另外，受热面的烟气侧在运行中常常粘附有灰粒及可燃质，停炉后在潮湿的气氛下，也会加剧对金属的腐蚀。实践表明，停炉期的腐蚀往往比运行中的腐蚀更为严重。因此搞好停炉保养，对保证锅炉运行安全，维持和延长锅炉使用寿命都具有重要的意义。

停炉保养主要指锅内保养，即汽水系统内部为避免或减轻腐蚀而进行的防护保养。常用的保养方式有下列几种：

1.压力保养。停炉过程终止之前使汽水系统（包括过热器）灌满水，维持余压为0.05～1MPa（表压），维持锅水温度在100℃以上，这样可阻止空气进入锅水，使腐蚀速度大大降低。维持锅内压力和温度的措施为邻炉通汽加热，或本炉定期加热。

压力保养适用于停炉时间不超过一周的锅炉。

2.湿法保养。指在汽水系统中灌注碱性溶液以进行保养的方法。具有适当碱度的水溶液能与金属表面形成一层稳定的氧化膜，防止腐蚀继续进行，起到防护作用。

采用湿法保养，停炉后应放尽锅水，认真清除锅内各处的水渣、水垢，清扫受热面外侧的灰污。然后关闭各处人孔、手孔、阀门，加入软化水至最低水位线，用专用泵把配制好的碱性保护溶液注入锅内。开启给水阀向锅炉进水，直至汽水系统包括省煤器、过热器全部进满为止。关闭给水阀，用专用泵使锅炉进行水循环，使碱液与锅水混合均匀并在各受热面系统内均匀分布，之后定期用微火烘炉，保持受热面外部干燥，定期开泵使水循环流动，并定期化验水的碱度，如碱度降低则应适当补加碱液。

碱液的配制比例为：每吨锅水加入氢氧化钠（$NaOH$）8～10kg，或每吨锅水加入磷酸三钠（Na_3PO_4）20kg。

湿法保养适用于停炉不超过一个月的锅炉。

3.干法保养。指在锅内及炉膛内放置干燥剂进行防护的方法。

采用干法保养时，停炉后也应把锅水放净，认真清除受热面上的水垢和灰污，关闭蒸汽管道、给水管道上的阀门及排污阀，打开人孔使锅炉自行干燥，必要时可微火加热使受热面干燥；然后将装有干燥剂的托盘放入锅筒内及炉排上；最后关严人孔、手孔等。

常用的干燥剂及用量为：氧化钙（生石灰，CaO），每$1m^3$容积放置3kg；或者无水氯化钙（$CaCl_2$），每$1m^3$容积放置2kg。

干法保养适用于停炉时间较长锅炉的保养，但每半月须打开锅炉一次，检查干燥剂。如果干燥剂粉化失效，应及时更换，或将其从锅炉中取出，加热干燥后继续使用。

4.充气保养。指在锅水中充入氮气或氨气，以对锅炉进行防护的方式。

锅炉停炉后，不要放水，使水位保持在高水位线上，采取措施使锅水脱氧，然后将锅水与外界隔绝。通入氮气或氨气，使充气后的压力维持在0.2～0.3MPa。

充气保养效果较好，可用于长期停炉保养。但它要求锅炉汽水系统具有良好的严密性，保养中需要加强监督。

第三节 锅炉事故

一、锅炉事故分类

蒸汽锅炉运行中出现的事故可分为三类：

（一）爆炸事故

指锅炉中的主要承压部件——锅筒（锅壳）、集箱、炉胆、管板等发生破裂爆炸的事故。这种事故常导致设备、厂房损坏和人身伤亡，造成重大损失。

（二）重大事故

指锅炉无法维持正常运行而被迫停炉的事故。这类事故虽不像锅炉爆炸事故那样严重，但也常常造成设备损坏和人身伤亡，并使锅炉被迫停运，导致用汽部门局部或全部停工停产，造成严重损失。

（三）一般事故

指在运行中可以排除的故障或经过短暂停炉即可排除的事故，其影响和损失较小。

二、锅炉爆炸事故

（一）水蒸气爆炸

如前所述，锅炉爆炸具有巨大的破坏力，但这种爆炸不是化学能的释放，而主要是热能的释放，与工质的热力学特性密切相关。

锅炉中容纳水及水蒸气较多的大型部件，如锅筒及水冷壁集箱等，在正常工作时，或者处于水汽两相共存的饱和状态，或者是充满了饱和水，器内的压力则等于或接近锅炉的工作压力，水的温度则是该压力对应的饱和温度。一旦该容器破裂，器内液面上的压力瞬即下降为大气压力，与大气压力相对应的水的饱和温度是100℃。原工作压力下高于100℃的饱和水此时成了极不稳定、在大气压力下难于存在的“过饱和水”，其中的一部分即瞬时汽化，体积骤然膨胀许多倍，在容器周围空间形成爆炸。计算表明，这样的爆炸主要是由水的瞬时汽化形成的，而原来水面之上水蒸气的膨胀仅是次要因素，所以通常称作“爆炸”，属于物理性爆炸的范围。

换言之，水的饱和温度取决于水面上的气压。对敞口的盛水器皿加热，水在100℃就汽化逸出，水的温度不会超过100℃；承受一定压力的水受热，水的温度才会超过100℃。承压且温度超过100℃的水，不论是否达到饱和状态，在突然卸压至大气压时都会造成瞬时汽化，引起水蒸气爆炸。也就是说，热水锅炉虽然不生产蒸汽，但只要热水锅炉是承压的，水温又超过100C，就有爆炸的危险，省煤器集箱也有类似特点。

（二）锅炉爆炸的三种常见情况

1.超压爆炸。指由于安全阀、压力表不齐全、损坏或装设错误，操作人员擅离岗位或放弃监视责任，关闭或关小出汽通道，无承压能力的生活锅炉改作承压蒸汽锅炉等原因，致使锅炉主要承压部件筒体、封头、管板、炉胆等承受的压力超过其承载能力而造成的锅炉爆炸。

超压爆炸是小型锅炉最常见的爆炸情况之一。预防这类爆炸的主要措施是加强运行管理。

2.缺陷导致的爆炸。指锅炉承受的压力并未超过额定压力。但因锅炉主要承压部件出现裂纹、严重变形、腐蚀、组织变化等情况，导致主要承压部件丧失承载能力，突然大面积破裂爆炸。

缺陷导致的爆炸也是锅炉常见的爆炸情况之一。预防这类爆炸，除了加强锅炉设计、制造、安装、运行中的质量控制和安全监察外，还应加强锅炉检验，发现锅炉缺陷及时处理，避免锅炉主要承压部件带缺陷运行。

3.严重缺水导致的爆炸。锅炉的主要承压部件如筒体、封头、管板、炉胆等，不少是直接受火焰加热的。锅炉一旦严重缺水，上述主要承压部件得不到正常冷却，甚至被干烧，金属温度急剧上升甚至被烧红。这样的缺水情况是严禁加水的，应立即停炉。如给严重缺水的锅炉上水，往往酿成爆炸事故。长时间缺水干烧的锅炉也会爆炸。

防止这类爆炸的主要措施也是加强运行管理。

三、锅炉重大事故

（一）缺水事故

当锅炉水位低于水位表最低安全水位刻度线时，即形成了锅炉缺水事故。

锅炉缺水时，水位表内往往看不到水位，表内发白发亮；低水位警报器动作并发出警报；过热蒸汽温度升高；给水流量不正常地小于蒸汽流量。

锅炉缺水是锅炉运行中最常见的事故之一，常常造成严重后果。严重缺水会使锅炉蒸发受热面管子过热变形甚至烧塌，胀口渗漏，胀管脱落，受热面钢材过热或过烧，降低或丧失承载能力，管子爆破，炉墙损坏。万一处理不当，甚至导致锅炉爆炸事故。

常见的缺水原因是：1.运行人员疏忽大意，对水位监视不严；或者运行人员擅离职守，放弃了对水位及其他仪表的监视；2.水位表故障造成假水位而运行人员未及时发现；3.水位报警器或给水自动调节器失灵而又未及时发现；4.给水设备或给水管路故障，无法给水或水量不足；5.运行人员排污后忘记关排污阀，或者排污阀泄漏；6.水冷壁、对流管束或省煤器管子爆破漏水。

发现锅炉缺水时，应首先判断是轻微缺水还是严重缺水，然后酌情予以不同的处理。

通常判断缺水程度的方法是“叫水”。“叫水”的操作方法是：打开水位表的放水旋塞冲洗汽连管及水连管，关闭水位表的汽连接管旋塞，关闭放水旋塞。如果此时水位表中有水位出现，则为轻微缺水。如果通过“叫水”水位表内仍无水位出现，说明水位已降到水连管以下甚至更严重，属于严重缺水。

轻微缺水时，可以立即向锅炉上水，使水位恢复正常。如果上水后水位仍不能恢复正常，即应立即停炉检查。严重缺水时，必须紧急停炉。在未判定缺水程度或者已判定属于严重缺水的情况下，严禁给锅炉上水，以免造成锅炉爆炸事故。

需要特别指出，“叫水”操作只适用于相对容水量较大的小型锅炉，不适用于相对容水量很小的电站锅炉或其他锅炉。对相对容水量小的电站锅炉或其他锅炉，对最高火界在水连管以上的锅壳锅炉，一旦发现缺水即应紧急停炉。

（二）满水事故

锅炉水位高于水位表最高安全水位刻度线的现象，称为锅炉满水。

锅炉满水时，水位表内也往往看不到水位，但表内发暗，这是满水与缺水的重要区别。满水发生后，高水位报警器动作并发出警报，过热蒸汽温度降低，给水流量不正常地大于蒸汽流量。严重满水时，锅水可进入蒸汽管道和过热器，造成水击及过热器结垢。因而满水的主要危害是降低蒸汽品质，损害以致破坏过热器。

常见的满水原因是：1.运行人员疏忽大意，对水位监视不严，或者运行人员擅离职守，放弃了对水位及其他仪表的监视；2.水位表故障造成假水位而运行人员未及时发现；3.水位报警器及给水自动调节器失灵而又未能及时发现等。

发现锅炉满水后，应冲洗水位表，检查水位表有无故障；一旦确认满水，应立即关闭给水阀，停止向锅炉上水，启用省煤器再循环管路，减弱燃烧，开启排污阀及过热器、蒸汽管道上的疏水阀；待水位恢复正常后，关闭排污阀及各疏水阀；查清事故原因并予以消除，恢复正常运行。如果满水时出现水击，则在恢复正常水位后，还须检查蒸汽管道、附件、支架等，确定无异常情况，才可恢复正常运行。

（三）汽水共腾

锅炉蒸发表面（水面）汽水共同升起，产生大量泡沫并上下波动翻腾的现象，叫汽水共腾。

发生汽水共腾时，水位表内也出现泡沫，水位急剧波动，汽水界线难以分清；过热蒸汽温度急剧下降；严重时，蒸汽管道内发生水冲击。

汽水共腾与满水一样，会使蒸汽带水，降低蒸汽品质，造成过热器结垢及水击振动，损坏过热器或影响用汽设备的安全运行。

形成汽水共腾有两个方面的原因。一是锅水品质太差。由于给水品质差、排污不当等原因，造成锅水中悬浮物或含盐量太高，碱度过高。由于汽水分离，锅水表面层附近含盐浓度更高，锅水黏度很大，汽泡上升阻力增大。在负荷增加、汽化加剧时，大量汽泡被粘阻在锅水表面层附近来不及分离出去，形成大量泡沫，使锅水表面上下翻腾。二是负荷增加和压力降低过快。当水位高、负荷增加过快、压力降低过速时，会使水面汽化加剧，造成水面波动及蒸汽带水。

发现汽水共腾时，应减弱燃烧，降低负荷，关小主汽阀；加强蒸汽管道和过热器的疏水；全开连续排污阀，并打开定期排污阀放水，同时上水，以改善锅水品质；待水质改善、水位清晰时，可逐渐恢复正常运行。

（四）炉管爆破

炉管爆破指锅炉蒸发受热面管子在运行中爆破，包括水冷壁、对流管束管子爆破及烟管爆破。

炉管爆破时，往往能听到爆破声，随之水位降低，蒸汽及给水压力下降，炉膛或烟道中有汽水喷出的声响，负压减小，燃烧不稳定，给水流量明显地大于蒸汽流量，有时还有其他比较明显的征状。

导致炉管爆破的原因主要有：1.水质不良，管子结垢并超温爆破；2.水循环故障；3.严重缺水；4.制造、运输、安装中管内落入异物，如钢球、木塞等；5.烟气磨损导致管壁减薄；6.运行或停炉时管壁因腐蚀而减薄；7.管子膨胀受阻碍，由于热应力造成裂纹；8.吹灰不当造成管壁减薄；9.管材缺陷或焊接缺陷在运行中发展扩大。

炉管爆破时，通常必须紧急停炉修理。

由于导致炉管爆破的原因很多，有时往往是几方面的因素共同影响而造成事故，因而防止炉管爆破也必须从搞好锅炉设计、制造、安装、运行管理、检验等各个环节入手。

（五）省煤器损坏

省煤器损坏指由于省煤器管子破裂或省煤器其他零件损坏所造成的事故。

省煤器损坏时，给水流量不正常地大于蒸汽流量；严重时，锅炉水位下降，过热蒸汽温度上升；省煤器烟道内有异常声响，烟道潮湿或漏水，排烟温度下降，烟气阻力增大，引风机电流增大。

省煤器损坏会造成锅炉缺水而被迫停炉。

省煤器损坏的原因有：1.烟速过高或烟气含灰量过大，飞灰磨损严重；2.给水品质不符合要求，特别是未进行除氧，管子水侧被严重腐蚀；3.省煤器出口烟气温度低于其酸露点，在省煤器出口段烟气侧产生酸性腐蚀；4.材质缺陷或制造安装时的缺陷导致破裂；5.水击或炉膛、烟道爆炸剧烈振动省煤器并使之损坏等。

省煤器损坏时，如能经直接上水管给锅炉上水，并使烟气经旁通烟道流出，则可不停炉进行省煤器修理，否则必须停炉进行修理。

（六）过热器损坏

过热器损坏主要指过热器爆管。这种事故发生后，蒸汽流量明显下降，且不正常地小于给水流量；过热蒸汽温度上升，压力下降；过热器附近有明显声响，炉膛负压减小，过热器后的烟气温度降低。

过热器损坏的原因是：1.锅炉满水、汽水共腾或汽水分离效果差而造成过热器内进水结垢，导致过热爆管；2.受热偏差或流量偏差使个别过热器管子超温而爆管；3.启动、停炉时对过热器保护不善而导致过热爆管；4.工况变动（负荷变化、给水温度变化、燃料变化等）使过热蒸汽温度上升，造成金属超温爆管；5.材质缺陷或材质错用（如在需要用合金钢的过热器上错用了碳素钢）；6.制造或安装时的质量问题，特别是焊接缺陷；7.管内异物堵塞；8.被烟气中的飞灰严重磨损；9.吹灰不当损坏管壁等。

由于在锅炉受热面中过热器的使用温度最高，致使过热蒸汽温度变化的因素很多，相应地造成过热器超温的因素也很多。因此过热器损坏的原因比较复杂，往往和温度工况有关，在分析问题时需要综合各方面的因素考虑。

过热器损坏通常需要停炉修理。

（七）水击事故

水在管道中流动时，因速度突然变化导致压力突然变化，形成压力波并在管道中传播的现象，叫水击。发生水击时，管道承受的压力骤然升高，发生猛烈振动并发出巨大声响，常常造成管道、法兰、阀门等的损坏。

锅炉中易于产生水击的部位有：给水管道、省煤器、过热器、锅筒等。

给水管道的水击常常是由于管道阀门关闭或开启过快造成的。比如阀门突然关闭，高速流动的水突然受阻，其动压在瞬时间转变为静压，造成对阀门、管道的强烈冲击。

省煤器管道的水击分两种情况：一种是省煤器内部分水变成了蒸汽，蒸汽与温度较低的（未饱和）水相遇时，水将蒸汽冷凝，原蒸汽区压力降低，使水速突然发生变化并造成水击；另一种则和给水管道的水击相同，是由阀门的突然启闭所造成的。

过热器管道的水击常发生在满水或汽水共腾事故中，在暖管时也可能出现。造成水击的原因是蒸汽管道中出现了水，水使部分蒸汽降温甚至冷凝，形成压力降低区，蒸汽携水向压力降低区流动，使水速突然变化而产生水击。

锅筒的水击也有两种情况：一是上锅筒内水位低于给水管出口而给水温度又较低时，大量低温进水造成蒸汽凝结，使压力降低而导致水击；二是下锅筒内采用蒸汽加热时，进汽速度太快，蒸汽迅速冷凝形成低压区，造成水击。

为了预防水击事故，给水管道和省煤器管道的阀门启闭不应过于频繁，启闭速度要缓慢；对可分式省煤器的出口水温要严格控制，使之低于同压力下的饱和温度40℃；防止满水和汽水共腾事故，暖管之前应彻底疏水；上锅筒进水速度应缓慢，下锅筒进汽速度也应缓慢。

发生水击时，除立即采取措施使之消除外，还应认真检查管道、阀门、法兰、支撑等，如无异常情况，才能使锅炉继续运行。

（八）炉膛爆炸

可燃气体、油雾或粉尘与空气混合后，如果其浓度是在该可燃物的爆炸极限内，遇到明火即会爆炸。锅炉中的可燃物在满足上述条件时也会发生爆炸，这种爆炸常在炉膛及烟道中发生，故称炉膛爆炸。炉膛爆炸与通常所说的锅炉爆炸是两回事：锅炉爆炸是筒体破裂及水蒸气的突然膨胀；炉膛爆炸则是可燃物的瞬时爆燃现象。

炉膛爆炸虽较锅炉（锅筒）爆炸的破坏力为小，但也会造成严重后果，如损坏受热面、炉墙及构架，造成锅炉停炉，有时也造成人身伤亡。

炉膛爆炸常发生在燃气锅炉、燃油锅炉及煤粉锅炉中，层燃炉中也有可能发生。

（九）尾部烟道二次燃烧

锅炉运行中，燃料燃烧不完全时，部分可燃物随着烟气进入尾部烟道，积存于烟道内或粘附在尾部受热面上，在一定条件下，这些可燃物能够自行着火燃烧，这种现象叫尾部烟道二次燃烧。二次燃烧常常将空气预热器、引风机以致省煤器烧毁，造成重大的经济损失。

形成二次燃烧的原因和条件是：1.可燃物在尾部烟道的沉积；2.可燃物着火的温度水平；3.一定的空气。

在上述条件同时具备时，可燃物即可自燃或被引燃着火。上述条件通常在停炉时具备，因而二次燃烧最易在停炉之后不久发生。

防止尾部二次燃烧的主要措施是：改善燃烧，尽量提高燃烧效率，减小未完全燃烧损失；尽量使燃烧稳定，防止灭火；减少锅炉的启停次数；加强尾部受热面的吹灰；停炉后应及时停止送引风，停炉10小时内应严密关闭烟风挡板和烟道各种门孔，防止新鲜空气漏入；对易于产生二次燃烧的煤粉炉和油炉，在尾部烟道应装设灭火装置，在停炉的最初10小时内应派专人对尾部烟道进行监视。

（十）锅炉结渣

锅炉结渣，指灰渣在高温下黏结于受热面、炉墙、炉排之上并越积越多的现象。燃煤锅炉结渣是个普遍性的问题，层燃炉、沸腾炉、煤粉炉都有可能结渣。由于煤粉炉炉膛温度较高，煤粉燃烧后的细灰呈飞腾状态，因而更易在受热面上结渣。

结渣使受热面吸热能力减弱，降低锅炉的出力和效率；局部水冷壁管结渣会影响和破坏水循环，甚至造成水循环故障；结渣会造成过热蒸汽温度的变化，使过热器金属超温；严重的结渣会妨碍燃烧设备的正常运行，甚至造成被迫停炉。总之，结渣对锅炉的经济性、安全性都有不利影响。

产生结渲的原因主要是：煤的灰渣熔点低，燃烧设备设计不合理，运行操作不当等。

预防结渣的主要措施有：1.在设计上要控制炉膛燃烧热负荷，在炉膛中布置足够的受热面，控制炉膛出口温度，使之不超过灰渣变形温度合理设计炉膛形状，正确设置燃烧器，在燃烧器结构性能设计中充分考虑结渣问题；控制水冷壁间距不要太大，而要把炉膛出口处受热面管间距拉开；炉排两侧装设防焦集箱等。2.在运行上要避免超负荷运行；控制火焰中心位置，避免火焰偏斜和火焰冲墙；合理控制过量空气系数和减少漏风。3.对沸腾炉和层燃炉，要控制送煤量，均匀送煤，及时调整燃料层和煤层厚度。4.发现锅炉结渣要及时清除。清渣应在负荷较低、燃烧稳定时进行，操作人员应注意防护和安全。

第四节　压力容器安全管理

一、容器的使用管理

（一）容器技术档案

设备技术档案是正确使用设备的主要依据，压力容器的技术档案应包括容器的原始技术资料和使用记录。

1.容器原始技术资料。包括容器的设计资料和容器的制造资料。

容器的设计资料至少应有容器设计总图和承压部件图。中高压或低温容器还应有承压部件的强度计算书。

容器的制造资料至少应有证明容器经过检验合格的出厂合格证，说明容器技术特性的容器说明书以及质量证明书。质量证明书中应包括主要零件的化学成分与机械性能，零件无损探伤结果，焊接质量主要检查结果以及水压试验和气密试验结果等。

压力容器原始技术资料由设计和制造单位提供。在设备安装完毕后，由安装单位连同容器一并移交使用单位。

2.容器使用记录。容器使用记录主要应包括：

（1）容器的实际操作条件，包括操作压力、操作温度、工作介质、压力及温度的波动范围、间歇操作周期、工作介质的特性（对容器是否有腐蚀作用和在什么条件下可能有腐蚀作用）等。

（2）容器的使用情况，包括开始使用日期、每次开停日期及变更使用条件的记录等。

（3）容器的检验和修理记录，包括每次检验的日期、检验内容、检验结果、水压试验情况以及发现的缺陷和检修情况等。

压力容器的使用记录由设备管理人员或容器操作人员负责按时填写并妥善保管。

（二）技术管理制度

1.容器的专责管理。容器使用单位应根据本单位所用容器的具体情况，在总技术负责人的领导下，由设备管理部门设专职或兼职技术人员负责容器的技术管理工作。

容器专责管理人员的职责是：

（1）贯彻执行国家有关压力容器的管理规范和安全技术规定；

（2）参加新建容器的验收和试运行工作；

（3）监督检查容器的操作和维护情况；

（4）根据定期检验制度，编制压力容器检验计划，并负责组织贯彻执行；

（5）负责制定主要容器的维护检修规程和容器改造、检验、修理及报废等技术审查工作；

（6）负责容器的登记、建档及技术资料的管理工作；

（7）组织容器事故调查，并按规定上报；

（8）定期向有关部门报送容器的定期检验计划和执行情况，以及容器存在的缺陷等情况；

（9）对容器的检验人员、操作人员和焊工等维修人员进行安全技术教育和技术考核。

2.安全操作规程，应包括以下内容：

（1）容器的正常操作方法；

（2）容器的最高工作压力和温度；

（3）开、停车的操作程序和注意事项；

（4）容器运行中的检查项目和部位，可能出现的异常现象及其判断方法和应采取的紧急措施；

（5）容器停用时的维护和检查。

二、容器的操作和维护

（一）容器的安全操作

1.基本要求：

（1）平稳操作。加载和卸载应缓慢，并保持运行期间载荷的相对稳定。

压力容器开始加载时，速度不宜过快，尤其要防止压力的突然升高。过高的加载速度会降低材料的断裂韧性，可能使存在微小缺陷的容器在压力的快速冲击下发生脆性断裂。

高温容器或工作壁温在0℃以下的容器，加热和冷却都应缓慢进行，以减小壳壁中的热应力。

操作中压力频繁地和大幅度地波动，对容器的抗疲劳强度是不利的，应尽可能避免，保持操作压力平稳。

（2）防止超载。防止压力容器过载主要是防止超压。压力来自器外（如气体压缩机、蒸汽锅炉等）的容器，超压大多是由于操作失误而引起的。为了防止操作失误，除了装设连锁装置外，可实行安全操作挂牌制度。在一些关键性的操作装置上挂牌，牌上用明显标记或文字注明阀门等的开闭方向，开闭状态，注意事项等。对于通过减压阀降低压力后才进气的容器，要密切注意减压装置的工作情况，并装设灵敏可靠的安全泄压装置。

由于器内物料的化学反应而产生压力的容器，往往因加料过量或原料中混入杂质，使器内反应后生成的气体密度增大或反应过速而造成超压。要预防这类容器超压，必须严格控制每次投料的数量及原料中杂质的含量，并有防止超量投料的严密措施。

贮装液化气体的容器，为了防止液体受热膨胀而超压，一定要严格计量。对于液化气体贮罐和槽车，除了密切监视液位外，还应防止容器意外受热，造成超压。如果容器内的介质是容易聚合的单体，则应在物料中加入阻聚剂，并防止混入可促进聚合的杂质。物料贮存的时间也不宜过长。

除了防止超压以外，压力容器的操作温度也应严格控制在设计规定的范围内，长期的超温运行也可以直接或间接地导致容器的破坏。

2.容器运行期间的检查。容器专责操作人员在容器运行期间应经常检查容器的工作状况，以便及时发现操作上或设备上的不正常状态，采取相应的措施进行调整或消除，防止异常情况的扩大或延续，保证容器安全运行。

对运行中的容器进行检查，包括工艺条件、设备状况以及安全装置等方面。

在工艺条件方面，主要检查操作压力、操作温度、液位是否在安全操作规程规定的范围内，容器工作介质的化学组成，特别是那些影响容器安全（如产生应力腐蚀、使压力升高等）的成分是否符合要求。

在设备状况方面，主要检查各连接部位有无泄漏、渗漏现象，容器的部件和附件有无塑性变形、腐蚀以及其他缺陷或可疑迹象，容器及其连接管道有无振动、磨损等现象。

在安全装置方面，主要检查安全装置以及与安全有关的计量器具是否保持完好状态。

3.容器的紧急停止运行。压力容器在运行中出现下列情况时，应立即停止运行：

（1）容器的操作压力或壁温超过安全操作规程规定的极限值，而且采取措施仍无法控制，并有继续恶化的趋势；

（2）容器的承压部件出现裂纹、鼓包变形、焊缝或可拆连接处泄漏等危及容器安全的迹象；

（3）安全装置全部失效，连接管件断裂，紧固件损坏等，难以保证安全操作；

（4）操作岗位发生火灾，威胁到容器的安全操作；

（5）高压容器的信号孔或警报孔泄漏。

（二）容器的维护保养

做好压力容器的维护保养工作，可以使容器经常保持完好状态，提高工作效率，延长容器使用寿命。

容器的维护保养主要包括以下几方面的内容：

1.保持完好的防腐层。工作介质对材料有腐蚀作用的容器，常采用防腐层来防止介质对器壁的腐蚀，如涂漆、喷镀或电镀、衬里等。如果防腐层损坏，工作介质将直接接触器壁而产生腐蚀，所以要经常保持防腐层完好无损。若发现防腐层损坏，即使是局部的，也应该经过修补等妥善处理以后再继续使用。

2.消除产生腐蚀的因素。有些工作介质只有在某种特定条件下才会对容器的材料产生腐蚀。因此要尽力消除这种能引起腐蚀的，特别是应力腐蚀的条件。例如，一氧化碳气体只有在含有水分的情况下才可能对钢制容器产生应力腐蚀，应尽量采取干燥、过滤等措施，以除去气体中的水分；碳钢容器的碱脆需要具备温度、拉伸应力和较高的碱液浓度等条件，介质中含有稀碱液的容器，必须采取措施消除使稀液浓缩的条件，如接缝渗漏，器壁粗糙或存在铁锈等多孔性物质等。盛装氧气的容器，常因底部积水造成水和氧气交界面的严重腐蚀，要防止这种腐蚀，最好使氧气经过干燥，或在使用中经常排放容器中的积水。

3.消灭容器的“跑、冒、滴、漏”。“跑、冒、滴、漏”不仅浪费原料和能源，污染工作环境，还常常造成设备的腐蚀，严重时还会引起容器的破坏事故。

4.加强容器在停用期间的维护。对于长期或临时停用的容器，应加强维护。停用的容器，必须将内部的介质排除干净，腐蚀性介质要经过排放、置换、清洗等技术处理。要注意防止容器的“死角”积存腐蚀性介质。

要经常保持容器的干燥和清洁，防止大气腐蚀。试验证明，在潮湿的情况下，钢材表面有灰尘、污物时，大气对钢材才有腐蚀作用。为了减轻大气对停用容器外表面的腐蚀，应保持容器表面清洁，经常把散落在上面的尘土、灰渣及其他污垢等擦洗干净，并保持容器及周围环境的干燥。

5.经常保持容器的完好状态。容器上所有的安全装置和计量仪表，应定期进行调整校正，使其始终保持灵敏、准确；容器的附件、零件必须保持齐全和完好无损，连接紧固件残缺不全的容器，禁止投入运行。

第五节　气瓶安全管理

气瓶是小型移动式压力容器，在使用方面存在某些特殊性。要保证它的安全使用，除了需满足压力容器的一般安全要求外，还需要有一些特殊的要求。

一、气瓶安全的特殊问题

由于移动及环境变化，气瓶温度会随环境温度的变化而变化，瓶内介质温度也相应随环境温度而发生变化。由于瓶内容积有限且随温度变化很小，介质温度的升高会导致压力的升高，从而有可能使气瓶处于不安全状态，这是气瓶安全使用的一个特殊而重要的问题。

除了火灾及化学反应等特殊情况，导致气瓶温度变化的主要因素是大气温度变化，特别是运输或使用中的太阳曝晒，会使气瓶温度显著升高。根据我国的地理气候条件及实测数据，我国标准规定：气瓶介质的最高工作温度（即考虑曝晒时介质可能达到的最高温度）为60℃；气瓶的最高工作压力，应为介质温度为60℃时的介质压力。为了保证气瓶的安全，最高工作压力应不超过气瓶的许用压力。

充装气瓶时，介质温度一般低于其可能达到的最高温度60℃。此时必须通过控制充装压力或充装量，使气瓶的介质压力留有一定的裕度，即适当低于许用压力，以确保介质只有升温至60℃时才达到许用压力。

气体介质的种类和特性不同，充装时控制的参数及其大小也各不相同。

（一）永久气体气瓶的充装量

永久气体指临界温度低于-10℃的气体，如空气、氧气、氮气、氢气、一氧化碳、氩气、甲烷等。

我国目前所用的永久气体气瓶的公称工作压力按标准规定有30MPa、20MPa和15MPa等三种。而气瓶的许用压力为公称工作压力的1.2倍。

永久气体气瓶的充装量应该保证气瓶在使用过程中可能达到的最高压力不超过它的许用压力，也就是所充装的气体在60℃时的压力不高于气瓶的许用压力。而永久气体的充装量是以充装结束时的温度和压力来计量的，因此各种永久气体应根据气瓶的许用压力按不同的充装（结束时）温度确定不同的充装压力。因为实际气体的压力、温度与容积等有如下的关系：

$$\frac{p_0V_0}{Z_0T_0}=\frac{pV}{ZT}$$

因此，在充了气的气瓶中，如果将气瓶由于温度及压力的变化而引起的容积的改变忽略不计，即令$V_0=V$，则可以按下式计算气瓶的最大充装压力：

$$p_0=\frac{pZ_0T_0}{ZT} \tag{8-1}$$

式中：p_0——永久气体气瓶的充装压力，MPa（绝对）；

T_0——永久气体气瓶的充装（结束时）温度，K；

Z_0——在P_0，T_0条件下，气体的压缩系数；

p——气瓶的许用压力，MPa（绝对）；

T——气瓶的最高使用温度，等于333K；

Z——在P，T条件下气体的压缩系数。

各种永久气体的压缩系数可以从有关热工手册中查得。

（二）高压液化气体气瓶的充装系数

1.许用压力。高压液化气体，或者叫低临界温度液化气体，是指临界温度等于或高于-10℃而等于或低于70℃的气体，如：二氧化碳、乙烷、乙烯等。这种液化气体在充装时因为温度较低（低于它的临界温度）而压力较高，因而往往都是呈液态的（确切地说是气液两态）。而充装之后，在运输、使用或贮存的过程中，受到周围环境温度的影响，瓶内气体的温度有可能高于它的临界温度。在这种情况下，瓶内的液化气体就全部气化，压力迅速升高。这时气瓶内气体的压力就不是它的饱和蒸汽压，而是与永久气体一样，决定于它的充装量。所不同的是，永久气体的充装量是以充装结束时的温度与压力来计算，而高压液化气体则因充装时还是液态，故只能以它的充装系数（即气瓶单位容积内允许充装的最大质量）来计量。因此，高压液化气体气瓶的许用压力也与永久气体气瓶的一样，按统一的标准系列确定，而根据气瓶许用压力与所装液化气体的特性来限制它的充装量。

我国目前使用的高压液化气体气瓶的公称工作压力规定为20MPa、15MPa、12.5MPa和8MPa等几种，其许用压力与公称工作压力相同。

2.充装系数。高压液化气体的充装必须保证所装入的液化气体全部气化后，在60℃下的压力不超过气瓶的许用压力。也就是说，液化气体充装系数应该等于它在温度为60℃，压力为气瓶许用压力下的密度。

根据气体状态方程：

$$pv=\frac{ZRT}{M}$$

$$v=\frac{ZRT}{pM}$$

则高压液化气体的充装系数应为：

$$F_d=\frac{1}{v}=\frac{pM}{ZRT}=\frac{pM}{8.31\times 333Z}=\frac{3.61pM}{Z}\times 10^{-4} \quad (8\text{-}2)$$

式中：F_d——高压液化气体充装系数，g/mL或kg/L；

v——气体比容，mL/g或L/kg；

p——气瓶的许用压力，MPa，绝对；

T——气瓶的最高使用温度，等于333K；

M——气体分子量；

R——气体常数，8.31MPa·L/（kg·K）；

Z——气体在绝对压力为p和热力学温度为T时的压缩系数，表示实际气体偏离理想气体的程度，用热工学中的对比态法查表或计算得出。

（三）低压液化气体气瓶的充装系数

1.许用压力。低压液化气体，或者叫高临界温度液化气体，是临界温度高于70℃的气体，如丙烷、丙烯、丁烷、硫化氢、氨、氯等。由于其临界温度高于环境温度，所以在整个使用过程中，只要充装量不超过规定，瓶内都是气液两态并存，瓶内的压力也始终是液化气体的饱和蒸气压力。液化气体的饱和蒸气压是随气体的温度而变化的，它的最高工作压力（即许用压力）就是气体在最高使用温度60℃下的饱和蒸气压力。

由于各种液化气体在60℃时的饱和蒸气压力是相当分散的，因而不可能完全按照各自的饱和蒸气压作为许用压力来制造气瓶，而仍需制定出这些气瓶的压力系列。目前我国的低压液化气体气瓶的公称工作压力暂定为5MPa、3MPa、2MPa和1MPa等几种，许用压力与公称工作压力相同。

充装系数。气瓶内的低压液化气体在正常状态下是以气液两态并存的，即气瓶内的介质有一部分呈液态；另一部分呈气态。温度升高，除了瓶内气体的饱和蒸气压增大以外，瓶内的液体还要膨胀。当温度升高到一定程度以后，瓶内的容积有可能全被液体所充满。此时如温度继续增加，则由于液体的膨胀使瓶内的压力急剧增高，甚至会因此而造成气瓶破裂，发生爆炸事故。因此，为了避免气瓶因液体膨胀而产生过大的压力，必须使瓶内的液化气体在气瓶可能达到的最高温度下，不会为液体所充满，也即是液化气体充装系数不应大于所装液化气体在60℃：时液相的密度。为了保证安全并考虑到量具等的误差，还需要有适当的裕量，一般取充装系数为所装液化气体在60℃时液相密度的95%～98%。这样，即使气瓶在使用过程中瓶内的温度上升至最高使用温度，瓶内的液相也只能占有95%～98%，还留有2%～5%的气相空间。从而保证气瓶的压力不会超过它所装液化气体在60℃时的饱和蒸气压。

因此低压液化气体的充装系数即为：

$$F_d = (0.95 \sim 0.98)\rho \tag{8-3}$$

式中：ρ——液化气体在温度为60℃下的液相密度。

3.满液气瓶温度升高时瓶内压力的变化。低压液化气体气瓶如果充装过量，即实际充装量超过规定的充装系数，则气瓶就会在较低的温度（小于气瓶最高使用温度）下被液体所充满。若温度继续升高，瓶内压力则会急剧增大。

低压液化气体气瓶满液后的压力增值，由下式计算：

$$\Delta p = \frac{\beta - 3\beta_0}{\alpha + F_v}\Delta t \tag{8-4}$$

式中：Δp——自满液起算的压力增值，MPa；

Δt——自满液起算的瓶内介质温度升高，℃；

β——液化气体在$\Delta t = t_2 - t_1$温度区间的体积膨胀系数，$℃^{-1}$；

β_0——气瓶材料的线膨胀系数，$℃^{-1}$；

α——液化气体的压缩系数，MPa^{-1}；

F_v——钢制气瓶在压力升高时的容积增大系数，MPa^{-1}，在气瓶承压的弹性变形阶段，由气瓶的外内径比值K确定，其值见表8-1。

表 8-1 气瓶在压力升高时的容积增大系数

气瓶外内径比 K	1.02	1.03	1.04	1.05	1.06	1.07
容积增大系数 F_v/MPa^{-1}	4.90×10^{4}	3.26×10^{-4}	2.45×10^{-4}	1.98×10^{-4}	1.66×10^{-4}	1.43×10^{-4}
气瓶外内径比 K	1.08	1.09	1.10	1.15	1.20	1.50
容积增大系数 F_v/MPa^{-1}	1.25×10^{-4}	1.12×10^{-4}	1.02×10^{-4}	0.74×10^{-4}	0.57×10^{-4}	0.29×10^{-4}

二、气瓶使用管理

气瓶一般不装设安全泄压装置，但装有防振圈和瓶帽等安全装置。

防振圈是防止气瓶瓶体受撞击的一种保护装置。气瓶在充装、使用，特别是运输过程中，常常会因滚动或震动而相互碰击或与其他物件碰撞。这不但会使气瓶瓶壁产生伤痕或变形，而且会使气瓶发生脆性破裂，这是高压气瓶发生破裂爆炸事故常见的原因之一。瓶体上防止撞击的保护装置，目前普遍采用的是两个紧套在瓶体外面的用塑料或橡胶制成的防振圈。气瓶的防振圈必须有一定的厚度和一定的弹性。

瓶帽是防止气瓶瓶阀被碰坏的一种保护装置。装在气瓶顶部的瓶阀，如果没有保护装置，常会在气瓶的搬运过程中被撞击而损坏。有时甚至会因瓶阀被撞断而使瓶内气体高速喷出，以致气瓶向与气流相反的方向飞动，造成伤亡事故。因此，每个气瓶的顶部都应装配有瓶帽，以便在气瓶运输过程中配戴。瓶帽一般用螺纹与瓶颈连接（高压气瓶），瓶帽上应开有小孔，一旦瓶阀漏气，漏出的气体可从小孔中排出，以免瓶帽爆飞伤人。

（一）气体充装

1.充装前应对气瓶进行严格检查。检查内容至少包括：

（1）气瓶的漆色是否完好，所漆的颜色是否与所装气体的气瓶规定漆色相符（各种气体气瓶的漆色按《气瓶安全监察规程》的规定）；

（2）气瓶是否留有余气，如果对气瓶原来所装的气体有怀疑，应取样化验；

（3）认真检查气瓶瓶阀上进气口侧的螺纹，一般盛装可燃气体的气瓶瓶阀螺纹是左旋的，而非可燃气体气瓶则是右旋的；

（4）气瓶上的安全装置是否配备齐全、好用；

（5）新投入使用的气瓶是否有出厂合格证，已使用过的气瓶是否在规定的检验期内；

（6）气瓶有无鼓包、凹陷或其他外伤。

2.采取严密措施，防止超量充瓶。这些措施包括：

（1）充满永久气体的气瓶应明确规定在多高的充装温度下充装多大的压力，以保证所装的气体在气瓶最高使用温度下的压力不超过气瓶的许用压力；

（2）充装液化气体的气瓶必须严格按规定的充装系数进行充装，不得超装；

（3）为了防止由于计量误差而造成超装，所有仪表、量具（如压力表、磅秤等）都应按规定的范围选用，并且要定期检验和校正；

（4）没有原始质量标记或标准不清难以确认的气瓶不予充装；

（5）液化气体的充装量应包括气瓶内原有的余气（余液），不得把余气（余液）的质量忽略不计；

（6）不得用贮罐减量法（按液化气体大贮罐原有的质量减去装瓶后贮罐的剩余质量）来确定气瓶的充装量。

（二）气瓶使用和维护

1.防止气瓶受热升温。不可把气瓶放在烈日下曝晒；不得将气瓶靠近火炉或其他高温热源，更不得用高压蒸汽直接喷射气瓶。瓶阀冻结时应把气瓶移到较暖的地方，用温水解冻，禁止用明火烘烤。

2.正确操作、合理使用。开阀时要慢慢开启，以防加压过速产生高温，对盛装可燃气体的气瓶尤应注意，防止产生静电；开阀时不能用钢扳手敲击瓶阀，以防产生火花。氧气瓶的瓶阀及其他附件都禁止沾染油脂；手或手套上和工具上沾染有油脂时不要操作氧气瓶。每种气体要有专用的减压器，氧气和可燃气体的减压器不能互相换用；瓶阀或减压器泄漏时不得继续使用。气瓶使用到最后时应留有余气，以防混入其他气体或杂质，造成事故。

3.加强维护。气瓶外壁上的油漆既是防护层，也是识别标记——它的颜色表明瓶内所装气体的类别——可以防止误用和混装，因此必须经常保持完好。漆色脱落或模糊不清时，应按规定重新漆色。瓶内混有水分常会加速气体对气瓶内壁的腐蚀，特别是氧、氯、一氧化碳等气体，盛装这些气体的气瓶在装气前，尤其是在进行水压试验以后，应该进行干燥。气瓶一般不得改装别种气体，如确实需要，应按规定由有关单位负责清洗、置换并重新改变漆色后方可改装。

（三）气瓶运输

1.防止气瓶受到剧烈振动或碰撞冲击。装在车上的气瓶要妥善固定，防止气瓶跳动或滚落；气瓶的瓶帽及防振圈应配戴齐全；装卸气瓶时应轻装轻卸，不得采用抛装、滑放或滚动的装卸方法。

2.防止气瓶受热或着火。气瓶运输时不得长时间在烈日下曝晒，夏季运输要有遮阳设施；可燃气体气瓶或其他易燃品、油脂和沾有油污的物品，不得与氧气瓶同车运输；两种介质相互接触后能引起燃烧等剧烈反应的气瓶也不得同车运输；运装气瓶的车上应严禁烟火，运输可燃或有毒气体的气瓶时，车上应分别备有灭火器材或防毒用具。

第九章　锅炉压力容器检验

第一节　概述

一、检验的目的和意义

通常所说的锅炉压力容器检验是指在用锅炉和压力容器的定期检验，即依据《蒸汽锅炉安全技术监察规程》《压力容器安全技术监察规程》等法规，由考核合格的检验人员对锅炉和压力容器的安全状况进行必要的检查和试验。此类检验包括外部检验、内外部检验及水压试验等。

广义的锅炉压力容器检验是指对锅炉及压力容器的设计、制造、安装、运行、维修等各个环节的检查、监督、试验，目的在于消除这些环节中出现的不利于锅炉、压力容器安全运行的因素，更可靠地保证锅炉和压力容器的安全。

本章介绍的是在用锅炉、压力容器的定期检验。检验的目的是及时查清设备的安全状况，及时发现设备的缺陷和隐患，使之在危及设备安全之前被消除或被监控起来，以避免锅炉或压力容器在运行中发生事故。

由于锅炉和压力容器运行使用条件大都很恶劣，存在各种损害设备部件的因素，无论设备部件原先是否完好，都难以避免在使用中产生各式各样的缺陷，进而导致部件的破坏和事故的发生。因而及时发现和妥善处理锅炉、压力容器的缺陷就成为十分重要的问题。

锅炉和压力容器运行中损害部件的主要因素有：

第一，超压造成薄膜应力过高，或承压后因结构不合理造成应力集中过于严重，局部应力过高，引起塑性变形或机械应力裂纹；

第二，频繁加压卸压或压力波动引起低周疲劳损害，造成低周疲劳裂纹；

第三，烟气、水汽、容器接触的各种介质及大气对设备的各种腐蚀，使设备壁厚减薄、产生裂纹或机械性能降低；

第四，因高温蠕变使部件产生塑性变形或裂纹；

第五，因缺水、水垢、水循环故障、热偏差等导致部件壁温过高，机械强度明显下降，形成裂纹或严重塑性变形；

第六，长期高温导致钢材组织恶化，包括珠光体球化、石墨化、热脆等，使钢材机械性能显著下降；

第七，部件膨胀受约束或温度严重不均，热应力过大导致裂纹，或交变的温度和热应力导致热疲劳裂纹；

第八，烟气对锅炉部件的磨损及风力、震动对容器的磨损，造成壁厚减薄。

在上述损害因素作用下部件中出现的缺陷，可能是运行中产生的，也可能是原材料或制造中的微型缺陷发展形成的。

对锅炉、压力容器进行定期检验，是及早发现缺陷，消除隐患，保证锅炉和压力容器安全运行的一项行之有效的措施。这一点已被国内外长期的实践所证实。

二、检验的期限和内容

（一）外部检验

锅炉压力容器的外部检验可以在锅炉、压力容器运行过程中进行。检验的目的是及时发现锅炉或压力容器在外部及操作工艺方面所存在的不安全因素，确定锅炉压力容器能否在保证安全的情况下继续运行。

锅炉压力容器的外部检验每年应不少于一次。检验项目主要有：

第一，运行管理制度是否齐全，管理情况是否良好，操作人员是否持证上岗；

第二，锅炉及容器外壁的防腐层、保温层是否完整无损，有无脱落、变质等不正常现象；第三，器壁上有无腐蚀、凹陷、鼓包以及其他外伤；

第四，锅炉及容器上的可见焊缝、法兰、门孔及其他可拆连接处有无泄漏；外壁有保温层及其他覆盖层的部件，有无显示出泄漏的迹象；

第五，是否按规定装设了安全装置，安全装置的选用、装设是否符合要求，安全装置的维护是否良好，有无超过规定的使用期限；

第六，锅炉、压力容器及其连接管道的支承是否适当，有无倾斜下沉、振动摩擦以及膨胀受限制等情况；锅炉炉墙、构件、平台楼梯是否完好，设备周围的安全通道是否畅通；

第七，锅炉压力容器的操作压力、操作温度是否在设计规定的范围内；水质及其他工作介质是否符合设计的规定，锅炉燃烧是否正常稳定；

第八，锅炉辅助设备（风机、水泵等）运转是否正常，自控设备、信号系统及各种仪表是否灵敏可靠。

外部检验情况，包括检验日期、发现的问题以及检验结论等，应认真填写检验记录存档。发现危及锅炉压力容器安全的情况时，应立即采取停运措施。

（二）内外部检验

锅炉压力容器的内外部检验，是定期在停运条件下进行的检验。检验的目的是尽早发现锅炉、容器内外部的缺陷，确定锅炉或压力容器能否继续运行以及继续运行需要哪些安全技术措施。

1.锅炉内外部检验的期限和内容。运行的锅炉每两年应进行一次停炉内外部检验。锅炉内外部检验的重点是：

（1）上次检验有缺陷的部位；

（2）锅炉承压部件的内、外表面，特别是开孔、焊缝、扳边等处有无裂纹、腐蚀；

（3）管壁有无磨损和腐蚀；

（4）锅炉的拉撑以及与被拉部件的结合处有无裂纹、断裂和腐蚀；

（5）胀口是否严密，管端的受胀部分有无环形裂纹和苛性脆化；

（6）承压部件有无凹陷、弯曲、鼓包和过热；

（7）锅筒和砖衬接触处有无腐蚀，承压部件或锅炉构架有无因砖墙或隔火墙损坏而发生过热；

（8）承压部件水侧有无水垢、水渣；进水管及排污管与锅筒的接口处有无腐蚀、裂纹，排污阀和排污管连接部分是否牢靠。

2.压力容器内外部检验的期限和内容。压力容器内外部检验的间隔期限，根据容器的操作条件、使用环境及原有缺陷情况而定。安全状况较好（指工作介质无明显腐蚀性及不存在较大缺陷的容器）每6年至少进行一次内外部检验；安全状况不太好的，每3年至少进行一次内外部检验。必要时检验期限可适当缩短。

压力容器内外部检验的主要内容有：

（1）外部检验的全部项目；

（2）容器内壁的防护层（涂层或镀层）是否完好，有无脱下或被冲刷、刮落等现象；有衬里的容器，衬里是否有鼓起、裂开或其他损坏的迹象；

（3）容器的内壁是否存在腐蚀、磨损以及裂纹等缺陷，缺陷的大小及严重程度；

（4）容器有无宏观的局部变形或整体变形，变形的严重程度；

（5）对于工作介质在操作压力和操作温度下对器壁的腐蚀有可能引起金属材料组织恶化（如脱碳、晶间腐蚀等）的容器，应对器壁进行金相检验、化学成分分析和表面硬度测定。

3.检验结论。经过内外部检验的锅炉、压力容器，应由检验人员填写检验报告书，作出检验结论。检验结论可以分为：

（1）按原设计工艺条件继续使用；

（2）采取适当的措施继续使用；

（3）不能继续使用等。

对内外部检验发现有缺陷的锅炉和容器，除了判废（即不能继续使用）者外，可以根据锅炉和容器的使用条件及缺陷情况，采取适当的措施继续使用。这些措施包括：①清除所发现的缺陷或对有缺陷的部位进行修补，经检查未发现新的缺陷；②降压降温使用；③监护使用；④缩短检验周期（在检验报告书上注明下次检验日期）。

（三）水压试验

锅炉水压试验每6年至少进行一次。压力容器的水压试验每两次内外部检验至少进行一次。

三、检验中的安全问题

由于内外部检验和水压试验是锅炉压力容器的定期停运检验，重点又是内部检验，所以必须认真作好检验中的安全工作，防止在检验中发生人身伤亡事故。

（一）检验前的准备工作

1.锅炉检验前的准备工作：

（1）锅炉检验前，要让锅炉按正常停炉程序停炉，缓慢冷却，用锅水循环和炉内通风等方式，逐步把锅内和炉膛内的温度降低下来。当锅水温度降到80℃以下时，把被检验锅炉上的各种门孔统统打开。打开门孔时注意防止蒸汽、热水或烟气烫伤。

（2）要把被检验锅炉上蒸汽、给水、排污等管道与'其他运行中锅炉相应管道的通路隔断。隔断用的盲板要有足够的强度，以免被运行中的高压介质鼓破。隔断位置要明确指示出来。

（3）被检验锅炉的燃烧室和烟道，要与总烟道或其他运行锅炉相通的烟道隔断。烟道闸门要关严密，并于隔断后进行通风。

2.压力容器检验前的准备工作：

（1）容器检验前，必须彻底切断容器与其他还有压力或气体的设备的连接管道，特别是与可燃或有毒介质的设备的通路。不但要关闭阀门，还必须用盲板严密封闭，以免阀门漏气，致使可燃或有毒的气体漏入容器内，引起着火爆炸或中毒事故。

（2）容器内部的介质要全部排净。盛装可燃、有毒或窒息性介质的容器还应进行清洗、置换或消毒等技术处理，并经取样分析合格。

（3）与容器有关的电源，如容器的搅拌装置、翻转机构等的电源必须切断，并有明显的禁止接通的指示标志。

（二）检验中的安全注意事项

1.注意通风和监护。在进入锅筒、容器前，必须将锅筒、容器上的人孔和集箱上的手孔全部打开，使空气对流一定时间，充分通风。进入锅筒、容器进行检验时，器外必须有人监护。在进入烟道或燃烧室检查前，也必须进行通风。

2.注意用电安全。在锅筒和潮湿的烟道内检验而用电灯照明时，照明电压不应超过24V；在比较干燥的烟道内，而且有妥善的安全措施，可采用不高于36V的照明电压。

进入容器检验时，应使用电压不超过12V或24V的低压防爆灯。检验仪器和修理工具的电源电压超过36V时，必须采用绝缘良好的软线和可靠的接地线。

锅炉、容器内严禁采用明火照明。

3.禁止带压拆装连接部件。检验锅炉和压力容器时，如需要卸下或上紧承压部件的紧固件，必须将压力全部泄放以后方能进行，不能在器内有压力的情况下卸下或上紧螺栓或其他紧固件，以防发生意外事故。

4.禁止自行以气压试验代替水压试验。锅炉压力容器的耐压试验一般都用水作加压介质，不能用气体作加压介质，否则十分危险。

这是因为水的化学性质稳定，基本上不可压缩（压缩系数很小），承压时吸收的机械功很少，卸压时泄放的机械功也很少，万一设备在水压试验中破坏，也不会造成大的伤害。而气体是可压缩性流体，在承压后吸收的机械功较多，卸压时释放的机械功也较多，一旦盛装带压气体的设备破坏，就会造成较大伤害。据计算，在容积和压力相同的条件下，气体的爆炸能量要比水大数百倍（高压时）至数万倍（低压时）。在压力不高时，水的爆炸能量非常有限，所以水压试验比较安全，而如果用气压代替水压，万一爆破就会造成重大伤亡。因此，必须严格禁止自行以气压代替水压进行耐压试验。

个别容器由于结构等方面的原因，不能用水作耐压试验，而且设计规定可以用气压代替水压时，则要在试验前经过全面检查，核算强度，并按设计的规定认真采取确实可靠的措施以后方能进行，并应事先取得有关安全部门的同意。

第二节　锅炉压力容器常见缺陷

一、腐蚀

腐蚀是锅炉、压力容器在使用过程中最容易产生的一种缺陷，在化工容器中尤为突出。不论是均匀腐蚀或是局部腐蚀，都会造成承压部件减薄及承载能力下降，严重时造成结构破坏。由于局部腐蚀造成的损害无规律性，因此对其更难于防范，对设备安全的危害也更大。

（一）氧腐蚀

氧腐蚀指溶入水中的氧与盛水设备金属壁面作用所发生的电化学腐蚀，一般是局部腐蚀，被腐蚀处呈点状或溃疡状，严重时形成深孔或穿孔，危及部件的正常运行。

有省煤器的锅炉，氧腐蚀主要发生在给水管道和省煤器中。没有省煤器的小型锅炉，其锅筒，水冷壁和对流管束也会发生氧腐蚀。

盛水容器，经过水压试验而未完全放净水的锅炉和容器，以及停运后未妥善保养的锅炉，都可能产生严重的氧腐蚀。

（二）低温硫腐蚀

低温硫腐蚀是锅炉烟气腐蚀的一种，是烟气中的硫酸蒸气在锅炉尾部结露造成的酸性腐蚀。常发生在水管锅炉省煤器和空气预热器的烟气侧，一般是金属壁面腐蚀与黏结灰污同时发生，造成烟气通道堵灰和排烟不畅。低温硫腐蚀多发生于燃油锅炉，燃煤含硫量高时，燃煤锅炉也有这类腐蚀。

（三）大气腐蚀

即在空气潮湿及器壁不洁的条件下，空气中的氧通过器壁上的水膜与金属发生的电化学腐蚀。腐蚀产物最初为$Fe(OH)_2$，随后$Fe(OH)_2$与空气中的氧继续作用形成$Fe(OH)_3$。$Fe(OH)_3$呈现为钢材表面的疏松附着物，它非但不能抑止腐蚀，反而有加速腐蚀的作用，直至钢材被腐蚀破坏。

锅炉、压力容器的大气腐蚀多产生于经常处于潮湿场合的部件及易于积存水分或湿气的部位。由大气潮湿所造成的部件腐蚀与季节、地区及部件在大气中的裸露程度有关；由地面潮湿造成的腐蚀多产生于设备接近地面的部位，如锅炉的下脚和下部砌砖部位，锅炉和容器的支承部位等；由器壁局部积水或潮湿造成的腐蚀，则产生于设备的门孔、法兰及其他活动联接、胀口、铆缝等易于出现“跑、冒、滴、漏”之处。

（四）酸碱等腐蚀性介质引起的腐蚀

一般来说，对工作介质具有明显腐蚀作用的容器，设计时都采用防腐蚀措施，如选用耐腐蚀的材料，进行表面处理，在内壁加衬里等等。这些容器内壁的腐蚀常常是因为防腐蚀措施遭到破坏而造成的。

对于内壁有涂层或镀层的容器，容易腐蚀的部位多为局部气流速度过高、喷涂防腐层比较困难及防腐层容易脱落的部位。

装设金属或非金属衬里的容器，由于壳体与衬里的热膨胀系数不同，在温度及压力变化时，常会使衬里产生凸起或开裂等缺陷，并由此造成工作介质渗漏、穿过衬里腐蚀外壳的隐患。对于这种容器，内部检查时要特别注意衬里的完好情况；用金属或其他塑性材料作的衬里，应经过气密试验以检查其有无泄漏。发现衬里泄漏时，必须把衬里的一部分或全部除去，检查容器壳体的腐蚀情况。

器壁的腐蚀也可能因正常的工艺条件被破坏而引起。这些容器在正常操作条件下介质对器壁并无腐蚀作用，所以一般没有防腐蚀措施。而当操作条件不正常或使用不当时，则往往产生腐蚀。例如，干燥的氯对钢制容器不产生腐蚀，而当氯气中混有水分或器内残存水分时，则氯与水作用生成盐酸或次氯酸，对器壁即会产生强烈腐蚀。所以，了解设备的腐蚀情况时，必须了解设备的工作情况及工艺执行情况。

（五）应力腐蚀

应力腐蚀是在腐蚀介质和静拉伸应力共同作用下金属产生的腐蚀，属于电化学腐蚀。

应力腐蚀常常导致突发性的脆性破坏，造成严重后果，因而值得高度重视。

二、裂纹

经验证明，裂纹常常导致部件爆炸或爆破，造成极其严重的后果，是最严重的一种缺陷。

锅炉压力容器承压部件的裂纹，按其产生原因可以分为原材料裂纹、焊接裂纹、过载裂纹、疲劳裂纹、热应力裂纹、热疲劳裂纹、蠕变裂纹、腐蚀裂纹等。不同裂纹产生的部位不同，并具有不同的形貌。

原材料裂纹、焊接裂纹及热处理裂纹等，按通常的技术要求是不允许带到运行使用中去的。运行中发现的这类裂纹，大都是原材料、焊接或热处理中的微细裂纹在运行条件下发展扩大的结果，也有个别属制造质量控制不严而漏检的裂纹。一般情况下，原材料裂纹比较少见，而焊缝部位在运行中则易出现裂纹。焊缝裂纹既与焊缝本身的原始缺陷有关，也和结构不连续及各种外部运行因素有关，因而，把运行中在焊缝部位产生的裂纹认作焊接裂纹并不是十分准确的。疲劳裂纹往往也出现在焊缝部位。

过载裂纹是外加载荷（内压和外压）超过了金属的强度极限而产生的裂纹，常发生在部件受力最大部位或应力集中部位，如开孔边缘，扳边转角圆弧处，部件表面刀痕、弧坑等局部结构不连续处。由于这种裂纹主要由过大的机械应力引起，所以裂纹细长、尖锐、刚劲，无分支或分支很少，绝大多数是穿晶裂纹。

疲劳裂纹是因为结构或材料缺陷造成局部应力过高，一般计算应力达到材料屈服点的两倍以上，经过反复加载卸载或压力波动之后产生的裂纹。

热应力裂纹是因过大的热应力造成的裂纹，常发生在刚性连接的受热部件上，如不同长度的管子刚性夹持在一起，异种钢焊接在一起等情况下产生的裂纹。

热疲劳裂纹是在交变热应力反复作用下产生的裂纹，多发生在温度经常波动的锅炉和容器部件上。如锅筒进水管孔附近，大型锅炉的喷水减温器上，小型锅炉的炉门圈或炉胆上，水循环出现汽水分层时的汽水分界面处。典型的热疲劳裂纹的宏观形状为龟裂状，裂纹的扩展极不规则，呈跳跃式，忽宽忽窄；有时会产生分枝和二次裂纹。裂纹扩展有沿晶的，也有穿晶的，取决于温度水平和约束情况。

蠕变裂纹是在金属发生蠕变过程中产生的裂纹，多出现在锅炉过热器、蒸汽管道、水冷壁及高温容器中。蠕变裂纹往往出现于金属表面或受力最大处，呈短细状的裂口，沿管子或筒体轴向分布，并伴随着工件的蠕胀变粗。其微观特征是裂纹起源于晶界空穴，沿晶扩展，裂纹弯曲，尾端粗钝。

腐蚀裂纹是在金属被腐蚀过程中伴随产生的，典型的腐蚀裂纹是苛性脆化裂纹和氢脆裂纹。

苛性脆化裂纹是一种特殊的应力腐蚀裂纹，它具有一般应力腐蚀裂纹的特征。即起源于金属表面而向金属内部发展，裂纹细长，尾部较尖。与一般应力腐蚀不同的是腐蚀产物不同，一般应力腐蚀产物多为灰黑色，而苛性脆化的腐蚀产物常为灰白色、白色或黄白色。苛性脆化裂纹一般产生在锅筒及盛装热碱液的容器中，并产生于细微缝隙处；外观上难于发现，因而对锅水、碱液浸泡的缝隙必须认真监督检查。

氢脆裂纹指运行过程中因氢腐蚀及氢损害而产生的裂纹，是一种内部裂纹，走向基本上与应力垂直，分布均匀，属于晶间裂纹。常发生于锅炉过热器管、蒸发管内部及某些化工容器中。

总之，锅炉压力容器部件在运行使用中产生的裂纹，其起因、大小、形貌、分布各不相同，少数可用肉眼观察到，多数须借助无损探伤等技术手段才能发现和确定。

三、变形

作为一种缺陷的变形，是指锅炉压力容器部件发生的改变了结构尺寸或形状的塑性变形。

锅炉压力容器部件的变形通常有以下几种：超压引起的变形、超温引起的变形、其他原因引起的变形等。

变形是一种较严重的缺陷。部件产生变形以后，改变了原有的结构形状，在变形部位造成结构不连续和应力集中；而且变形往往伴随着其他缺陷，如壁厚拉薄、裂纹、金属组织恶化等。因而，变形如得不到及时妥善处理，常会造成非常严重的后果。

锅炉、压力容器的变形缺陷，常见的有以下几种：

（一）筒体鼓包或鼓胀

直接受热的锅筒或锅壳，当水质不好内部结垢或排污不畅内部沉积泥渣时，结垢或沉渣而又受热的金属筒壁往往会过热鼓包。锅炉严重缺水也可能造成过热鼓包。容器局部温度过高时会产生局部鼓包。

锅筒或容器若发生大面积的片状腐蚀且壁厚显著减薄，在内压作用下会发生鼓包或鼓起变形。气瓶充装液化气体过量时，亦可能发生整体鼓胀变形。

（二）受外压部件的内陷或扁瘪

锅壳锅炉炉胆，因承受外压超压失稳而向火侧内陷，或因结垢或缺水过热而内陷，严重时整体被压扁瘪。夹套容器承受外压的内筒，在超压或超温时也会内陷或被压瘪。

（三）管板鼓起

因管板受到较大的弯曲应力，除了其边缘部位受筒身的支承外，还常装置专门的支撑件支撑。当支撑不均或某一支撑件与管板的连接脱落时，常会造成管板较大的弯曲变形，局部向外鼓起。

（四）水冷壁顶棚管塌陷

由于缺水、水垢或其他原因，使水冷壁顶棚管过热变形直至塌陷。这种变形有时也发生在其他部位的水冷壁和对流管束上。

（五）蠕变胀粗

锅炉过热器管、蒸汽管道和长期在高温下操作的容器，在高温和载荷的共同作用下，会逐渐蠕变胀粗。对此必须加强监督。

四、磨损

锅炉部件的磨损常见的是冲刷磨损，即带有固体微粒的烟气流经受热面时，对受热面产生磨损。磨损会减小部件的壁厚和有效承载截面，导致严重事故。磨损与腐蚀相似，按发生部位可以分为均匀磨损和局部磨损。受烟气冲刷的受热面难以完全避免均匀磨损，但可以采取一定的设计措施予以防范。局部磨损常发生在局部烟气流速偏高部位，如省煤器与炉墙之间形成“烟气走廊”之处，空气预热器管端烟气进口之处，对流管束折烟墙局部损坏出现烟气短路之处等。

吹灰不当，会造成受热面严重磨损。

对锅壳锅炉来说，必须注意燃料对炉门圈或炉胆的磨损，炉渣对炉胆或下脚的磨损。

压力容器中的磨损情况较少。

五、钢材组织缺陷

钢材组织缺陷是指钢材金相组织在一定条件下发生了具有危害性的变化，也常称作组织恶化。焊接中的过烧、疏松等属于组织缺陷，运行中的腐蚀、严重变形等也往往伴随有组织缺陷，如钢材脆化、过烧、脱碳等。组织缺陷造成钢材性能的显著降低，但单纯的组织缺陷是在金属组织内部发生和发展的，在外观上常常没有征兆，难于发现和防范，因而具有很大的危险性。

组织缺陷的种类很多，常见的是钢材在长期高温条件下产生的珠光体球化和石墨化。

六、缺陷的检查

（一）腐蚀的检查

锅炉部件及容器内外壁腐蚀的检查一般是直观检查，当发现均匀腐蚀及局部腐蚀时，应进行被腐蚀部位的剩余壁厚测量。

当设备外壁有防腐层而防腐层完好无损，又没有发现其他可疑迹象时，一般不需要清除防腐层来检查金属壁的腐蚀情况。设备外壁有保温层或其他覆盖层时，如果保温材料对器壁无腐蚀作用，或保温材料与器壁之间有防腐层，在保温层完好无损的情况下，可以不拆除保温层检查腐蚀情况或者只拆除一小部分以检查外壁金属情况。如果发现渗漏或其他腐蚀迹象，则至少应在可疑部位拆除部分保温层进行检查。

内壁有防腐涂层、镀层或衬里的设备，对内壁腐蚀的检查原则与外壁相同，即当保护层完好无损，又无其他可疑迹象时，一般可不清理或拆除保护层进行检查，但衬里应作气密性试验。

应力腐蚀有时难以通过直观检查发现。对于操作条件（介质、压力、温度等）有可能引起这类腐蚀的设备，必要时可作金相检验、化学成分分析和硬度测定。

（二）裂纹的检查

检查裂纹的主要方法是直观检查和无损探伤。一般先通过直观检查发现裂纹迹象或可疑线索，再借助无损探伤手段加以确定。检查裂纹的重点部位是焊缝及热影响区、开孔边缘、结构形状或尺寸变化部位等。

（三）变形的检查

变形一般也通过直观检查发现。严重的局部凹陷、鼓包、整体压瘪及管子塌陷，通过肉眼观察是不难发现的。严重的整体膨胀变形也可以通过直观检查发现，因为圆筒形容器产生这种变形后，往往成为腰鼓形。不太严重的变形可以通过平直尺和样板等进行检查。

（四）磨损的检查

磨损的检查基本与腐蚀检查相同。

（五）组织缺陷的检查

当怀疑操作条件有可能造成组织缺陷时，可以通过化学成分分析、金相分析及机械性能试验检查确定。

七、对缺陷的处理原则

发现锅炉压力容器缺陷后，应根据锅炉或压力容器的参数、容量和重要程度，工作条件，设计性能和制造质量情况，缺陷性质、部位和严重程度等，进行综合分析，并采取正确的处理措施。

对中压以上的锅炉，低温容器，高压容器，高强钢容器，剧毒介质容器，有气压试验要求的容器，以易燃介质作液压试验的容器，承受交变载荷或频繁间歇操作的容器等，发现缺陷必须从严掌握，慎重对待。

对存在缺陷的工业锅炉和一般压力容器，可分别按下述几种情况进行处理。

（一）继续使用

分散的坑点腐蚀，如腐蚀点周围无裂纹，深度不超过壁厚的1/2，可不作处理而继续使用。

均匀性腐蚀和磨损，如按剩余的平均厚度（扣除至下一次检验期的腐蚀或磨损量）校核强度合格，可不作处理而继续使用；非均匀性腐蚀和磨损，如按最小剩余厚度（扣除至下一次检验期的腐蚀或磨损量）校核强度合格，也可不作处理继续使用。

（二）监护使用

对于在具有使用价值的锅炉或容器上发现的严重而又难于消除的裂纹，经省级安全监察部门同意，通过严格科学的安全评定，可对设备监护使用。

（三）降压使用

对于腐蚀剩余厚度（扣除至下一次检验期的腐蚀量）小于设计计算壁厚，轻微的晶间腐蚀或疲劳腐蚀及一部分打磨过的裂纹等情况，可考虑降压使用。降压幅度可通过强度核算确定。

（四）修理使用

1.打磨。对部件表面的机械损伤及浅层裂纹，可通过打磨处理将缺陷消除，并使打磨部分与相邻部分圆滑过渡。打磨后应作表面探伤和测厚检查。

2.修补。焊接裂纹、机械过载裂纹等不伴随组织变化的裂纹，如果尺寸较小，不是密集性的或大面积分布的，可以将裂纹铲除并进行焊补。具体作法如下：先在裂纹两端50mm处各钻一个“止裂孔”，其深度与裂纹一致，以防止裂纹端部残留下来继续扩展；然后在两孔间用风铲等机具将裂纹铲除干净，并将铲槽修成圆滑的U形或V形坡口，再进行补焊，并按制造技术要求进行必要的热处理和探伤检查。

锅炉部件出现局部腐蚀，当剩余厚度$\delta_1 \geqslant 6\delta$（δ为锅筒筒体或封头设计壁厚），或$\delta_1 \geqslant 0.5\delta$（δ为炉胆设计壁厚）且腐蚀面积不超过2500mm^{2}时，可在腐蚀部位进行堆焊修复。

锅壳、炉胆产生了鼓包或凹陷变形，但高度或深度小于35mm，变形呈圆形，金属组织未恶化，壁厚无明显减薄（大于等于80%设计壁厚），且无裂纹或其他缺陷，则可用冷顶或热顶方式进行修复，使之恢复原来的结构形状。

3.挖补。小型工业锅炉出现下列缺陷时，可进行挖补处理，即挖除部件上包括缺陷在内的部分钢板，然后用相同材料和厚度、相同几何形状的钢板补焊在被挖之处：

（1）裂纹伴随着严重的组织变化，如过热裂纹、苛性脆化裂纹等；

（2）裂纹尺寸过大，如出现于炉胆、管板板边圆弧上的周向裂纹超过周长的1/4；

（3）管板上管孔间封闭状、辐射状裂纹或靠近管板边缘的管孔带裂纹；

（4）腐蚀严重，对筒体、封头来说，剩余壁厚$\delta_1<0.6\delta$；对炉胆来说，$\delta_1<0.5\delta$（δ为部件设计壁厚）；或局部腐蚀面积大于$2500mm^2$；

（5）变形（鼓包或凹陷）高度或深度大于35mm，或小于35mm但有裂纹。

挖补往往带来新的缺陷及残余应力，必须注意挖补件的材料、结构、焊缝形式及焊接质量，焊后应进行局部消除应力处理。

对压力容器的轻微鼓包，也可进行挖补修理。

修补或挖补后的部件能否承受原设计的温度或压力，必须重新进行强度计算核定。

（五）更换部件

锅炉中的各种受热面管子，当属于下列情况之一时，即应局部或整根更换管子：

1.管子蠕变胀粗，水冷壁管管径胀粗≥10%，对流管束管径胀粗≥5%，碳钢过热器管管径胀粗≥3.5%，合金钢过热器管管径胀粗≥2.5%，应整根更换管子。②管子严重磨损，剩余壁厚小于1.5mm或已穿孔，可割去严重磨损部分更换新管，割去及更换管段的长度不应小于300mm。③管子胀口部位裂纹或磨损严重，无法靠补胀修复，应更换管子重胀。④管子因过热等原因组织严重恶化，可割除更换。⑤除管子外，管板、炉胆等部件如缺陷过于严重，挖补范围超过部件结构尺寸一半，也应将整个部件割除更换。

（六）判废

对于缺陷严重，难于修复或确无修复价值或修后仍难于保证安全使用的锅炉、压力容器，经论证可判废或限期判废，并报当地锅炉压力容器安全监察部门备案。判废后的锅炉、压力容器不得再承压使用。

对于强度不够、结构不合理、用材不当等带有先天缺陷的锅炉、压力容器，如无有效的处置措施，不能再继续使用。

第三节 常用检验方法

对锅炉压力容器进行内外部检验常用的检验方法有直观检查、量具检查和无损探伤等几种，必要时还应进行机械性能试验和金相试验。

一、直观检查

直观检查就是凭借检验人员的感觉器官对锅炉和压力容器的内外表面情况进行检查，以判别其是否存在缺陷。

常用的直观检查是肉眼检查，即用肉眼直接观察设备的表面情况，检查其是否有：局部磨损的深沟或局部腐蚀的深坑、斑点；壳体有无凹陷、鼓包等局部变形，设备内外壁的防腐层或衬里是否完好；金属表面有无明显的重皮、皱折或裂纹等缺陷。用肉眼检查有怀疑之处还可以用放大镜进一步检查。

对锅筒、容器的封闭部分或小型容器的内部检查，则常用灯光检查法。即借助于手电筒或吊入容器内的小灯泡的照射，以检查发现容器内表面的缺陷，如腐蚀的深坑、斑点或凹陷、鼓包等局部变形。长度较大的管式容器可以用内壁反光仪探入容器内部进行检查。装有手孔的锅炉集箱、小型容器，可以用手从手孔中伸入触摸其内表面，检查金属壁是否光滑，有无凹坑、鼓包、积垢等缺陷。

锤击检查也是一种直观检查方法，这是过去检查锅炉与压力容器常用的一种方法。它是利用手锤轻击锅炉压力容器部件的金属表面，根据锤击时所发出的声响和小锤弹跳的程度来判断检查部位是否存在缺陷。如果锤击时发出的声音清脆，而且小锤的弹跳情况良好，表示被敲击部位没有重大缺陷；反之，若锤击发出闷浊的声音，则可能是被检查部位或其附近有重皮、皱折或裂纹等。对晶间腐蚀比较严重的金属器壁，用锤击检查时，声音特别闷浊，小锤的弹跳也较差。锤击检查还可以用小锤尖端刨挖金属壁上被腐蚀的深坑，以便于测量腐蚀深度。

直观检查方法比较简单，是对锅炉压力容器进行内外部检验的基本方法。它可以直接发现较为明显的表面缺陷，为进一步作详细检查提供线索和根据。但这种方法的检查效果在很大程度上取决于检验人员的经验，有一定的局限性。

二、量具检查

量具检查是根_需要利用各种不同的量具对锅炉和压力容器的内外表面进行直接测量，以检查存在的缺陷。常用的方法有：用平直尺或弧形样板紧靠锅炉压力容器部件的表面，测量部件的平直度或弧度，以检查发现变形缺陷；用测深卡尺直接测量被磨损的沟槽或腐蚀深坑的深度，以确定金属表面的磨损或腐蚀程度。

在金属壁发生均匀腐蚀、片状腐蚀或密集斑点腐蚀而难以用测深卡尺来检查其腐蚀程度时，过去经常用钻孔检查法来测定剩余壁厚及确定腐蚀深度。这种方法一般是用手钻或电钻在锅炉或压力容器表面腐蚀最严重的地方打一个直径约为6～10mm的穿透孔，清理干净孔边毛刺，然后用简单的量具测量出器壁的剩余厚度。检查完后即在小孔上绞制内螺纹，并用螺钉上紧，然后把钉头和多余部分铲去，两端用小锤捻铆使之与锅炉压力容器的内夕壁表面齐平。对于可焊性良好的材料，也可以采用焊接的方法将检查孔堆焊补平，如果器壁较厚不能保证完全焊透时，应在器壁表面的一面或两面扩成锥来孔或阶梯形孔。钻孔检查也可以用来检查已经发现的裂纹、金属重皮或皱褶等缺陷的深度。

用钻孔检查法检查测定剩余壁厚比较麻烦，也影响设备的完整美观，所以除特殊情况外，目前已很少采用，而被超声波测厚法所代替。超声波测量厚度的原理与超声波探伤相同，所用的仪器为超声波测厚仪。

三、无损探伤

在检验中常用的无损探伤手段是射线探伤、超声波探伤、磁粉探伤及着色探伤等。

射线探伤、超声波探伤用于检查焊缝部位及部件上怀疑有内部缺陷的部位，以发现和确定内部缺陷，也可以用来确定表面缺陷的深度和走向。

磁粉探伤、着色探伤等属于表面探伤，适于检查表面裂纹等表面缺陷。由于运行中产生的缺陷大部分是表面缺陷或者以表面缺陷为进一步检查的线索，所以在锅炉压力容器定期检验中，经常使用磁粉探伤、着色探伤等表面探伤手段。

采用磁粉探伤时，只有在磁力线与线性缺陷（裂纹等）的走向垂直时才会产生最大的漏磁现象。如果磁力线与缺陷的方向平行，则在缺陷处将不会产生明显的磁粉积聚，缺陷也不会被发现。因此，为了能检查发现构件上各种不同方向的线性缺陷，至少要把构件在相互垂直的两个方向进行磁化。用作探伤的磁铁粉，一般选用经过充分氧化具有高导磁率低顽磁性的高价氧化铁粉，常用的是Fe_3O_4。磁粉要经过筛选且最好着色，以便于显示缺陷。磁粉可干态使用，也可调入油液使用。

由于锅炉压力容器构件的外形和横截面积比较大，不适宜在它上面套上磁化线圈或直接通入电流。所以大多是用一个移动式的触探型磁力探伤仪贴在待检查区域的表面上，使它部分磁化，进行分部探伤检查。如果需要探伤的表面范围较小，也可以采用电极触点法。探伤时，先将待检查构件表面上的水、油、砂以及松动的铁锈等全部清理干净，然后根据待检查构件的具体情况，选用适当的磁化方法和磁化电流，在磁化电流通过时再施加磁粉，从被检查表面上磁粉的积聚形态，大体上可以判别缺陷的大小。

进行着色探伤检查时，也应先将构件待查部分清理干净，表面有油垢、漆皮的，可以用汽油或丙酮等溶剂进行清洗。待表面干燥后，用毛刷或用喷涂法将渗透液涂刷在已经清理干净的检查面上。为使渗透液能渗入微细的缺陷细缝中去，应有充分的渗透时间，使渗透液与被查表面接触的时间不少于3min。然后把留存在构件表面上的渗透液清除干净，再在上面涂刷或喷上一层显示剂，干燥后仔细检查显示剂上有无渗透物渗出。如果被检查的表面存在缺陷，则在显示剂上即显示出一个有颜色的缺陷形象。

进行着色探伤检查时，构件的壁温与室温都不宜低于5℃或高于50℃，在显示剂干燥后应立即进行检查，以免渗透液在显示剂中扩散，使缺陷的形象模糊不清，缺陷的尺寸及部位难以鉴定。检查时要有足够的照明，以防细微缺陷的漏检，也可以借助放大镜来发现细微的缺陷。

四、机械性能试验和金相试验

在锅炉压力容器检验中，一般不进行机械性能试验。

当构件材质不明，无法确定材料的机械强度和其他机械性能时，可以取样进行机械性能试验。

当怀疑或者已经确定构件的缺陷伴随有组织变化时，如因过热引起严重变形、苛性脆化或其他原因造成晶间腐蚀，长期高温造成金属石墨化或热脆等，在检验时可作必要的机械性能试验和金相试验。

第十章 锅炉压力容器断裂与预防

第一节 失效分析简介

在第四章中曾指出，锅炉压力容器受压部件的失效大多是强度失效，且常常体现为断裂破坏，造成严重后果。为了避免断裂事故发生，保证锅炉压力容器安全，除了掌握锅炉压力容器受力、强度、基本工作规律、安全装置等专业知识外，还必须涉及一个相关领域——失效分析。

一、失效分析及其目的

失效分析是研究机械产品失效模式，查找产品失效机理和原因，提出预防再失效对策的技术活动及管理活动。

失效分析是机械产品设计、制造的重要依据，它可为改善产品性能，提高产品质量，消除现有同类产品的隐患，防止重复失效的发生，确保机械产品安全及生产安全作出重要贡献。

二、失效分析的主要内容

失效分析的主要内容有以下几个方面：

第一，对失效机械产品、失效环境及相关人员进行调查；

第二，判断失效模式，即判定失效的宏观表现形式及过程规律；

第三，查找失效原因；

第四，探索失效机理及与失效模式的关系；

第五，失效责任与后果分析；

第六，提出预防再失效的对策。

构件强度失效中的断裂失效是其主要的失效形式，断裂形式及断口分析是断裂失效分析的一个主要环节。经验表明，断裂时的断口形貌，与导致断裂的原因和断裂机制之间有着必然的联系。因此，分析断裂形式与断口形貌，就成为分析断裂事故原因的最直接技术手段。

三、断裂形式主要类别

工程构件或机械产品破坏、破裂、断裂，其意义相同，可以通用而不加区别。构件破坏的形式很多，可以从不同的角度分类。

根据破坏前塑性变形的大小，可将构件破坏分为延性断裂和脆性断裂。延性断裂的构件在断裂前发生了显著的塑性变形，也叫塑性断裂或韧性断裂；脆性断裂的构件在断裂前没有或仅有少量塑性变形。

根据金属断裂时裂纹扩展的途径，可把构件破坏分为穿晶断裂和沿晶断裂。穿晶断裂的裂纹穿过晶粒内部，沿晶断裂的裂纹沿晶界扩展。

穿晶断裂又可以分为解理断裂和剪切断裂。解理断裂是在正应力作用下的脆性穿晶断裂；剪切断裂是在切应力作用下而造成的滑移面滑移及分离断裂，其中常见的为微孔聚积型断裂。

根据构件受力状态可分为静载断裂、冲击断裂和疲劳断裂。

根据构件工作条件可分为冷脆断裂、高温蠕变断裂、应力腐蚀及氢脆断裂等。

四、断口的一般特征

光滑圆柱金属棒在室温下承受静载拉伸作用，其破裂断口的形貌具有典型性：整个断口呈杯锥状，由纤维区、放射区、剪切唇三个区域组成，这三个区域通常被称作断口三要素。

（一）纤维区

纤维区位于断口中央，呈粗糙的纤维状圆环形花样。

纤维区是裂纹形成并缓慢扩展的区域。当拉伸载荷产生的应力超过强度极限时试件产生缩颈，由于缺口效应在缩颈处将产生应力集中，并出现三向应力。在三向应力作用下，裂纹首先在最小截面中心部位的某些非金属夹杂物、第二相质点、缺陷等处形成，并不断扩大、连接，使夹杂物之间的基本金属产生内缩颈，拉断夹杂物或使之与基本金属分离，形成显微空洞。在进一步受拉伸直到断裂的过程中，纤维区底部的晶粒被拉长得像纤维一样，显微空洞被拉断成两半，在断面上形成“韧窝”和“锯齿”。小锯齿的斜面与拉力呈45°，说明纤维区的形成实质上是切应力作用下的断裂。

但纤维锯齿状断口形成的总断面是和拉力载荷垂直的。该区塑性变形较大，表面粗糙不平，呈暗灰色。

（二）放射区

放射区在纤维区的四周，其基本特点是有放射花样或放射线。放射区是裂纹迅速扩展的区域，放射线平行于裂纹扩展的方向，而且垂直于裂纹前端轮廓线，各放射线另一端共同指向裂纹起始位置。

放射花样也是由材料的剪切变形造成的，不过它与纤维区的剪切断裂不同，是在裂纹达临界尺寸后快速低能量撕裂的结果。这时，材料的宏观塑性变形量很小，表现为脆性断裂。但在微观局部区域，仍有很大的塑性变形。放射形花样是剪切型低能量撕裂的一种标志。

沿晶断裂和解理断裂一般包括在快速破坏的放射区内。因为这类断裂塑性变形很小，所以断口的放射线极细。材料越脆，放射线越细，直至消失。

（三）剪切唇

它在断裂过程的最后阶段形成，表面平滑，与拉应力方向呈45°，通常称为“拉边”。在剪切唇区域，裂纹也快速扩展，但材料的塑性变形量很大，是延性断裂区。

以上是光滑圆柱试件承受拉伸静载断裂时的断口。一般地说，其他断口也都有“三要素”及大体相同的形貌，但是，当试样尺寸、形状及材料性能不同，以及受力状态、加载速度、试验温度不同时，断口三个区域的形态、大小和相对位置都会发生变化。材料强度增高，塑性降低，则放射区所占比例增大；试样尺寸加大，放射区明显增大而纤维区变化不大；缺口的存在不但改变了断口中各区所占比例，而且改变了各区的分布，例如缺口圆柱试样首先从缺口处形成裂纹，最后断裂区在心部；平板试件的纤维区呈椭圆形，放射区的花样呈人字形，人字形花样尖端指向裂源；冲击断裂的断口，其三个区不呈同心分布，而是依冲击方向依次分布等。

可以说，延性断裂与脆性断裂之间并没有明显的界限。断口中以纤维区和剪切唇为主，放射区所占比例很小时，即为延性断裂；断口中以放射区为主，纤维区和剪切唇所占比例很小时，即为脆性断裂。由于实际构件的尺寸形状、材料性能、工作条件与试验时断口产生的条件大不相同，所以实际构件断裂时情况要复杂得多。

五、锅炉压力容器断裂事故调查分析

（一）现场调查和记录

锅炉压力容器爆炸一断裂事故发生后，事发单位应立即报告上级主管部门及当地锅炉压力容器安全监察部门，由主管部门及安全监察部门有关人员组成事故调查组，并尽快到现场进行观察和调查，对事故设备原来安装的位置、爆炸时部件破碎的情况、炸脱件飞出的方向和距离、安全装置散落地点及状况、建筑物损坏情况、人员伤亡情况等，进行拍照、录像、绘图或记录。在这些工作完成之前，除伤员救护外，不应改动和破坏现场。

要仔细查找首先破裂的缺口，并详细检查记录其断口的情况。设备破裂成片时，收集的碎片应尽可能齐全，并注意查找确定首先断裂的部分。断口上的沉积或粘附物质，除腐蚀性介质外，一般暂不清除，待进行仔细的断口观察后再作处理。

了解事故现场安全装置的状况，对确定事故原因十分重要，如压力表指针的位置、安全阀的启闭情况、锅炉主汽阀的开关位置及事故前安全装置的完好情况、事故中安全装置的损坏情况等，都应仔细观察记录。

（二）事故前设备运行情况及事故发生情况的调查

应当尽可能通过询问当班运行操作人员及查阅运行记录，了解事故发生之前设备的运行工况，如压力、温度、水（液）位、锅炉燃烧情况、设备出力、设备有无异常以及运行人员有无脱岗睡岗情况等。

对事故发生时的情况，如声响、振动及其他异常，应通过周围人员尽量了解。

对设备平常的管理情况，可通过知情人员了解。

（三）原始资料的收集

应尽可能系统地收集下列原始资料：1.设计图纸，强度计算书；2.材料质量及焊接质量说明书；3.安装质量证明书；4.历年检验、修理、改造记录；5.近期运行记录及交接班记录等。

（四）技术鉴定

通常包括以下环节：

1.断口观察。包括未经清洗的初步观察及清洗后的仔细观察，通过观察寻找断裂源并分析断裂种类。

2.机械性能试验。当怀疑材质用错或材质性能发生变化时，可在断口附近及远离断口处取样作机械性能试验。其中最简单的是进行硬度试验，通过硬度换算抗拉强度；必要时可直接进行常规拉伸试验和冲击试验，确定材料的σ_b、σ_s、A_{KV}及K_{1C}。

3.金相检验。一般在断口附近截取与断口垂直的试样，必要时再与其他部位的试样作比较，判别显微组织是否正常，有无缺陷，必要时也可进行断口金相分析。

4.化学分析。整体材料的化学分析可鉴定材料成分是否符合标准要求，以评估材质优劣。必要时，可对腐蚀产物进行分析。

（五）综合分析

在完成上述各项工作后，可将所得原始数据、资料和试验结果汇总进行分析研究。分析者应通晓锅炉压力容器安全所涉及的各方面的技术知识；分析应该公正客观、实事求是。通过分析，从锅炉压力容器设计、材质、制造、安装、运行管理、维护保养、改造、环境等因素中找出产生断裂事故的原因，并提出改进措施。

以上是传统的断裂事故调查分析，必要时，可采用系统安全工程的方法进行调查分析。这种调查分析是一般失效分析的具体化和典型体现。

第二节　承压部件的断裂形式

一、延性断裂

（一）承压部件的变形与延性断裂

锅炉压力容器承压部件的延性断裂是指其器壁材料发生破坏的形式属于延性断裂。

承压部件的延性断裂是在器壁发生大量的塑性变形之后产生的。器壁的变形将引起容器容积的变化，而器壁的变形又是在压力载荷下产生的，所以对于具有一定的直径与壁厚的容器，它的容积变形与它承受的压力有密切关系。若以容器的容积变形率（%）为横坐标，容器承受的内压为纵坐标，则可以得到压力—容积变形率关系图，此图与器壁材料的拉伸曲线图基本相似。

压力较小时，器壁的当量应力也较小，器壁产生弹性变形，容器的容积与压力成正比增加，二者保持线性关系。如果卸除载荷——即把容器内的压力降下——容器的容积即恢复原来的大小，基本上不产生容积残余变形。

当压力升高至使容器器壁上的当量应力超过材料的弹性极限时，变形曲线开始偏离直线，容器的容积变形不再与压力成正比关系，且在压力载荷卸除之后，容器不能完全恢复原来的形状而保留小量残余变形。

当压力升高至使器壁上的当量应力达到材料的屈服点时，由于器壁产生明显的塑性变形，容器容积将迅速增大，在压力不再增高甚至下降的情况下，容积变形仍在继续增加。这种现象与材料在拉伸时的屈服现象是相同的，即容器进入全面屈服状态。此时相应的压力即为该容器的实际屈服压力。

承压部件在延性断裂前产生大量容积变形有利于防止某些容器的断裂。例如，充装过量的液化气体气瓶会因温升而使介质压力剧增，此时容器的大量变形可有效缓解器内压力的增高，有时还会避免容器的破裂。对于一些器壁严重减薄的气瓶或其他容器，有时会在充气或水压试验中，因压力表突然停止不动而使试验操作者意识到屈服及破裂的危险。

压力超过屈服压力之后如果卸压，容器会留下较大的容积残余变形，有时用肉眼或直尺检查即可发现。圆筒形容器的变形总是呈现为中部直径增大的腰鼓形，因而发生屈服变形的容器是不难被发现的。

容器在全面屈服后如果承受的压力继续增加，容积变形也将继续增加，至器壁上的当量应力达到材料的抗拉强度时，容器即发生延性断裂。

（二）延性断裂的特征

1.断裂容器发生明显变形。金属的延性断裂是在大量的塑性变形后发生的断裂，塑性变形使金属断裂后在受力方向留存下较大的残余伸长，表现在容器上则是直径增大和壁厚减薄。所以，具有明显的形状改变是容器延性断裂的主要特征。从许多爆破试验和爆炸事故的容器上所测得的数据表明，延性断裂的容器，最大圆周伸长率常达10%以上，容积增大率也往往高于10%，有的甚至达20%～30%。

2.断口呈暗灰色纤维状。碳钢和低合金钢延性断裂时，由于纤维空洞的形成、长大和聚集，最后形成锯齿形的纤维状断口，多数属于芽晶断裂，断口没有金属光泽而呈暗灰色。由于这种断裂是先滑移而后断裂，一般是切断，所以断裂的宏观表面平行于最大剪应力方向而与最大主应力成45°。承压部件延性断裂时，其断口也具有上述金属延性断裂的特征。

3.容器一般不发生碎裂。延性断裂的容器，一般不破碎成块（片），而只是裂开一个裂口。壁厚比较均匀的圆筒形容器，常常是在中部沿轴向裂开，裂口的大小与容器破裂时释放的能量有关。盛装常温受压水的容器，破裂时因释放膨胀功很小，所以破口也小；盛装受压饱和水及液化气体的容器，破裂时因闪蒸产生大量气体，器壁的裂口也较大。

4.实际爆破压力接近计算爆破压力，属于超压或超载破坏。容器的延性断裂是载荷引起的当量应力达到抗拉强度时产生的断裂，其实际爆破压力往往与计算爆破压力相接近，远远超过了容器的许用压力及正常工作压力，属于超压或超载破坏（器壁因腐蚀或磨损减薄时例外）。

（三）延性断裂事故及其预防

1.常见的锅炉压力容器延性断裂事故。锅炉压力容器承压部件的大量塑性变形和延性断裂，只有在部件整个截面上的材料都处于屈服状态后才会发生，而这种情况在正确设计制造及合理使用的设备中一般是不会出现的，因而延性断裂事故也是完全可以避免的。但实际使用中锅炉压力容器的延性断裂事故并不少见，这类断裂常发生于以下情况：

（1）液化气体容器充装过量。有些盛装高临界温度液化气体的气瓶、气罐、气桶，由于操作疏忽、计量错误或其他原因造成过量充装，在运输或使用过程中，器内介质温度因环境温度影响或太阳曝晒而升高，介质体积膨胀满液后使器内压力急剧上升，最终导致容器延性断

（2）锅炉压力容器在使用中超压。由于违反操作规程、操作失误或其他原因，造成设备内压力升高并超过其许用压力，而设备又没有装设安全泄压装置或安全泄压装置失灵，最终造成延性断裂。

（3）设备维护不良引起壁厚减薄。由于介质对器壁腐蚀或磨损，或设备长期闲置不用而又未进行可靠防护，造成器壁严重减薄，使部件在正常工作压力下发生延性断裂。对腐蚀减薄部位来说，这也属于超载高应力断裂。

2.锅炉压力容器延性断裂的预防。要防止锅炉压力容器发生延性断裂事故，最根本的是保证部件器壁上的当量应力在任何情况都不超过材料的屈服点，这就必须做到：

（1）锅炉压力容器必须按规定进行设计，承压部件必须经过强度验算，未经正规设计计算的锅炉压力容器禁止使用。

（2）禁止将一般生活锅炉改装成承压锅炉；防止不承压的容器因结构或操作原因在器内产生压力。

（3）锅炉压力容器应按规定装设性能和规格都符合要求的安全泄压装置，并使其始终处于灵敏可靠的状态。

（4）认真执行安全操作规程，操作人员不得擅自离开工作岗位，注意监督检查，防止锅炉压力容器超压。

（5）作好锅炉压力容器的维护保养工作，采取有效措施防止腐蚀性介质及大气对设备的腐蚀。对长期停用的锅炉及容器，应妥善保养防护。

（6）严格定期检验制度，检验时若发现承压部件器壁被腐蚀而致厚度严重减薄，或容器在使用中曾发生过显著的塑性变形时，即应停用。

二、脆性断裂

（一）锅炉压力容器脆性断裂事例

尽管锅炉压力容器材料一般具有较好的塑性和韧性，但由于钢材在不同的使用条件下有各种产生脆性及脆化的可能，所以脆性断裂是锅炉压力容器一种常见的破坏形式。特别是高参数、厚截面的大型容器，通常采用低合金高强钢制造，在高压、低温、三向应力状态、缺口、残余应力等因素的影响下，脆性断裂成为其主要的失效形式之一。国内外都不乏这样的破坏事例，其中有多起锅炉锅筒、容器在水压试验时的脆性断裂事故。

1.英国大型氨合成塔脆性断裂。1965年英国约翰·汤姆生公司制造的一台氨合成塔，在制成后进行水压试验时突然断裂，端部法兰完全裂透，开裂成两片。与法兰连接的筒节也完全裂开，裂缝扩展到第3节筒节，总长近6m。有4块碎片从筒体飞出，其中有一块重2t，飞出46.4m。

该合成塔内径约1.7m，壁厚约150mm，全长18.3m，总重164t。筒体由10节单层卷焊的筒节和一个端部法兰及一个平封头焊接而成。筒节钢板和端部法兰材料均为锰铬钼钒钢，抗拉强度554～641MPa，120℃时的屈服点（$\sigma_{0.2}$）为347MPa。容器设计压力为35.2Mpa，设计温度200℃，规定在室温下的水压试验压力为47.9MPa。结果在水压试验中加压至34.5MPa，即未到设计压力就发生了断裂。经计算，容器在断裂时内壁的围向应力约为材料屈服点的55%。

2.日本大型球形容器脆性断裂。60年代以来，日本曾经发生过多起球形容器脆性断裂事故，其中以1968年4月先后在德山工厂及千叶炼油厂发生的两起事故最为严重。

德山工厂在水压试验时发生脆性断裂的一台球形容器，容积为2226m^3，内径16.2m，顶板厚28mm，底板厚29mm，钢板抗拉强度为813MPa，屈眼点为642MPa，容器设计压力为1.82MPa。制成后进行水压试验，当加压至2.5MPa时突然断裂。裂缝从球体下温带纵向焊缝开始，向上经热带环、上温带环、顶极板一直扩散到对面的上温带环和热带环，向下扩展到底极板。裂缝全长达球体圆周的3/4。根据计算，容器在破裂压力（2.5MPa）下壳壁上的应力仅为材料屈服点的56.5%。

千叶炼油厂球形容器容积为1000m^3，内径12.5m，顶板厚27mm，底板厚28mm。钢板抗拉强度为676MPa，屈服点为568MPa，容器设计压力为1.76MPa。在水压试验压力达到1.78MPa时发生爆破。破裂时有一块碎片从容器飞出，裂口沿着下温带与底极板的环焊缝开裂，约占周长的2/3。球体在爆破压力（1.78MPa）下的应力仅为壳体材料屈服点的36.6%。

3.国内某锅炉厂高压容器的脆性断裂。1970年国内某锅炉厂首次用70mm厚的锰钼钒氮调质钢制成一台直径为900mm的高压容器，设计压力为40.2MPa，经常规检验制造质量合格。规定的水压试验压力为51MPa，在水压试验中当压力达50MPa时发生爆破，容器破裂成4块，破裂压力下容器壁面中的应力也远低于钢材的屈服点。

（二）脆性断裂的特征

承压部件发生脆性断裂时，在破裂形状、断口形貌等方面都具有一些与延性断裂相反的特征。

1.容器没有明显的残余变形。由于金属的脆断一般没有留下残余伸长，因此脆性断裂后的容器没有明显的残余变形。许多在水压试验时脆性断裂的容器，其试验压力与容积增量的关系在断裂前基本上还是线性关系，即处于弹性变形状态。有些脆裂成块的容器，将碎块拼组起来基本上还是原容器的形状，其周长与原周长相差无几，容器的壁厚也没有减薄。

2.断口平齐且有金属光泽。脆性断裂一般是正应力引起的解理断裂，所以断口平齐且与主应力方向垂直。容器脆断的纵缝裂口与器壁表面垂直；环向脆断时，裂口与容器的中心线相垂直。脆断往往是晶界断裂，所以断口呈闪烁金属光泽的结晶状。在器壁很厚的容器脆性断口上，还常有人字形放射花纹，其尖端指向裂纹源，始裂点往往是缺陷处或形状突变处。

3.容器常破裂成碎块。由于容器脆性断裂时材料韧性较差，脆性断裂的过程又是裂纹迅速扩展的过程，破坏往往在一瞬间发生，容器内的压力和能量无法通过一个裂口释放，因此脆性断裂的容器常裂成碎块，且常有碎片飞出。如果容器是在使用中脆性断裂，器内介质为气体或液化气体，则碎裂的情况将远较水压试验时严重，造成的后果常比延性断裂严重得多。

4.断裂时的名义应力较低。金属的脆性断裂是因裂纹扩展造成的，断裂时器壁中的一次应力——名义应力通常不高，往往低于钢材的屈服点，因而这类断裂可以在容器的正常操作压力或水压试验压力下发生。

5.断裂多在温度较低的情况下发生。由于常用的锅炉压力容器钢材多有冷脆倾向，所以脆性断裂常在较低的温度下发生，包括较低的水压试验温度和较低的使用温度。

此外，脆性断裂常见于高强钢制造的容器及厚壁容器，这些容器材料的冲击韧性或断裂韧性较低。

（三）脆性断裂事故的预防

1.减少部件结构的应力集中。裂纹是造成脆性断裂的主要因素，而应力集中是产生裂纹的重要原因。许多钢结构破坏事故都是在应力集中处先产生裂纹，然后裂纹逐步扩展到一定程度并快速扩展而造成结构断裂的。

承压部件结构形状不连续，焊缝及开孔布置不当，焊接结构设计及工艺不合理等，均可能造成应力集中，必须用切实可靠的设计、工艺措施避免和降低应力集中。

2.确保材料在使用条件下具有较好的韧性。合理选材，确保其在使用温度及其他使用条件下具有较好韧性。在低温下使用的容器，其材料应按规定进行低温冲击试验并合格。既要防止焊接、热处理不当造成材料韧性降低，也要防止恶劣的使用条件造成材料韧性降低。

3.消除残余应力。有的容器虽然工作载荷造成的名义应力不大，但结构中存在较大的残余应力，残余应力与载荷应力叠加，使得结构中的实际应力水平达到裂纹失稳扩展需要的应力值，造成结构脆断。

焊接残余应力是焊制容器最主要的残余应力，必须通过热处理等方式消除焊接残余应力。此外也应注意因冷加工变形、强制对口产生的残余应力或附加应力。

4.加强对设备的检验。对在用锅炉压力容器定期检验，及早发现缺陷，及时消除或严格监控，也是防止设备发生脆性断裂的有效措施。

三、疲劳断裂

疲劳断裂是锅炉压力容器承压部件较为常见的一种断裂方式。据英国统计，在运行期间发生破坏事故的容器，有89.4%是由裂纹引起的；而在由裂纹引起的事故中，疲劳裂纹占39.8%。国外还有资料估计，压力容器运行中的破坏事故有75%以上是由疲劳引起的。由此可见，锅炉压力容器的疲劳断裂是绝不能忽视的。

（一）金属疲劳现象

承受交变载荷的金属构件，在载荷长期反复作用下，尽管载荷引起的最大应力不一定很高，也会引起构件突然断裂，且无明显的塑性变形。人们把这类断裂归之于金属的“疲劳”。疲劳断裂时载荷交变的周次N，称为疲劳寿命。

引起疲劳断裂的交变载荷及应力，可以是机械载荷及机械应力，例如内压及相应的膜应力；也可以是热（温度）载荷及相应的热应力。由交变的热应力引起的疲劳称作热疲劳。

所谓交变载荷是指载荷的大小、方向或大小和方向都随时间发生周期性变化的一类载荷。交变载荷的特征一般用平均应力σ_m［循环应力中最大应力σ_{max}与最小应力σ_{min}的平均值，即（$\sigma_{max}+\sigma_{min}$）/2］、应力半幅$\sigma_a$［（$\sigma_{max}-\sigma_{min}$）/2］及应力循环对称系数r（$\sigma_{min}/\sigma_{max}$）来表达。

1.疲劳曲线与疲劳极限。多次实验表明，金属承受交变载荷时，最大应力越大，疲劳寿命越短——即断裂时载荷衰变的总周次N越少；最大应力σ_{max}越小，疲劳寿命越长，总周次N越多。这种σ_{max}与N的关系所绘成的曲线称作金属疲劳曲线（见图10-1）。疲劳曲线的水平段表明，当最大应力σ_{max}不越过某特定值时，疲劳寿命可为无穷大，此特定应力值称作材料的疲劳极限，以σ_rr表示。下标r即应力循环对称系数，对称循环的疲劳极限以σ_{-1}表示。

实验表明，结构钢的疲劳极限与其抗拉强度有一定的比例关系。对称循环的疲劳极限σ_{-1}为抗拉强度的40%。

金属疲劳断裂过程是金属中疲劳裂纹萌生、亚临界扩展、失稳扩展的过程。

2.高周疲劳与低周疲劳。一般转动机械发生的疲劳断裂，往往应力水平较低而疲劳寿命较高，疲劳断裂时载荷交变周次$N \geqslant 1\times10^5$，称作高周疲劳或简称疲劳。若交变载荷引起的最大应力超过材料的屈服点，而疲劳寿命$N=10^2 \sim 10^4$，则为大应变低周疲劳或简称低周疲劳。

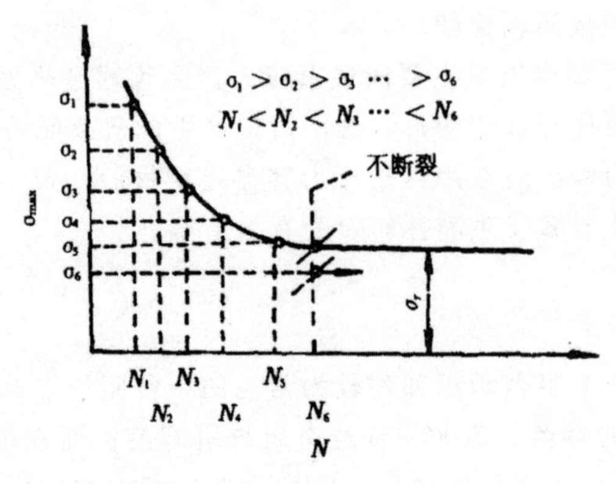

图 10-1 疲劳曲线示意图

3.锅炉压力容器承压部件的疲劳断裂。锅炉压力容器承受的压力载荷通常被认为是静载荷，在常规强度设计中人们关心的主要是承压部件的静载强度失效问题。但实践表明，由于锅炉压力容器存在启动停运、调荷变压、反复充装等问题，从宏观上说锅炉压力容器承受的压力载荷仍是交变的，只是交变频率较低，周期较长，且大体上属于脉动载荷（r=0）而已。随着锅炉压力容器参数的提高和高强钢的应用，锅炉压力容器的疲劳断裂问题不仅在国外，而且在国内也日益受到关注。

承压部件的疲劳断裂，绝大多数属于金属的低周疲劳。许多压力容器都具备产生低周疲劳的条件：

（1）存在较高的局部应力。承压部件的接管、开孔、转角及其他几何形状不连续的部位，焊缝及其他隐含缺陷之处，都有程度不同的应力集中。应力集中处的局部应力往往比设计应力大好几倍，可能达到并超过材料的屈服点。反复的加载和卸载，将会在受力最大处产生伸缩塑性变形并产生裂纹，裂纹逐步扩'展最终导致断裂。

（2）存在交变载荷及反复应力。承压部件承受的交变载荷及器壁中的反复应力可产生于：①间歇操作的设备经常进行反复的加压和卸压；②在运行过程中设备压力在较大范围内变动；③设备介质温度及器壁温度反复变化；④部件强迫振动并引起较大局部附加应力；⑤气瓶多次充装；等等。

（二）低周疲劳的规律

如前所述，低周疲劳的特点是应力较高而疲劳寿命较低。试验表明，低周疲劳寿命N取决于交变载荷引起的总应变幅度。

曼森一柯芬根据试验提出如下关系式：

$$N^m \varepsilon_t = C \tag{10-1}$$

式中：N——低周疲劳寿命；

m——指数，与材料种类及试验温度有关，一般为0.3～0.8，通常取m=0.5；

ε_t——构件在交变载荷下的总应变幅度，包括弹性应变幅和塑性应变幅两部分而以后者为主；

C——常数，与材料在静载拉伸试验时的真实伸长率e_K有关，C=（0.5～1）e_K；而e_K与材料的断面收缩率ψ有如下关系：

$$e_K = \ln\left(\frac{1}{1-\psi}\right) \tag{10-2}$$

因而

$$C = (0.5\text{-}1)\left[\ln\left(\frac{1}{1-\psi}\right)\right]$$

式（10-1）和（10-2）表明，相应于一定的交变载荷和总应变幅度，低周疲劳寿命取决于材料的塑性。塑性越好、ψ值越大、C值越大，相应的低周疲劳寿命N越大。

为了使用方便，将总应变幅度，包括弹性应变及塑性应变，均按弹性应力一应变关系折算成应力。由于塑性变形时应力一应变关系不遵守胡克定律，所以这样的折算是虚拟的，折算出的应力幅度叫虚拟应力幅度（应力半幅）：

$$\sigma_a = \frac{1}{2}E\varepsilon_t \tag{10-3}$$

式中：σ_a——虚拟应力幅度，MPa；

ε_t——总应变幅度；

E——材料的弹性模量，MPa。

按上述折算办法可把ε_t-N关系转化为σ_a-N关系，考虑一定的安全裕度，可得出许用应力幅度与寿命的关系式及关系曲线，即［σ_a］-N曲线。该曲线通常叫低周疲劳设计曲线，可用于决定低周疲劳寿命或许用应力幅度，美国最先将它用作简易疲劳设计的依据，至今已被许多国家采用。

（三）疲劳断裂的特征

1.部件没有明显的塑性变形。承压部件的疲劳断裂，首先是在局部应力较高的部位产生微细裂纹，然后逐步扩展，最后剩余截面上的应力达到材料的抗拉强度而发生开裂。它和脆性断裂相似，一般没有明显的塑性变形。即使它的最后断裂区是延性断裂，也不会造成部件整体的塑性变形，破裂后部件的直径没有明显的增大，大部分壁厚也没有明显的减薄。

2.断口存在两个区域。一个是疲劳裂纹产生与扩展区，另一个是最后断裂区。对于对称循环的疲劳断口，前者光滑，后者粗糙，光滑区一般有规则的贝壳花样或海滩状条纹。在压力容器的疲劳断口上，由于载荷的脉动性质且变化周期较长，裂纹扩展较缓慢，断口无法受到反复的挤压研磨，因而裂纹产生与扩展区不象对称循环断口那样光滑，裂纹前沿的扩展条纹也不那样规则，但仍能区别光滑区与粗糙区，有时也可看到弧形条纹。

3.设备常因开裂泄漏而失效。疲劳断裂的承压设备或部件一般不像脆性断裂那样整体破坏产生碎片，而只是开裂一个破口，使设备或部件因泄漏而失效。开裂部位常是开孔接管处或其他应力集中及温度交变部位。

4.部件在多次承受交变载荷后断裂。即疲劳断裂是和交变载荷相关联的，是需要循环交变一定周次和持续一定时间的。疲劳断裂的过程要比脆性断裂缓慢得多。

（四）锅炉压力容器疲劳断裂的预防

锅炉压力容器疲劳断裂的预防有以下几个方面：

第一，在保证结构静载强度的前提下，选用塑性好的材料。

第二，在结构设计中尽量避免或减小应力集中。

第三，在运行中尽量避免反复频繁地加载和卸载，减少压力和温度波动。

第四，加强检验，及时发现和消除结构缺陷。

四、应力腐蚀断裂

（一）应力腐蚀及其特点

金属构件在应力和特定的腐蚀性介质共同作用下¥致脆性断裂的现象，叫应力腐蚀断裂。应力腐蚀断裂是介质腐蚀造成构件断裂中最常见、危害最大的一种。

应力腐蚀是特殊的腐蚀现象和腐蚀过程，应力腐蚀断裂是应力腐蚀的最终结果。应力腐蚀及其断裂有以下特点：

1.引起应力腐蚀的应力必须是拉应力，且应力可大可小，极低的应力水平也可能导致应力腐蚀破坏。应力既可由载荷引起，也可是焊接、装配或热处理引起的内应力（残余应力）。压缩应力不会引起应力腐蚀及断裂。

2.纯金属不发生应力腐蚀破坏，但几乎所有的合金在特定的腐蚀环境中，都会产生应力腐蚀裂纹。极少量的合金或杂质都会使材料产生应力腐蚀。各种工程实用材料几乎都有应力腐蚀敏感性。

3.产生应力腐蚀的材料和腐蚀性介质之间有选择性和匹配关系，即当二者是某种特定组合时才会发生应力腐蚀。常用金属材料发生应力腐蚀的敏感介质如表10-1所示。

表10-1 常用材料发生应力腐蚀的敏感介质

材料	可发生应力腐蚀的敏感介质
碳钢	氢氧化物溶液；硫化氢水溶液；碳酸盐或硝酸盐或氰酸盐水溶液；海水；液氨；湿的CO-CO_2-空气；硫酸-硝酸混合液；热三氯化铁溶液
奥氏体不锈钢	海水；热的氢氧化物溶液；氯化物溶液；热的氟化物溶液
铝合金	潮湿空气；海水；氯化物的水溶液；汞
钛合金	海水；盐酸；发烟硝酸；300℃以上的氯化物；潮湿空气；汞

4.应力腐蚀是一个电化学腐蚀过程，包括应力腐蚀裂纹萌生、稳定扩展、失稳扩展等阶段，失稳扩展即造成应力腐蚀断裂。

锅炉压力容器中常见的应力腐蚀有：液氨对碳钢及低合金钢的应力腐蚀，硫化氢对钢制容器的应力腐蚀，苛性碱对锅炉锅筒或容器的应力腐蚀（碱脆或苛性脆化），潮湿条件下一氧化碳对气瓶的应力腐蚀等。国内外均发生过多起锅炉压力容器应力腐蚀断裂事故。

（二）应力腐蚀断裂的特征

1.应力腐蚀断裂属于脆性断裂，断口平齐，没有明显的塑性变形，断裂方向与主应力垂直。

2.应力腐蚀是一种局部腐蚀，其断口一般可分出裂纹扩展区和瞬断区两部分，前者颜色较深，有腐蚀产物伴随，后者颜色较浅且洁净。

3.应力腐蚀断裂既可能是穿晶断裂，也可能是沿晶断裂，或者是穿晶沿晶混合型断裂，没有明显规律。但应力腐蚀裂纹扩展过程中均会发生裂纹分叉现象，即有一主裂纹扩展得最快，其余是扩展得较慢的支裂纹。

4.引起断裂的因素中均有特定介质及拉伸应力。

（三）应力腐蚀断裂的预防

由于在学术上对应力腐蚀的机理尚缺乏深入的了解和一致的看法，因而在工程技术实践中，常以控制应力腐蚀产生的特点和条件作为预防应力腐蚀的主要措施，其中常见的有：

1.选用合适的材料，尽量避开材料与敏感介质的匹配，比如不以奥氏体不锈钢作接触海水及氯化物的容器；

2.在结构设计中避免过大的局部应力；

3.采用涂层或衬里，把腐蚀性介质与容器承压壳体隔离；

4.在制造中采用成熟合理的焊接工艺及装配成形工艺，并进行必要合理的热处理，消除焊接残余应力及其他内应力；

5.应力腐蚀常对水分及潮湿气氛敏感，使用中应注意防湿防潮，对设备加强管理和检验。

（四）氢脆断裂与应力腐蚀

在介绍钢材的脆性与脆化时，我们曾提到氢脆。失效分析中常把氢脆与应力腐蚀联系起来，认为氢脆断裂是一种广义的应力腐蚀断裂，它与一般应力腐蚀断裂既有共同之处，也有显著区别。

1.氢脆断裂与应力腐蚀断裂共同之处是：二者都由介质及拉伸应力共同作用引起；都是脆性断裂，裂纹及断口与主应力垂直。

2.氢脆断裂与应力腐蚀断裂的区别在于：

（1）氢脆断裂是阴极反应的结果，即在电化学腐蚀反应过程中由于阴极吸氢而造成脆性断裂，而一般应力腐蚀断裂属于阳极反应，是以金属阳极溶解损伤为基础的；

（2）氢脆断裂既可产生于合金，也可产生于纯金属，而一般应力腐蚀断裂仅产生于合金；

（3）氢脆断裂断面上没有腐蚀产物而一般应力腐蚀断裂断面上有腐蚀产物；

（4）氢脆断裂裂纹几乎不分叉，而一般应力腐蚀断裂裂纹都是分叉的。

有的应力腐蚀通过阳性反应在消耗金属阳极的同时还产生氢，这些氢在金属阴极又导致氢脆，使得一般应力腐蚀与氢脆在同一金属内同时发生，金属结构最后断裂的机制也更加复杂。

五、蠕变断裂

（一）蠕变过程及蠕变断裂

前已述及，蠕变是在应力和一定温度的共同作用下，随着时间的增加金属不断产生塑性变形的持续过程最终导致蠕变断裂。

蠕变过程通常通过蠕变曲线表示。蠕变曲线是蠕变过程中变形与时间的关系曲线，如图10-2所示。曲线的斜率表示应变随时间的变化率，叫蠕变速度：

$$V_c = \frac{d\varepsilon}{d\tau} = \tan\alpha$$

试验表明，对一定材料，在一定的载荷及温度作用下，其编变过程一般包括三个阶段。

图10-2中0a表示试件加载时的初始变形 ε_0，它可以是弹性的，也可以是弹塑性的，因载荷大小而异，但它不是蠕变变形。

蠕变第一阶段为蠕变的减速期，以曲线的ab段表示。即试件开始蠕变时速度较快，随后逐步减慢，这一段是不稳定蠕变期。

第二阶段为蠕变的恒速期，如曲线的bc段所示。bc近似为一条直线，当应力不太大或温度不太高这一段持续时间很长，是蠕变寿命的主要构成部分，也叫稳定蠕变阶段。

第三阶段为蠕变的加速期，如曲线上cd段所示。此时嫌变速度越来越快，直至d点试件断裂。

蠕变断裂是蠕变过程的结果。

不同材料、不同载荷或不同温度，可以有形状不同的纑变曲线，但均包含上述三个阶段，不同蠕变曲线的主要区别是恒速期的长短。

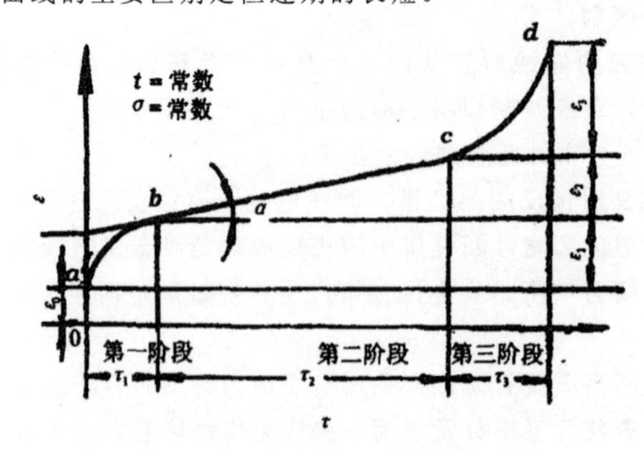

图10-2 蠕变曲线

实际在高温下运行的构件，一般难于避免蠕变现象和蠕变过程，但可以控制蠕变速度，使之在规定的服役期限内仅发生减速及恒速蠕变，而不发生蠕变加速及螨变断裂。

锅炉中的锅筒、锅壳、炉胆等大型结构，尽管接触火焰或受热介质，但由于介质的可靠冷却及介质温度较低，使得这些部件的金属壁温达不到蠕变温度，因而在正常运行工况下不会产生蠕变及蠕变断裂。换热容器和反应容器也多是这种情况。只是在非正常工况下有可能产生蠕变断裂问题。

但大型高温高压锅炉的过热器及蒸汽管道，在正常运行工况下即有蠕变及蠕变断裂问题。

（二）蠕变断裂的特征

金属材料的蠕变断裂，基本上可分为两种：穿晶型断裂和沿晶型断裂。

穿晶型蠕变断裂在断裂前有大量塑性变形，断裂后的伸长率高，往往形成缩颈，断口呈延性形态，因而也叫蠕变延性断裂。

沿晶型蠕变断裂在断裂前塑性变形很小，断裂后的伸长率甚低，缩颈很小或者没有，在晶体内常有大量细小裂纹，这种断裂也叫蠕变脆性断裂。

蠕变断裂形式的变化与温度、压力等因素有关。在高应力及较低温度下蠕变时，发生穿晶型蠕变延性断裂；在低应力及较高温度下蠕变时，发生沿晶型蠕变脆性断裂。

锅炉的过热器管及蒸汽管道，由于直径相对于壁厚较小，应力水平较低而温度水平较高，因而其蠕变断裂常呈沿晶脆断特征。

另外，蠕变断裂的断口常有明显的氧化色彩。

（三）蠕变断裂的预防

1.合理进行结构设计和介质流程布置，尽量避免承受高压的大型容器直接承受高温，避免结构局部高温及过热。

2.根据操作温度及压力，合理选材并决定许用应力，使材料在使用条件下及服役期限内具有足够的常温及高温强度。

3.采用合理的焊接、热处理及其他加工工艺，防止在制造、安装、修理中降低材料的抗蠕变性能。

4.严格按规定的操作规程运行设备，防止总体或局部超温超压从而降低蠕变寿命。

第三节　锅炉压力容器爆炸能量及事故危害

前已述及，运行中的锅炉压力容器一旦破裂爆炸，将造成立体性的破坏和群体伤害，不但毁坏设备本身，而且损坏周围的设备与建筑，使现场及附近人员被击伤、烫伤、烧伤或发生中毒，有时还会引发二次爆炸及火灾事故。

锅炉压力容器破裂时，器内原承压介质迅即膨胀降压，并高速释放出内在的能量，所释放的能量通常称作爆炸能量。其大小不但与设备原有的压力及容积有关，而且还与器内介质的物性及原有集态相关。蒸汽锅炉锅筒爆炸通常称作“水蒸气爆炸”，属于物理性爆炸；压力容器由于器内介质的多样性，破裂爆炸的情况要复杂得多。

一、蒸汽锅炉爆炸时水汽介质的状态变化及爆炸能量

蒸汽锅炉锅筒正常工作时，其内是带压的饱和蒸汽与同压力饱和水并存的状态。一旦锅筒破裂，则几乎同时发生以下两个过程：

1.原饱和蒸汽膨胀降压的过程；

2.原饱和水因压力骤降而使其一部分突然汽化的过程。

两过程的结果都分别形成大气压力下的汽水混合物。由于伴随着瞬时猛烈的体积膨胀，来不及与周围进行热量交换，一般将这两个过程看作绝热膨胀过程，并近似按定熵过程——可逆绝热过程进行分析。

（一）爆炸前后状态参数的变化

对饱和蒸汽来说，绝对压力为p的饱和蒸汽定熵膨胀至大气压力，变为干度为x"的汽水混合物：

$$s''_p=(1-x'')s'_1+x''s''_1$$

则

$$x''=\frac{s''_p-s'_1}{s''_1-s'_1} \tag{10-4}$$

对饱和水来说，绝对压力为p的饱和水定熵膨胀至大气压力，变为干度为x’的汽水混合物：

$$s'_p=(1-x')s'_1+x's''_1$$

则

$$x'=\frac{s'_p-s'_1}{s''_1-s'_1} \tag{10-5}$$

式中，s'_p、s''_p分别为绝对压力为时饱和水及饱和蒸汽的熵；s'_1和s''_1分别为大气压力下饱和水及饱和蒸汽的熵，均可由水蒸气热力性质表查得。

已知爆炸后的干度x"及x’即可求得爆炸后汽水混合物的比容及爆炸前后体积膨胀倍数。

对锅筒中的饱和蒸汽，爆炸前绝对压力为p时的比容为v''_p，爆炸膨胀后汽水混合物的比容为$(1-x'')v'_1+x''v''_1$，则体积膨胀倍数为：

$$n'=\frac{(1-x'')v'_1+x''v''_1}{v''_p} \tag{10-6}$$

对锅筒中的饱和水，爆炸前绝对压力为p时的比容为v'_p，爆炸膨胀后汽水混合物的比容为$(1-x')v'_1+x'v''_1$，则体积膨胀倍数为：

$$n'=\frac{(1-x')v'_1+x'v''_1}{v'_p} \tag{10-7}$$

式中，v'_1，v''_1分别为大气压力下饱和水及饱和蒸汽的比容。

锅炉常用压力下的x'，x"，n'，n"可由表10-2查得。

（二）饱和蒸汽及饱和水的爆炸能量

定熵膨胀过程介质对外界释放的能量或对外界所做的功可按下式计算：

$l = u_1 - u_2$

式中u_1，u_2分别为介质在膨胀前、膨胀后具有的内能，kJ/kg。

对锅筒中的饱和蒸汽：

$u_1 = i''_p x - 10^3 pv''_p$

$u_2 = i'_1 + x''r_1 - 10^3 x''p_1 v''_1$

$l'' = u_1 - u_2 = i''_p - 10^3 pv''_p - i'_1 - x''r_1 + 10^3 x''p_1 v''_1$

对锅筒中的饱和水：

$u_1 = i'_p x - 10^3 pv'_p \approx i'_p$

$u_2 = (1-x')i'_1 + x'i''_1 - 10^3[(1-x')p_1 v'_1 + x'p_1 v''_1] \approx i'_1 + x'r_1 - 10^3 x'p_1 v''_1$

$l' = u_1 - u_2 = i'_p - i'_1 - x'r_1 + 10^3 x'p_1 v''_1$

式中，l''，l'分别为1kg饱和蒸汽及饱和水所具有的爆炸能量，kJ/kg，p、p_1分别为爆炸前后介质的绝对压力，MPa，其中$p_1 \approx 0.1$MPa；i''_p，i'_p分别为绝对压力为p时饱和蒸汽及饱和水的焓值，kJ/kg；i''_1，i'_1分别为大气压力下饱和蒸汽及饱和水的焓值，kJ/kg，r_1为大气压力下水的汽化潜热，kJ/kg。

表 10-2 蒸汽锅炉锅筒爆炸的介质状态变化及爆炸能量

绝对压力p/Mpa	爆炸后介质千度		体积膨胀系数		爆炸能量系数/khnT3	
	饱和蒸汽x''	饱和水x'	饱和蒸汽n''	饱和水n'	饱和蒸汽C''_p	饱和水C'_p
0.5	0.911	0.092	4.12	143.50	0.64×10^3	2.79×10^4
0.8	0.885	0.123	6.24	187.73	1.29×10^3	4.16×10^4
1.1	0.863	0.145	8.24	217.54	2.06×10^3	5.37×10^4
1.4	0.853	0.162	10.26	239.60	2.80×10^3	6.46×10^4
1.7	0，842	0.176	12.22	257.05	3.60×10^3	7.44×10^4
2.6	0.815	0.210	17.87	296.92	6.24×10^3	9.58×10^4
3.9	0.789	0.244	26.10	331.68	1.05×10^4	1.23×10^5
9.9	0.713	0.339	66.09	396.93	3.50×10^4	1.92×10^5
13.8	0.674	0.381	97.20	403.25	5.58×10^4	2.18×10^5
16.8	0.642	0.411	126.96	296.81	7.62×10^4	2.31×10^5
17.5	0.634	0.419	135.26	394.01	8.16×10^4	2.32×10^5
22.1	0.516	0.516	268_28	268.28	1.86×10^5	1.86×10^5

由表10-2可以看出：

第一，锅筒中原有的饱和水爆炸膨胀后变为汽水混合物，其汽化份额随压力升高而增大，但至临界压力也仅为0.516；

第二，水汽介质的爆炸能量系数随压力的升高而增大，仅在接近临界压力时，饱和水的爆炸能量系数随压力升高而稍有下降；

第三，压力相同时，饱和水的爆炸能量系数远大于饱和蒸汽的爆炸能量系数。在低中压时，前者约为后者的几十倍或十几倍。随着压力的升高，二者的差异逐渐减小，直至相等（临界压力）。

由于通常锅筒内容纳汽水各半，可以近似认为，低中压锅炉锅筒破裂爆炸时，其主要爆炸能量是饱和水释放的。

二、永久气体容器的爆炸能量

永久气体容器发生破裂时，其内介质迅速泄压膨胀，既无集态变化，也来不及与周围进行热量交换，可视作一个简单的绝热膨胀过程。容器爆炸释放的能量即等于介质绝热膨胀所做的功，近似将实际爆炸过程按定熵过程处理，则有：

$$U=\frac{10^3 pV}{K-1}\left[1-\left(\frac{p_1}{p}\right)^{\frac{K-1}{K}}\right] \tag{10-8}$$

式中：U——永久气体爆炸能量，kJ；

P——容器破裂爆炸前的绝对压力，MPa；

P_1——大气压力，MPa（绝对），可近似取 P_1=0.1MPa；

V——气体的体积即容器容积，m^3；

K——气体的绝热指数，对双原子气体，K=1.4；三原子及四原子气体，K=1.2～1.3。

空气、氧、氮、氢、一氧化碳等常用气体的绝热指数均为1.4或接近1.4，以K=1.4代入式（10-8），则永久气体容器的爆炸能量系数或单位体积爆炸能量为：

$$\begin{aligned} C_p=\frac{U}{V}&=\frac{1\times10^3 p}{K-1}\left[1-\left(\frac{p_1}{p}\right)^{\frac{K-1}{K}}\right] \\ &=2.5\times10^3 p\left[1-\left(\frac{0.1}{p}\right)^{0.286}\right] \end{aligned} \tag{10-9}$$

不同压力下常用永久气体容器的爆炸能量系数如表10-3所示。

表10-3 永久气体容器爆炸能量系数

绝对压力P/MPa	0.3	0.5	0.7	0.9	1.1	1.7	2.7
爆炸能量系数 C_p/kJ·m^{-3}	2.0×10^2	4.6×10^2	7.5×10^2	1.1×10^3	1.4×10^3	2.4×10^3	3.9×10^3
绝对压力P/MPa	4.1	5.1	6.5	15.1	32.1	40.1	
爆炸能量系数 C_p/kJ·m^{-3}	6.7×10^3	8.6×10^3	1.1×10^4	2.9×10^4	6.5×10^4	8.2×10^4	

比较表10-2及表10-3可以看出，压力相同时，永久气体的爆炸能量系数与饱和蒸汽的比较接近，而远小于饱和水的爆炸能量系数。

三、液化气体容器的爆炸能量

介质为液化气体的压力容器，破裂时的情况与永久气体容器不同，而与蒸汽锅炉锅筒爆破较为相似，即除了气体迅速膨胀降压外，还包括有液体急剧蒸发的过程，产生相当于锅炉水蒸气爆炸的某种蒸气爆炸。

由于容器内的介质是气液两态，所以这类容器破裂时所释放的能量也应包括器内饱和蒸气的爆炸能量及饱和液的爆炸能量。而在大多数情况下，器内主要是饱和液，它的能量比饱和蒸气大得多，所以计算时常把饱和蒸气忽略不计。

液化气体形成的蒸气爆炸也是在瞬间完成的，也是一个绝热过程。承压饱和液在绝热条件下膨胀至大气压力所做的功或饱和液的爆炸能量，可按下式计算：

$$U=[(i_p-i_1)-(s_p-s_1)T_b]W \tag{10-10}$$

式中：U——承压饱和液的爆炸能量，kJ；

i_p——饱和液在压力为p时的焓，kJ/kg；

i_1——饱和液在大气压力下的焓，kJ/kg；

s_p——饱和液在压力为p时的熵，kJ/（kg·K）；

s_1——饱和液在大气压力下的熵，kJ/（kg·K）；

T_b——液化气体在大气压力下的沸点，K；

W——饱和液的质量kg。

上述分析计算，仅涉及介质机械能及热能的释放，即由于介质压力及集态改变而释放的能量，或者说计算的是物理性爆炸的爆炸能量。

当介质在容器内因剧烈化学反应引起压力骤升造成容器爆炸，或可燃介质排出容器后与空气混合遇火源引起二次爆炸时，由于在很短时间内发生了剧烈化学反应，所以爆炸时释放的能量一般很大，但难于准确计算。

四、爆炸冲击波及其破坏作用

锅炉压力容器破裂爆炸时，所释放的能量除少量消耗于将容器撕裂并将容器或其碎片抛出之外，大部分产生冲击波。

冲击波是一种强扰动的传播波。锅炉压力容器破裂时，器内带压气体突然大量喷出，周围空气受到冲击而发生扰动，使其压力、密度、温度等产生突跃变化，这种扰动在空气中传播就成为冲击波。冲击波的破坏作用主要是由波面上的超压引起的。

（一）冲击波超压的估算

在爆炸源附近某点冲击波超压的大小，首先与爆炸能量的大小直接相关，同时也与该点同爆炸源的距离有关。在爆炸源或爆炸中心，空气冲击波超压可达几百甚至几千千帕；距爆炸源越远，冲击波超压越小，逐渐衰减为零。

炸药爆炸时，冲击波超压Δp是药量q及距离R的函数，即Δp=f（q，R）尽管目前尚未得出该函数的具体表达式，但已通过大量实验获得了所谓“比例法则”。

“比例法则”确定，不同数量的同类炸药产生相同冲击波超压的条件是，二者与爆炸中心距离之比等于其炸药量之比的三次方根，用公式表示为：

若　　$R/R_0=(q/q_0)^{1/3}=\alpha$

则

$$\Delta p = \Delta p_0 \tag{10-11}$$

式中，α称作炸药爆炸实验的模拟比。

也可写作：

$$\Delta p(R_0) = \Delta p_0(R/\alpha) \tag{10-12}$$

如果通过实验，把标准炸药量q_0在不同距离R_0处产生的冲击波超压测得，则即可依据比例法则，估算任意确定量同类炸药在距爆炸中心不同距离处的冲击波超压。

通过实验测定的q_0=1000kg TNT爆炸后在不同距离产生的冲击波超压如表10-4所示。

表10-4 q_0=1000kg TNT爆炸时的冲击超声波

距离R_0/m	5	6	7	8	9	10	12	14	16	18	20
冲击波超压Δp_0/MPa	2.94	2.06	1.67	1.27	0.95	0.76	0.50	0.33	0.235	0.17	0.126
距离R_0/m	25	30	35	40	45	50	55	60	65	70	75
冲击波超压Δp_0/MPa	0.070	0.057	0.043	0.033	0.027	0.0235	0.0205	0.018	0.016	0.0143	0.013

锅炉压力容器破裂爆炸时产生的冲击波与炸药爆炸冲击波显然是不同的，但目前对前者尚缺乏系统研究。在事故分析及危险评价中，可比照炸药估算锅炉压力容器爆炸产生的冲击波超压。估算步骤是：

第一步，根据容器盛装介质的种类、爆前压力及容器容积，参照表10-2、表10-3或式（10-10），计算容器的爆炸能量；

第二步，将爆炸能量换算成TNT当量q（通常取TNT的平均爆热为4.23×10^3kJ/kg）；

第三步，按式（10-11）计算模拟比α：$\alpha=(q/q_0)^{1/3}$，为利用表10-4的数据，取q_0=1000kg；

第四步，欲求距容器爆炸中心为R处的超压，则先计算相当距离$R_0=R/\alpha$；

第五步，在表10-4中根据R_0查得相应超压Δp_0，此即该容器爆炸时，距其爆炸中心为R处的冲击波超压值。

（二）冲击波超压的破坏作用

冲击波超压会造成人员伤亡和建筑物的破坏。

冲击波超压大于0.10MPa时，在其直接冲击下大部分人员会死亡；0.05～0.10器官或产生骨折；超压0.02～0.03MPa也可使人体受到轻微损伤。

冲击波超压对建筑物的破坏作用如表10-5所示。

表10-5 冲击波超压对建筑物的破坏作用

超压Δp/MPa	破坏情况
0，005～0.006	门窗玻璃部分破碎
0.006～0.01	受压面的门窗玻璃大部分破碎

续表

超压 Δp/MPa	破坏情况
0.015～0.02	窗框损坏
0.02～0.03	墙裂缝
0.04～0.05	墙大裂缝，屋瓦掉下
0.06～0.07	木建筑厂房屋柱折断，房架松动
0.07～0.10	砖墙倒塌
0.10～0.20	防震钢筋混凝土破坏，小房倒塌
0.2～0.3	大型钢架结构破坏

锅炉压力容器因严重超压而爆炸时，其爆炸能量远大于按工作压力估算的爆炸能量，破坏和伤害情况也严重得多。必要时可根据现场建筑物破坏情况反向估算爆炸前的器内超压，步骤是：

第一步，根据现场的破坏情况，按表10-5查得相应的超压值；

第二步，由现场测得此破坏物距爆炸中心的距离R；

第三步，由（1）确定的超压值查表10-4，查出相应的R_0；

第四步，依式（10-11）算出α及q：

$\alpha = R/R_0$；$q=\alpha^3 q_0=(R/R_0)^3 q_0$

第五步，由q进而估算爆前器内压力。

五、爆炸产生的其他危害

（一）碎片打击

锅炉压力容器破裂爆炸时，高速喷出的气流可将壳体反向推出，有些壳体破裂成块或片向四周飞散。这些具有较高速度或较大质量的碎片，在飞出过程中具有较大的动能，也可以造成较大的危害。

碎片对人的伤害程度取决于其动能；碎片的动能正比于其质量及速度的平方。碎片在脱离壳体时常具有80～120m/s的初速，即使飞离爆炸中心较远时也常有20～30m/s的速度。在此速度下，质量为1kg的碎片动能即可达200～450J，足可致人重伤或死亡。

碎片还可能损坏附近的设备和管道，引起连续爆炸或火灾，造成更大的危害。

（二）介质伤害

主要是有毒介质的毒害和高温水汽的烫伤。

在压力容器所盛装的液化气体中，有很多是毒性介质，如液氨、液氯、二氧化硫、二氧化氮、氢氰酸等。盛装这些介质的容器破裂时，大量液体瞬间气化并向周围大气中扩散，会造成大面积的毒害，不但造成人员中毒，致死致病，也严重破坏生态环境，危及中毒区的动植物。

有毒介质由容器泄放气化后，体积约增大100～250倍。所形成毒害区的大小及毒害程度，取决于容器内有毒介质的质量、容器破裂前的介质温度、压力及介质毒性。

锅炉爆炸释放的高温汽水混合物，会使爆炸中心附近的人员烫伤。其他高温介质泄放气化也会灼烫伤害现场人员。

（三）二次爆炸及燃烧

当容器所盛装的介质为可燃液化气体时，容器破裂爆炸在现场形成大量可燃蒸气，并迅即与空气混合形成可爆性混合气，在扩散中遇明火即形成二次爆炸。

可燃液化气体容器的这种燃烧爆炸常使现场附近变成一片火海，造成重大危害。以液化石油气贮罐为例，其介质燃烧爆炸所形成的火球半径R可按下式估算：

$$R=29M^{1/3} \tag{10-12}$$

式中：R——火球半径，m；

M——燃料质量，t。

M通常取贮罐贮存液化石油气总质量之半，但如在三个或多个立式密集贮罐中贮存液化石油气时，则M取为贮罐贮量的90%。

参考文献

[1] 仇艳丽，杨文安，王文杰.锅炉压力容器制造质量控制［J］.中国化工贸易，2013，5（5）：1

[2] 郭田锦.锅炉与压力容器安全课程教学研究探索［J］.科技经济导刊，2020，706（08）：184

[3] 中国焊接协会.锅炉压力容器焊接实用手册［M］.机械工业出版社，2016

[4] 冯维君.锅炉压力容器安全知识［M］.中国劳动社会保障出版社，2005

[5] 韩永波.无损检测技术应用于锅炉压力容器检验的技术研究［J］.智能城市应用，2020，3（3）：3

[6] 顾兆东.浅谈锅炉压力容器结构设计的安全问题［J］.科海故事博览·科技探索，2014，000（001）：41

[7] 李平，崔佳.浅析锅炉压力容器的安全检验措施与质量监督几点问题［J］.才智，2015（4）：1

[8] 王嘉慧.锅炉压力容器安全阀装置失效及处理方式解析［J］.科技资讯，2016，14（29）：2

[9] 蔡政国.锅炉压力容器压力管道检验中裂纹问题及预防处理方法分析［J］.现代制造技术与装备，2017（6）：2

[10] 刘廷贵.锅炉压力容器压力管道焊工考证基础知识［M］.中国计量出版社，2002

[11] 李景辰.压力容器基础知识--锅炉压力容器安全技术丛书［M］.1986

[12] 刘友英，业成，李冲，等.锅炉压力容器检验行业人才培养课程体系的研究［J］.科技视界，2016（26）：2

[13] 徐柏民，颜飞龙.锅炉压力容器入门解读［M］.杭州出版社，2009

[14] 陈志斌.压力管道安装监督检验在锅炉压力容器中的研究［J］.装备维修技术，2020（2）：1

[15] 马骏，赵雅阁.锅炉压力容器检验中的危险点与预防策略研究［J］.价值工程，2017，36（25）：2

[16] 张梅芳，尹华华.探讨锅炉压力容器的安全检验措施与质量监督［J］.化工

管理，2016（33）：1

［17］陈炜.有关锅炉压力容器检验问题的分析与探讨［J］.艺术科技，2016，29（023）：184

［18］叶栋，王鹏.锅炉压力容器焊接质量控制［J］.城市建设理论研究（电子版），2016，6（8）：5875

［19］杨松，李宜男.锅炉压力容器焊接技术培训教材（第2版）［M］.机械工业出版社，2014

［20］程怡军.分析锅炉压力容器检验中的风险与预防策略［J］.现代制造技术与装备，2019（9）：2